内容中心网络核心技术

张　震　兰巨龙　伊　鹏　程国振　编著

電子工業出版社
Publishing House of Electronics Industry
北京・BEIJING

内 容 简 介

本书在介绍内容中心网络组织机理概念和背景的基础上，对内容中心网络的内容命名技术、缓存技术、路由与转发技术、移动性技术、安全分析、软件定义技术、参数化自适应内容管线结构及仿真平台进行了全面系统的介绍。

本书取材新颖、内容翔实、实用性强，反映了国内外内容中心网络架构及其核心技术研究的现状与未来，既适合从事新型网络体系结构研究的工程技术人员阅读，也可作为大专院校通信、计算机等专业和相关专业培训班的教学参考书。

图书在版编目（CIP）数据

内容中心网络核心技术/张震等编著. —北京：电子工业出版社，2018.5
ISBN 978-7-121-34077-2

Ⅰ. ①内… Ⅱ. ①张… Ⅲ. ①计算机网络 Ⅳ.①TP393

中国版本图书馆 CIP 数据核字（2018）第 076488 号

责任编辑：苏颖杰
印　　刷：北京京师印务有限公司
装　　订：北京京师印务有限公司
出版发行：电子工业出版社
　　　　　北京市海淀区万寿路 173 信箱　邮编 100036
开　　本：787×1092　1/16　印张：14　字数：358 千字
版　　次：2018 年 5 月第 1 版
印　　次：2018 年 5 月第 1 次印刷
定　　价：58.00 元

凡所购买电子工业出版社图书有缺损问题，请向购买书店调换。若书店售缺，请与本社发行部联系，联系及邮购电话：（010）88254888，88258888。

质量投诉请发邮件至 zlts@phei.com.cn，盗版侵权举报请发邮件至 dbqq@phei.com.cn。

本书咨询联系方式：（010）88254468，quxin@phei.com.cn。

前　言

随着互联网技术与应用的飞速发展，互联网正历经从“以互联为中心”到“以内容为中心”的演变。互联网的设计理念可以上溯至20世纪六七十年代，当时主要的应用需求是计算资源共享，核心理念是实现主机的互联互通，本质上是一种“主机–主机”的通信模式。TCP/IP体系结构以IP地址为核心、以传输为目的，按照端到端原理设计，很好地满足了这一需求，促进了互联网飞速发展。经过50多年的发展，互联网的使用已发生了巨大的变化，现有互联网的应用需求更多关注的是“内容共享”。人们越来越关心获取内容的速度，以及内容的可靠性和安全性，内容中心化正成为互联网发展的主旋律。

内容中心网络采用“从零开始”互联网体系结构设计思路，以信息名字取代IP地址作为网络传输标识，将关注点由内容的位置（Where）转向了内容本身（What）。内容中心网络按照“发布–请求–响应”的传输模式，采用内容信息统一命名、网内节点动态缓存、内容路由查找及未决兴趣表等方法，实现了“用户侧”内容请求的快速应答，减小了“服务侧”负载和响应率，降低了“网络侧”流量拥塞的发生概率。作为一种适应海量数据有效传输和迅速扩散的新型网络体系架构，内容中心网络得到了海内外学者的高度关注，已成为下一代互联网体系结构的研究热点。

本书主要内容：第1章介绍了内容中心网络的体系结构，总结了内容中心网络的研究现状、研究意义、核心特征及发展趋势；第2章介绍了内容命名技术，包括层次命名、扁平命名和属性命名方法，并对这三种典型命名方法进行了比较；第3章阐述了网内缓存技术，包括网内缓存特征、面临的问题、核心机制、性能优化技术和缓存系统建模与分析等；第4章介绍了路由与转发技术，包括面向内容前缀的路由、面向缓存优化的路由、面向服务质量的路由和转发信息表聚合机制等；第5章介绍了移动性技术，包括请求者移动性支持技术、数据源移动性支持技术及以内容为中心的无线自组织网等；第6章介绍了命名安全、路由与转发安全和缓存安全等问题的分析和解决思路；第7章介绍了软件定义网络和内容中心网络相结合的典型技术；第8章介绍了参数化自适应内容管线结构；第9章介绍了CCNx、ndnSIM、ccnSim、Mini-CCNx等仿真平台。

本书在编写过程中参考了国家自然科学基金课题（编号：61372121、61309019）、国家“973计划”项目“可重构信息通信基础网络体系研究”（编号：2012CB315900）和国家重点研发计划项目（编号：2016YFB0801200、编号：2017YFB0803200）等课题组的相关技术资料，在此表示感谢。

张震博士负责本书的统筹规划，并编写了第1章、第4章和第5章；兰巨龙教授、王志明博士编写了第2章和第3章；伊鹏研究员编写了第8章和第9章；程国振博士、张果博士编写了第6章和第7章。另外，项目组的李根、方馨蔚、陶勇、陈龙等人为本书的文字校阅、插图绘制等做了大量工作。

由于编著者水平有限，且各种新型网络体系结构及相关技术研究仍在快速发展和完善之中，本书难免存在错误之处，敬请广大读者批评指正。

编著者

目　　录

第 1 章　内容中心网络体系结构概述

如果说使用专用线路的有线电话网络开启了人们接触通信网络的大门，那么以数据包交换为根本通信模式的互联网络的诞生则划时代地颠覆了人们的认知和生活。以TCP/IP 为通信协议的端到端（End-to-End）网络，通过物理链路共享满足了人们对于互联互通的需求。这种本质上依旧类似于电话的端到端通信模式在一定程度上兼容异构，降低了硬件开销成本。但随着互联网的普及，数据密集型应用已然成为当今用户个性化和内容化需求的重要构成部分，而传统的端到端通信模式基于 IP 寻址、以终端为中心，缺乏有保障的数据包交换，导致传输性能和传输稳定性的低下。另外，由于 TCP 传输维持面向连接的会话（Connection-Oriented Sessions），中间节点无法实现数据复用，导致信息共享时产生大量数据冗余，网络资源的利用率较低。目前，基于 IP 网络的增补式方案或覆盖网络通过在应用层“打补丁”来增强内容分发，但这种大规模的组播部署方式仍是以主机为中心，没有从根本上解决问题。为了打破当前“主机到主机”的通信模式，实现互联网数据处理的强大功能，内容中心网络（Content-Centric Network，CCN）[1,2]作为一种革命式的新型网络体系结构应运而生。

1.1　现有网络体系结构现状

1. 信息内容服务的海量需求与网络带宽瓶颈的矛盾日益加剧

如今，人们对于流媒体等数据密集型应用的需求与日俱增，网络数据急剧膨胀，内容分发已经成为网络时代的主旋律。*Cisio Visual Networking Index*（2014—2019）报告显示[3]，预计到 2019 年，全球 IP 流量将超过 2ZB（相当于 20 万亿亿（Sextillion）字节），相当于 2005 年全球 IP 流量的 64 倍。2014—2019 年间，全国 IP 流量将增加 3 倍，年均复合增长率 CAGR 将达到 23%。相比 2014 年，2019 年内容分发流量占比将由原来的 39%提升至 62%，全球互联网人均使用流量将由 6GB 提升至 18GB。该报告还重点指出视频类流媒体业务将引领新一代消费走向，预测到 2019 年，每秒都有将近 100 万分钟的视频内容经过互联网到达用户端，其中 67%的 IP 流量均来自非 PC 设备。互联网应用已经从硬件资源共享转型为以服务为主导的用户驱动型网络，保证服务质量、提升用户体验是目前运营商们不断突破现有技术瓶颈的根本动因。当前的TCP/IP 架构由于网络交换和连接设备等技术瓶颈，使得数据共享与网络传输性能产生不可调和的矛盾。因此，设计一个适应海量数据有效传输和迅速扩散的新型网络体系架构迫在眉睫。

2. 端对端通信无法适应内容传播对移动性的要求

如图 1-1 所示，2016 年 1 月 CNNIC 最新发布的《中国互联网发展状况统计报告》[4]显示，截至 2015 年 12 月，中国网民数量已达 6.88 亿，互联网普及率为 50.3%。其中，手机网民规模达到 6.2 亿，占比提升至 90.1%，Wi-Fi 使用率达 91.8%。面对如此庞大的移动用户和多样的网络连接需求，移动宽带通信在不断重置网络连接的同时必须保证无缝对接的质量和速率，如图 1-2 所示。而端到端通信以位置为导向，无法适应当前以内容为中心的服务需求，主要体现在以下两个方面：（1）面向连接的通信协议进行数据交换必须维持面向连接的会话通道[5]，中间节点没有存储功能，数据无法在多次会话中重复使用，在节点移动或者下线等拓扑发生变化的情况下数据共享效率较低；（2）拓扑变化的主机身份（Host-Identity）协议和移动 IP（Mobile IP）附加协议仍存在收敛速度慢和 IP 语义过载等问题，难以适应 IP 地址的移动性和扩展性，严重影响了服务质量与用户体验[6,7]。因此，需要设计一个位置与标识分离的传输通信模式[8]，以满足用户对移动性的需求。

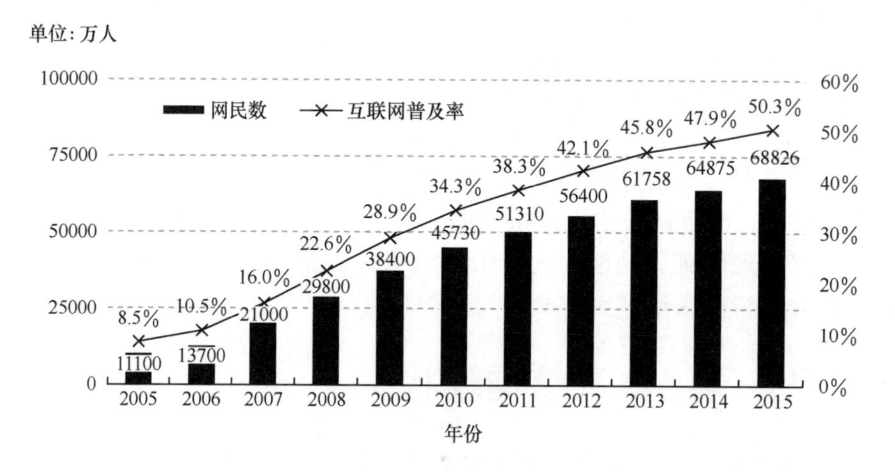

图 1-1　中国互联网络发展状况统计结果

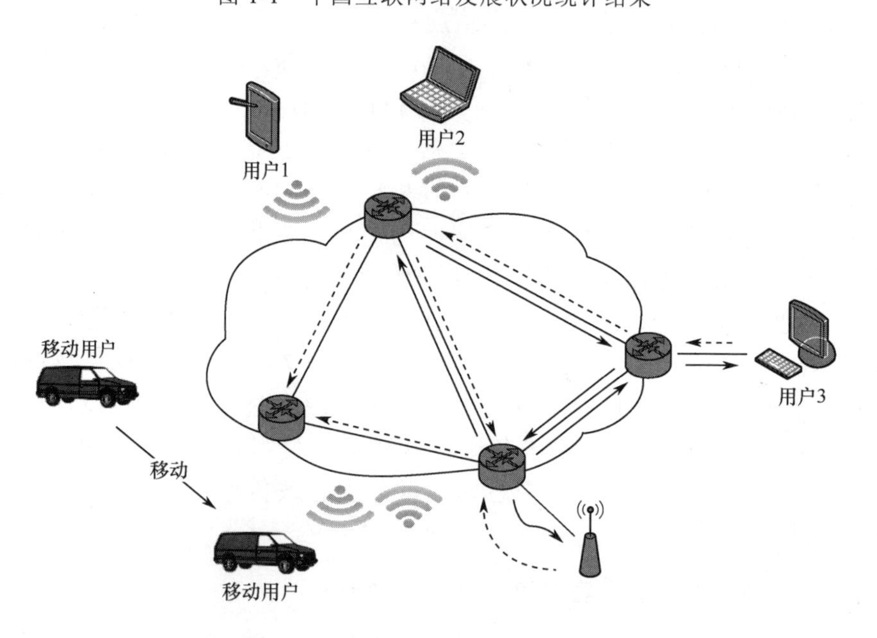

图 1-2　不同类型用户的移动性需求

3. 传统的 TCP/IP 架构难以实现可扩展性和服务质量保证

传统的 TCP/IP 架构基于端点寻址，数据包的可靠交换依赖于频繁的会话重连，容易造成网络带宽资源消耗过度，形成传输拥塞。当前典型的解决方法是通过在应用层搭建覆盖网络，如内容分发网络（Content Distribution Network，CDN）[9]和对等网络（Peer-to-Peer，P2P）[10]。这些叠加式的升级方式虽然在一定程度上缓解了内容分发和共享问题，特别是 CDN 的分布式存储在应对网络拥塞的问题上具有天然的优势，但其根本上仍是基于 TCP/IP 网络的传输模式，无法克服其自身固有的缺陷，即大量部署基础设施带来了高昂的成本，采用基于中央控制的统一调控技术导致管理复杂度的增加，使用专用网络虽能保证访问安全性却也带来了数据共享的难题。表 1-1 列出了 CCN、P2P 和 CDN 的对比分析。

表 1-1　CCN、P2P 和 CDN 的对比分析

类　别	CCN	P2P	CDN
协议类型	以内容为中心； 兴趣包驱动； 路由策略灵活多样； 容错、容断； 管理要求低	基于连接； 端到端通信； 动态调节； 抖动性高； 统一调控，管理要求高	基于连接； 层次化； 静态部署； 适度动态规划； 管理要求高
体系架构	去中心化； 对上层友好； 可靠性、普适性和可用性高； 大规模处理能力	结构化或混合型； 应用层覆盖网络； 依赖应用程序； 可用性一般，普适性差	星形、树形拓扑； 应用层覆盖网络； 依赖应用程序； 可用性高，普适性差
带宽消耗	支持多径路由	易形成拥塞	边缘收益大
缓存方式	网内节点处处缓存	应用层覆盖方式	边缘节点缓存方式

4. 以内容为中心的新型网络更适应以用户服务为主导的新时代通信

在当前以用户为驱动核心、以服务为主导的新互联网时代，用户并不关心内容的来源与传输方式，而在意内容传递的速度与质量。在 TCP/IP 架构上进行的叠加式的升级改进，并不能适应多样的网络层功能，网络更加复杂。以主机为中心的网络架构难以适应海量信息的高效传输，设计一种革命式的、能打破端到端通信模式的新型网络体系结构，才是行之有效的解决方案。因此，以内容为中心的新型互联网“从零开始”，得到了广泛的关注。目前，典型的内容中心网络架构包括：美国伯克利大学提出的“面向数据的网络体系架构”（Data-Oriented Network Architecture，DONA）[11]；芬兰赫尔辛基科技大学和赫尔辛基信息技术研究院提出的“发布–订阅式互联网路由范例”（Publish-Subscribe Internet Routing Paradigm，PSIRP）[12]；欧盟 FP7 资助的 4WARD[13]；由加州大学洛杉矶分校牵头开展的研究项目 CCN（Content-Centric Network）[1,2]和 NDN（Named Data Network）[14]。其中，CCN 作为以内容为中心的新型网络体系架构的典型代表，将内容作为传输的关注点和基本单元，取代 IP 地址作为细腰的沙漏形结构，融入安全特征和流量自我调节，得到了海内外学者的高度关注，已成为下一代互联网体系结构研究的热点。CCN 演进示意图如图 1-3 所示。

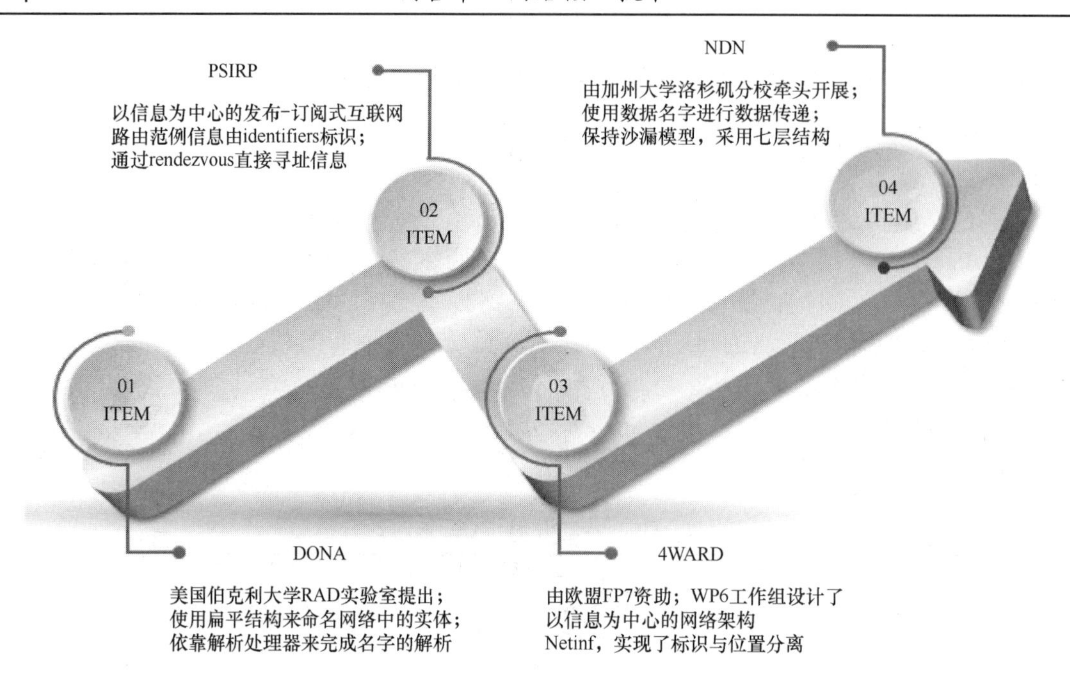

图 1-3 内容中心网络演进示意图

1.2 内容中心网络体系演进

1.2.1 DONA 体系结构

DONA（Data-Oriented Network Architecture）[11]是由美国伯克利大学 RAD 实验室提出的以信息为中心的网络体系架构。DONA 对网络命名系统和名字解析机制做了重新设计，替代了现有的 DNS，使用扁平结构、Self-Certifying 名字来命名网络中的实体，依靠解析处理器(Resolution Handler)来完成名字的解析，解析过程通过 FIND 和 REGISTER 两类原语实现。

DONA 的命名系统是围绕当事者进行组织的。每个当事者都拥有一对“公开-私有”密钥，且每个数据或服务或其他命名的实体（主机、域等）都和一个当事者相关联。名字的形式是 P:L，P 是当事者的公开密钥的加密散列，L 是由当事者选择的一个标签，当事者应确保这些名字的唯一性。当一个用户用名字 P:L 请求一块数据并收到三元组<数据，公开密钥，标签>后，他可以通过检查公开密钥的散列 P 直接验证数据是否确实来自当事者，且标签也是由这个密钥产生的。

DONA 的名字解析使用名字路由的范式。DONA 的名字解析通过使用两个基本原语 FIND（P:L）和 REGISTER（P:L）实现。一个用户发出一个 FIND（P:L）分组来定位命名为 P:L 的对象，且名字解析机制把这个请求路由到一个最近的副本，而 REGISTER 消息建立名字解析的有效路由所必需的状态。每个域管理实体都将有一个逻辑 RH，当处理 REGISTER 和 FIND 时，RH 用本地策略。用户通过一些本地配置了解自己本地 RH 的位置。被授权用名字 P:L 向一个数据或服务提供服务的任何机器向它本地的 RH 发送一个 REGISTER（P:L）命令，如果主机向当事者关联的所有数据提供服务（或转发进入的 FIND 分组给一个本地副本），则注册将采用 REGISTER（P:*）的形式。每个 RH 都维护一个注册表（Registration Table），将名字映射到下一跳 RH 和副本的距离（也就是 RH 的跳数或一些其他向量）。除了各种 P:L 的单个条目外，P:*有一个单独的条目。RH 采用最长前缀匹配法，如果一个 P:L 的 FIND 请求到达，且有一个 P:*的条目而没有 P:L 的，RH 就会使用 P:*的条目；当 P:*的条目和 P:L 的条目都存在时，RH 会使用 P:L 的条目。当一个 FIND（P:L）到达时，转发规则是：如果注册表中存在一个条目，则 FIND 将被发送到下一跳 RH（如果有多个条目，则根据本地策略选择一个最接近的条目）；否则，即 RH 是多宿主的，RH 将把 FIND 转发到它的双亲（如它的供应者），使用它的本地策略来选择，其过程如图 1-4 所示。

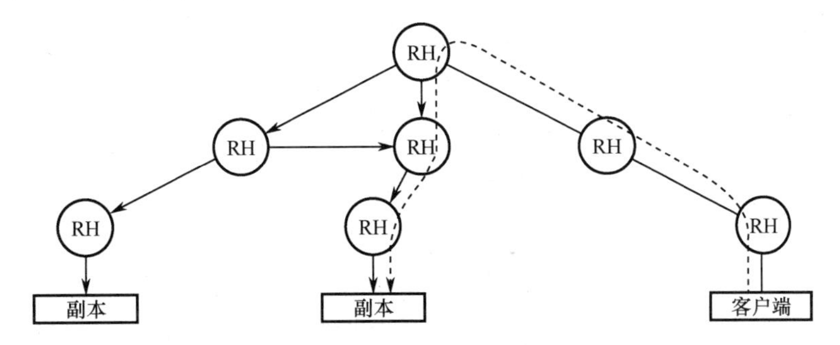

图 1-4　DONA 的名字路由过程示例

FIND 分组的格式如图 1-5 所示。DONA 相关的内容插入为 IP 和传输头部之间的一个填隙片。DONA 提供的基于名字的路由确保数据分组到达一个合适的目的地。如果 FIND 请求到达一个 1 级 AS 且没有找到有关当事者的记录，那么 1 级 RH 会返回一个错误消息给 FIND 信息源。如果 FIND 没有定位一个记录，对应的服务器就会返回一个标准传输级响应，为了实现这个目的，传输层协议应绑定到名字而不是地址上，其他方面不需要改变。同样地，当请求传输时，应用协议需要修改为使用名字而不是地址。事实上，当在 DONA 上实现时，许多应用变得简单。例如 HTTP，注意到 HTTP 初始化中唯一关键的信息是 URL 和头部信息；考虑到数据已经在低层命名，不再需要 URL，同时，如果给定数据的每个变量都有一个单独的名字，头部信息页就变得多余。接收到 FIND 后发生的数据分组的交换不是由 RH 处理的，而是通过标准 IP 路由和转发被路由到合适的目的地。在这种意义上，DONA 并不需要 IP 基础结构的修改。

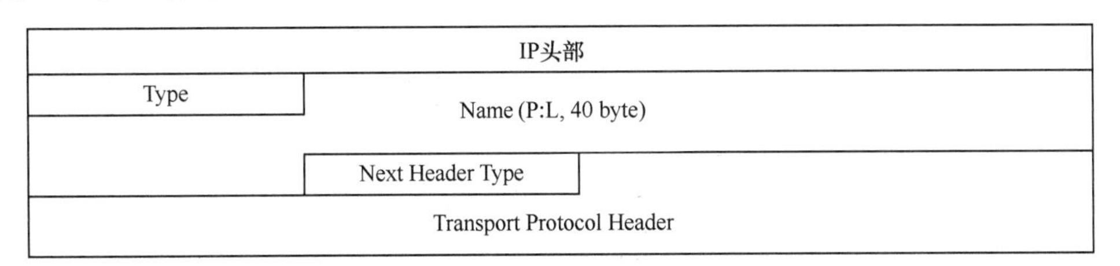

图 1-5　FIND 分组的格式

1.2.2　PSIRP 体系结构

PSIRP（Publish-Subscribe Internet Routing Paradigm）[12]是从 2008 年 1 月到 2010 年 9 月由欧盟 FP7 资助开展的项目。PSIRP 旨在建立一个以信息为中心的发布–订阅式互联

网路由范例，取代以主机为中心的发送-接收式通信模式。PSIRP 改变路由和转发机制，完全基于信息的概念进行网络运作。信息由 Identifier 标识，通过汇聚直接寻址信息而不是物理终端。在 PSIRP 架构中甚至可以取消 IP，实现对现有 Internet 的彻底改造。

PSIRP 网络体系采用分域结构，每个域至少有三类逻辑节点：拓扑节点（TN）、分支节点（BN）和转发节点（FN）。其中，TN 负责管理域内拓扑、BN 间的负载平衡，TN 将信息传递给域的 BN；BN 负责将来自订阅者的订阅信息路由到数据源并缓存常用内容，如果有多个订阅者同时请求相同的发布信息，分支节点就会成为转发树的分支点将数据复制给所有接收者，并将缓存用作中间拥塞控制点来支持多速率多播拥塞控制；FN 采用布隆过滤器实现简单、快速转发算法，几乎没有路由状态，FN 也周期性地将它的邻接信息和链路负载发送给 BN 和 TN。

PSIRP 处理发布-订阅的基本过程如图 1-6 所示。第一，授权的数据源广播潜在发布信息集合。第二，订阅者向本地 RN（Rendezvous Network）发送一个请求，请求由<Sid，Rid>对识别的发布信息。如果（缓存的）结果订阅者在本地 RN 中找不到，则汇聚信息被发送给 RI（Rendezvous Interconnect），RI 将其路由到其他 RN。第三，订阅者接收到数据源集合和它们的当前网络位置，这些可用来将订阅信息路由到数据源。第四，向分支点发送的订阅信息形成一个转发树中新的分段。如果在中间缓存中找到发布信息，则它将被直接发回给订阅者。第五，用创建好的转发路径，发布信息被传送给订阅者。通过重新订阅发布信息的缺失部分可以获得可靠的通信。

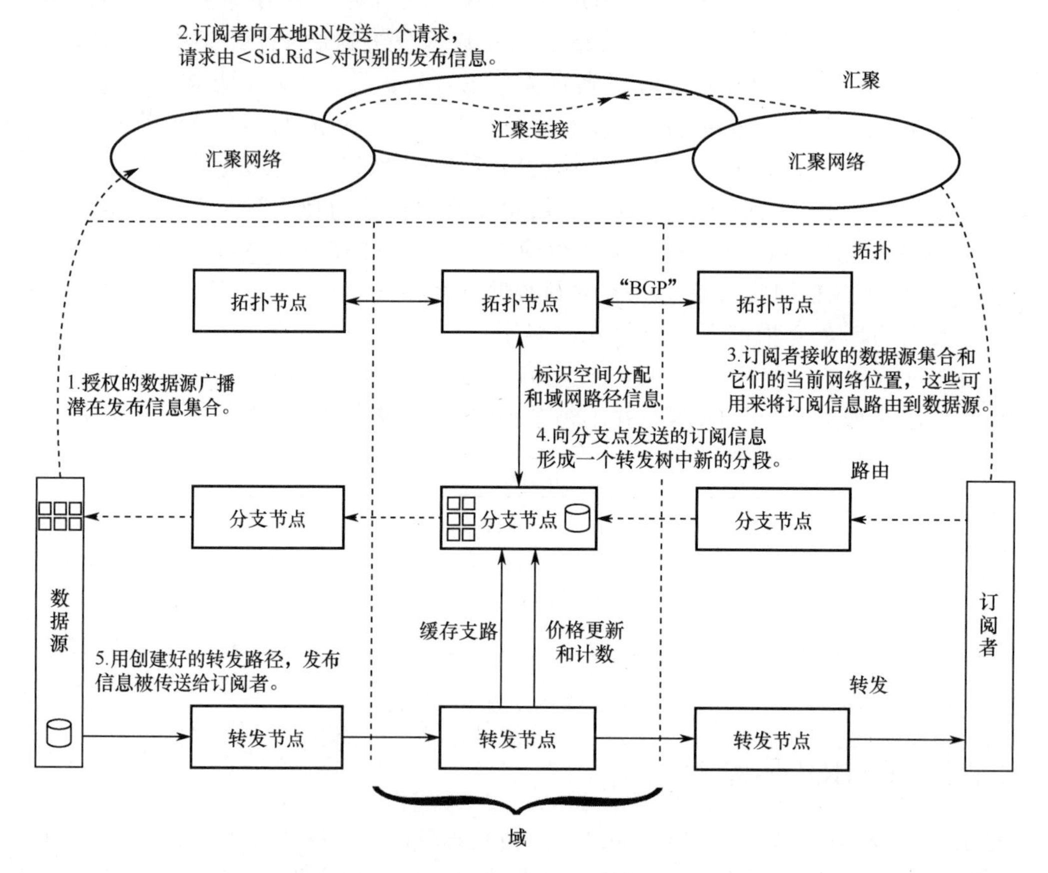

图 1-6 PSIRP 处理发布-订阅的基本过程

PSIRP 体系结构包括四个不同的部分：汇聚、拓扑、路由、转发。

汇聚系统在发布者和订阅者之间扮演中间人的角色。基本上，它是以一种位置独立的方式给订阅者匹配正确的发布信息。利用管理物理网络拓扑信息的拓扑功能提供的帮助，每个域都能够在出错的情况下配置自己内部和外部的路由并平衡网络的负载。路由的功能是负责为每个发布信息和在域内分支点缓存的常用内容都建立和维护转发树。最后，真实的发布信息用转发函数沿着有效的转发树发送给订阅者。

拓扑的管理功能复杂，其功能是选择域间路由来传送发布信息。每个域都有自己的拓扑管理功能，且每个域之间都互相交换域内的连接信息，与 BGP 类似。

PSIRP 采用布隆过滤器作为转发识别器，称为 zFiler。布隆过滤器是一个概率数据结构，允许一个简单的 AND 操作用来测试过滤器在一个集合中是否适用。基本上，每个网络链路都有一个自己的标识符，且布隆过滤器是由位于要求路径的所有链路标识符执行 OR 操作构成的。由于转发决定可以通过给予一个简单的 AND 操作做出而不需要使用一个大型转发表，布隆过滤器使用非常简单有效的路由器。zFilter 一个有趣的特性是只有网络链路具有标识符，网络节点并没有网络层标识符，因此与 IP 地址没有任何等价之处。

1.2.3　4WARD 体系结构

由欧盟 FP7 资助的 4WARD 项目的目标是研发新一代可靠的、互相协作的无线和有线网络技术。4WARD 项目的 WP6 工作组设计了一个以信息为中心的网络架构：NetInf（Network of Information）[13]。NetInf 关注高层信息模型的建立，实现了扩展的标识与位置分离，即存储对象与位置的分离。

信息在信息中心网中扮演着关键的角色，因此，表示信息的合适的信息模型是必需的，且必须支持有效的信息传播。为使信息访问从存储位置独立出来并获益于网络中可以得到的复制，信息网络需要建立在标识/位置分离的基础上。因此，需要一个用来命名独立于存储位置的信息的命名空间。此外，维护并分解定位器和识别器间的绑定需要一个名字解析机制。

1. 信息模型

NetInf 将信息作为网络的头等成员，使用一种所谓信息对象（Information Object，IO）的形式。IO 在信息模型中表示信息，如音频和视频内容、Web 页面和电子邮件。除了这些明显的例子，IO 也可以表示数据流、实时服务、（视频）电话数据和物理对象，这些都归功于信息模型灵活通用的本质。一种特殊的 IO 就是数据对象（Data Object，DO）。DO 表示一种特殊的位级别对象，如某个特定编码的 MP3 文件，也包括这些特定文件的副本。通过存储复制的定位器，一个 DO 集合了（一些或）所有某个特定文件的副本。元数据能够进一步表示 IO 的语义，如描述它的内容或与其他对象的关系。这一领域的现有研究为将这些特征整合入网络层中提供了很好的起点，特别是相关描述语言，如资源描述框架（Resource Description Framework）或创建 IO 之间的关系。

2. 命名及名字解析

名字解析（Name Resolution，NR）机制将 ID 分解为一个或多个位置，NR 应在全球范围内运行，以确保为世界范围内任何可获得的资源进行正确解析。NR 也可以在一个不连接的网络中运行，如果一个数据对象是局部可获得的，则称为局部解析特性（Local Resolution Property，LRP）。通过支持多个共存的 NR 实现 LRP，一些控制全球范围，另一些控制局部范围。换句话说，识别任何世界范围内 ID 的 NR 系统都可以很自然地与处理局部范围内 ID 的 NR 系统共存。

NetInf 命名空间的特性将影响 NR 机制的选择。NetInf 命名空间的重要属性是名字的持久性和内容的无关性。这些属性可以通过使用平级的命名空间来实现。平级的命名空间基于一种分级的结构且相应地要求一个分级的命名空间。对平级名字来说，分布式散列表（Distributed Hash Table，DHT）是平级名字的一种很友好的方法。DHT 是分散且高度可扩展的，减少了对管理实体的需求。DHT 的典型应用是 P2P 覆盖网的小型路由协议（如 Chord、Pastry、Tapestry、CAN、Kademlia 等），DHT 可以在数跳由内路由信息，路由表只需要转发状态。

3. 路由

路由可以使用传统的基于拓扑的方案，如基于最短路径转发的分级路由，如目前互联网使用的协议（包括 OSPF、IS-IS、BGP 等），或一个基于拓扑结构的紧凑路由方案。但是，由于现实网络的拓扑是非静态的，无法达到对数级缩放的目标，路由研究的结果并不令人振奋。事实上，网络通信的成本也是动态变化的，通常以很高的速率增长。另外，可以使用基于名字的路由整合解析路径和检索路径，这可能会获得较好的性能。

1.3　内容中心网络体系结构

1.3.1　基本架构

CCN 作为一种革命式（Clean-Slate）的新型网络结构，以信息名字取代 IP 地址作为网络传输标识，将关注点由内容的位置（Where）转向了内容本身（What）。传输模式改“推”为“拉”，以用户的意愿和请求为主导。CCN 对内容进行统一标识，采用“发布-请求-响应”模式，直接根据内容名进行定位、路由和传输，更加契合了未来互联网的发展需求。

CCN 的通信主要依靠两类传输包，即兴趣包（Interest Packet）和数据包（Data Packet）。请求者发送名字标识的兴趣分组，收到请求的路由器记录请求来自的接口，查找 FIB 表转发此兴趣分组。兴趣分组到达有请求资源的节点后，包含名字、内容及发布者签名的数据分组沿着兴趣分组的反向路径传送给请求者。在通信过程中，兴趣分组和数据分组都不带任何主机或接口地址。兴趣分组是基于分组中的名字路由到数据提供者的，而数据分组是根据兴趣分组在每一跳建立的状态信息传递回来的，二者的格式如图 1-7 所示。

CCN 的最大特点是网内节点具有一定的缓存功能，且与上层应用无关（Application Independent）。接收端（Receiver-End）向上行节点发送包含内容名的兴趣包来请求数据，若沿途节点存储有相应的数据包，则可直接沿原路径反向到达用户端进行响应，无须执行任何路由转发策略，也无须与接收端进行直接的网络连接。因此，CCN 不依赖于 TCP/IP 的连接会话，也不同于 IP 执行的开环数据传输，CCN 采用反馈式的逐跳（Hop-by-Hop）流量平衡机制，仅通过控制 Interest 包转发的上行路径就可以控制网络中的流量布局，防止网络带宽过度消耗，减少数据重传。

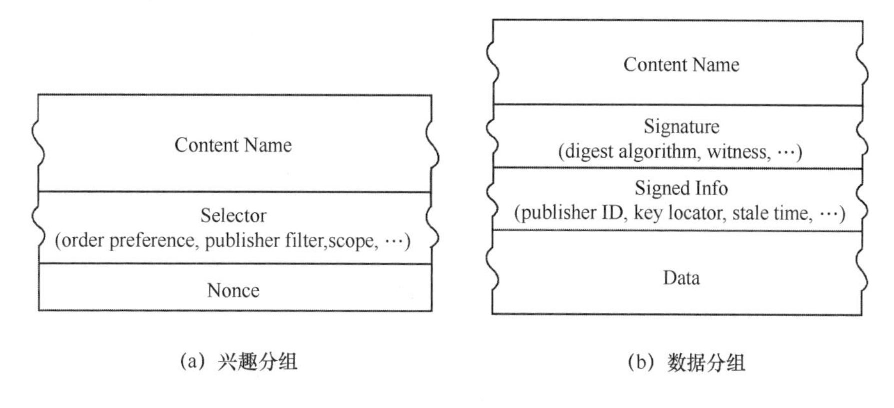

图 1-7　NDN 中的兴趣分组与数据分组格式

CCN 不再采用主机和接口地址进行路由，而将内容名作为识别和传输的唯一标识，因此数据在 CCN 中可以实现网内缓存（In-Network Cache），同时，CCN 得以支持各种功能，包括内容分发、组播、移动性和延迟容忍网络。节点在兴趣包请求过程中记录相应的状态和接口信息，Data 包根据该信息逐渐回溯至用户端。总体上，兴趣包与数据包保持一一对应的数量关系。如图 1-8 所示，CCN 节点内部都维持三类数据结构：内容存储库（Content Store，CS）、未决兴趣表（Pending Interest Table，PIT）和转发信息库（Forwarding Information Base，FIB）[14]。每个 CCN 节点都利用上述三类数据结构进行内容分发。

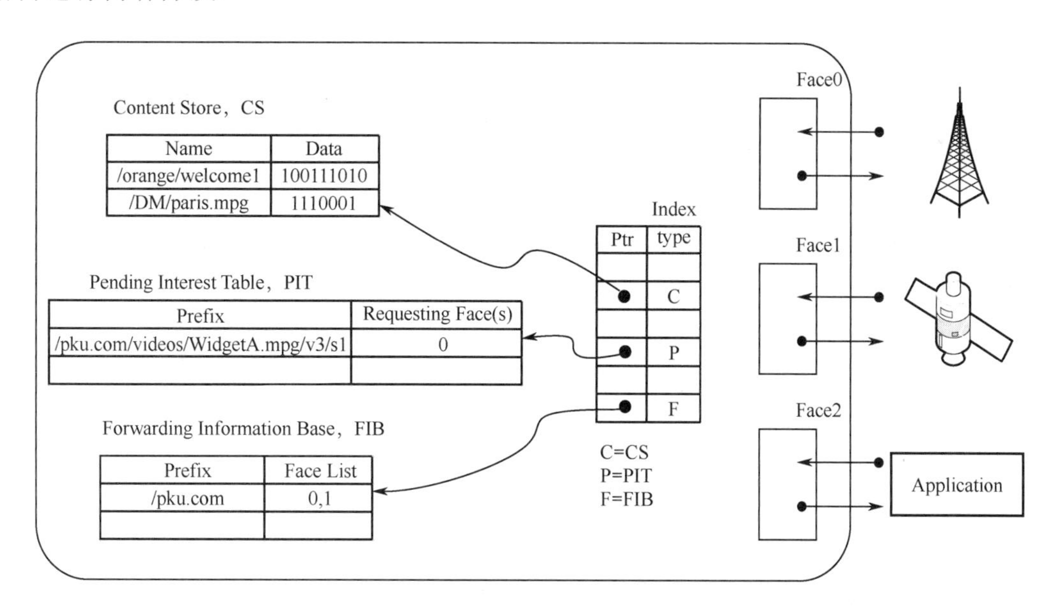

图 1-8　CCN 节点内工作模块

CS 缓存经由本节点转发的内容副本；PIT 用于记录尚未得到响应的兴趣包，包括内容名字和对应的到达接口，实现相同内容请求汇聚，避免重复兴趣频繁发送，并确保应答数据包沿逆向路径返回给内容请求者；FIB 保存到达内容源的下一跳接口信息，用于兴趣包路由。如图 1-9 所示，当节点收到兴趣包后，依据请求内容名字依次在 CS、PIT

和 FIB 中进行最大匹配查询。首先，查找 CS 中是否已存储了该请求内容，若匹配成功，则直接返回数据包进行响应；否则，查找 PIT 表项，若已包含该内容的请求条目，则直接添加到达端口到请求列表；否则，在 PIT 表项中建立该内容的请求条目，并查询 FIB 表项，将请求兴趣包转发到下一跳节点。

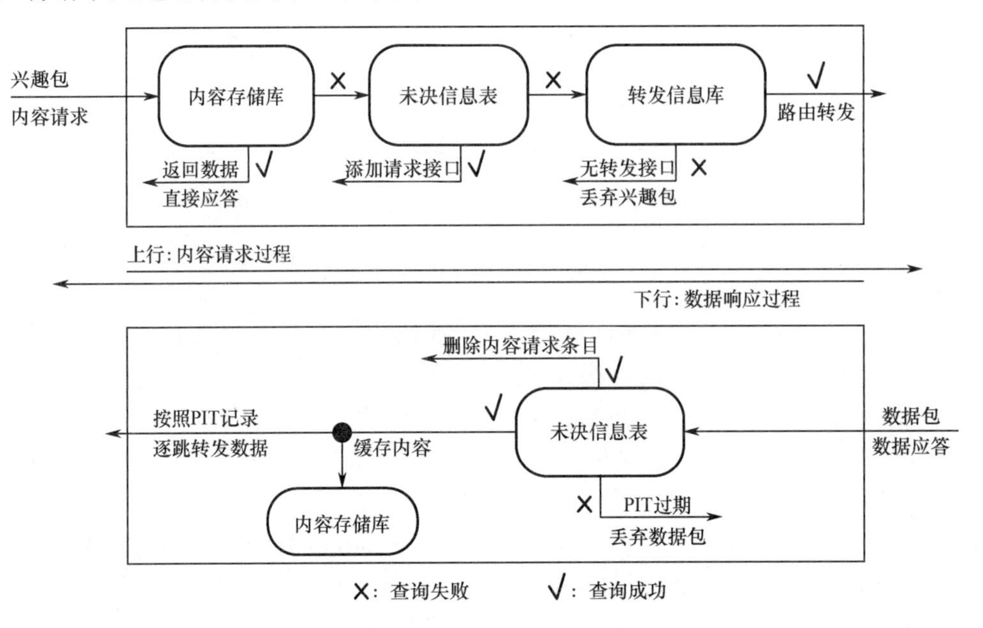

图 1-9　CCN 网络内容分发流程

1.3.2　核心特征

1. 直接对内容进行命名

作为一种全新的网络体系结构，内容中心网络直接以内容名字为标识来寻找内容，其细腰处完全采用内容名字替换 IP 地址，底层是物理网络，上层是安全策略和应用层，不需要 IP 网络的支持，可完全取代现有的 IP 网络，如图 1-10 所示。

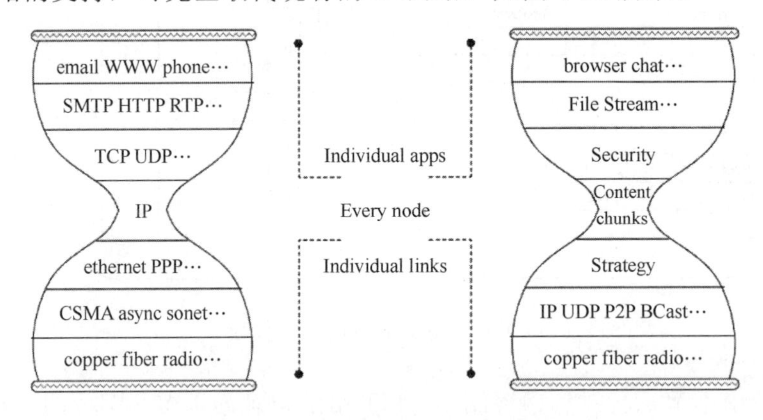

图 1-10　IP 与内容网络沙漏模型

不同于 IP 寻址，CCN 数据名称与地址解耦（Location-Independent）不包含目的地址和源地址，因此通信端点对数据包毫无束缚作用。CCN 命名采用分层结构化的方法[15]，类似于 TCP/IP 网络中的 URL（Uniform Resource Locator）格式，最终名称被编码成二进制。如图 1-11 所示为名为“Netlab.pkusz.edu.cn/ videos/ transformers.avi/_v<timestamp>_s2”的内容，其内容名由多个词元组成，每个词元用“/”分隔符分开，但是分隔符本身并不属于内容名。其中，“Netlab.pkusz.edu.cn”是全局可路由部分；“videos”表明内容类型；“transformers.avi”是内容的具体名称；“_v<timestamp>”表示版本号信息，用来标识最新的数据包；“_s2”为分段信息，表示该数据包属于源文件的第几块。CCN 命名仅需保证在局部环境中的唯一性即可，用户基于内容名直接请求信息，即使位置发生移动也无须中断服务，增强了内容的可用性。

Netlab.pkusz.edu.cn/videos/transformers.avi/_v<timestamp>_s2
←全局可路由→←内部名字→←版本分段→

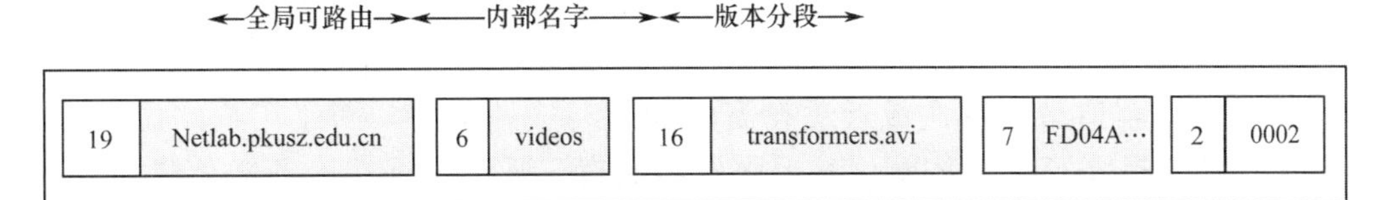

图 1-11　CCN 的命名结构

2. 内容路由

传统 IP 网络体系中基于地址实现路由转发，通过网络层域内或域间路由协议（RIP、OSPF 或 BGP 等）计算到达目的节点的最短路径，并据此建立路由表。在 IP 网络层之上建立覆盖网络的内容分发技术（如 CDN 等），实现了内容的检索和获取，也为命名数据网络基于名字对内容进行定位和路由指明了设计思路。CCN 网络中采用非结构化路由[16, 17]，内容持有节点基于泛洪机制发送路由通告，其他节点根据收到的通告代价计算自己到内容源的最优路径，并建立或者更新路由表。这种方式仅需要对 IP 网络中的路由协议进行简单的改动就可以适用于命名数据网络，与传统 IP 网络有较好的兼容性[18, 19]。如图 1-12 所示，内容提供商（Content Provider，CP）是网络内容的产生者和发布者；用户（Content Requester，CR）请求所需的内容信息，作为内容的消费者。CP 通过直连节点 a 和 b 向外发布内容信息，a、b 在收到内容通告消息后以泛洪机制转发给其他节点，各节点（如 e、f）根据最短路径优先（OSPF）算法，获取到达内容源的下一跳接口信息。用户 CR

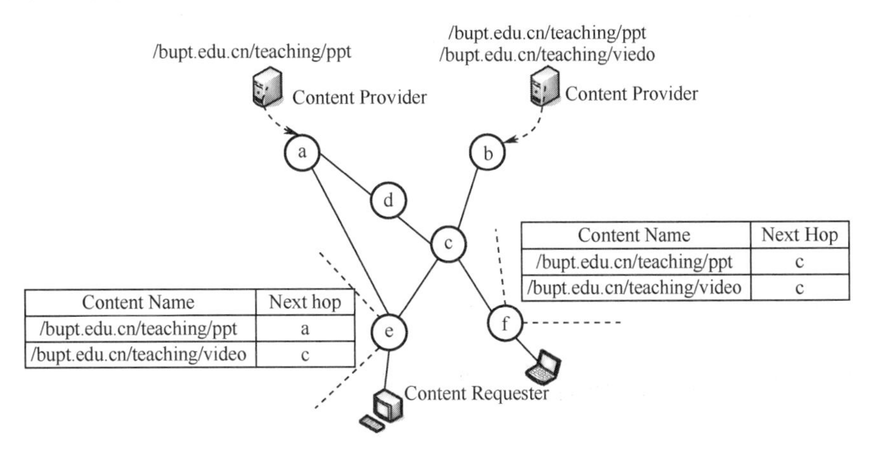

图 1-12　CCN 网络的内容路由过程

发送具有名字标识的兴趣包，并基于内容名字依据 FIB 表项转发至内容提供者。数据包依据兴趣包在前向转发中建立的 PIT 逐跳信息进行返回。在整个通信过程中，兴趣包和数据包都是基于内容名字的路由，不携带任何主机或接口地址。

3. 网内缓存

在命名数据网络中，每个路由节点都具备内容缓存功能，CS 是 CCN 中一种基本的数据缓存单元，而内容的细粒度普遍缓存是 CCN 网络的核心特征，它以廉价的存储代价来换取网络服务性能的提升[20]。与 IP 路由器的 Buffer 不同的是，IP 路由只负责路由转发功能，在完成转发操作后，将直接删除当前数据内容；而 CCN 路由器则利用 CS 将数据内容存储下来，实现后续相同内容请求的快速应答。这使得命名数据网络不仅是一个数据内容的传输载体，更是一个存储、服务平台。如图 1-13 所示，通过内容的普遍缓存，内容请求可以在就近缓存资源处进行快速应答，对于用户来说，缩短了内容请求时延，提高了用户体验；对于服务器而言，减小了远端服务器负载和响应率；对于整个网络来说，减少了额外的数据传输，节省了网络带宽资源，降低了网络拥塞的发生率。

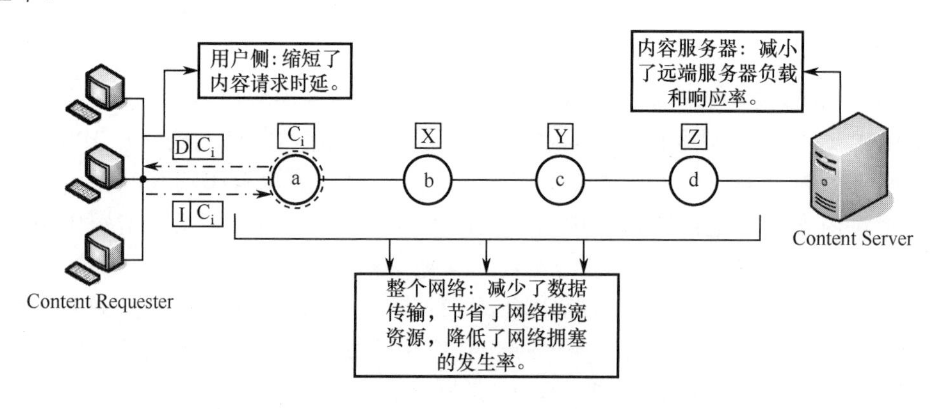

图 1-13　CCN 网络节点普遍缓存的优势

4. 未决兴趣表

路由器将兴趣分组存放在 PIT（Pending Interest Table）中，该表中的每个条目都包含了兴趣分组的名字和已经接收的匹配兴趣分组的接口集合。当数据分组到达时，路由器查找出与之匹配的 PIT 条目，并将此数据转发给该 PIT 条目对应的接口集合列表的所有接口，然后，路由器移除对应的 PIT 的条目，将数据分组缓存在内容存储库（Content Store）中。PIT 条目需要设置一个较短的超时时间，以最大化 PIT 的使用率。通常超时时间稍长于分组的回传时间。如果超时过早发生，则数据分组将被丢弃。路由器中的 PIT 状态可以发挥许多关键作用，如支持多播、限制数据分组的到达速率、控制 DDoS 攻击、实现 Pushback 机制等。

1.4　内容中心网络研究进展

NDN（Named Data Networking）[21]是由美国加州大学洛杉矶分校 Lixia Zhang 团队牵头开展的研究项目，该项目由 FIA（NSF Future Internet Architecture）资助，开始于 2010

年。NDN 的提出是为了改变当前互联网主机–主机通信范例，使用数据名字而不是 IP 地址进行数据传递，让数据本身成为互联网架构中的核心要素。而由 PARC 的 Jacobson V. 在 2009 年提出的 CCN（Content-Centric Networking）只是与 NDN 叫法不同，无本质上的区别。

目前关于 CCN/NDN 的研究和设计还处于初级阶段，正在不断设计开发和试验调整，对 CCN/NDN 的研究工作大部分还限于理论论证和模拟仿真。CCN/NDN 的基本结构设计已有雏形，转发响应机制也在不断完善。CCN/NDN 项目从提出设计至今主要的研究进展如下。

2014 年 NSF 资助 NDN 的下一阶段（NDN-NP），其中包括支持灵活和可扩展的软件基础设施和工具链，支持 NDN 工作的进一步研究[22]。为了克服最初规范的低效问题，NDN 团队使用新的 Type-Length-Value（TLV）数据包格式[23]来解决这些问题，且对数据包格式烦琐的新发现和替换仍在进行。

Beichuan Zhang 对 NFD（NDN Forwarding Daemon）[23]做了一个概述。2012 年 NDN 团队依靠帕洛阿尔托研究中心开发的代码库构建了应用程序和一个试验台，辅以一个 NDN 模拟器[24]，展示了架构解决重要问题的能力，包括构建自动化系统和可伸缩的视频分布。除了支持从 binaryXML 到新的 TLV 包格式的转变，NFD 还将满足对转发策略、链路层协议及缓存策略和算法的研究。

NFD 在 2014 年 8 月作为 NDN Platform 的一部分已发布[25]，解释了代码结构、特性和钩子函数。NFD 数据包处理有两个维度：转发管道和转发策略。在不同阶段的兴趣包和数据包的处理过程中，管道是较常见的操作，转发策略是兴趣包的决策引擎。NDN Platform 包括：(1)支持 NFD 发展和促进 NDN 应用的一组库；(2)一个 NLSR(Named-data Link-State Routing Protocol）路由协议，目前正在试验验证环境中部署；（3）实现 NDN 数据存储库的一个新模块；4）几个 NDN 网络管理应用程序。为了促进和鼓励团体发展，NDN Platform 所有的代码都在开源的 LPGL 和 GPL 下发布，并且在 GitHub 资源库下可用。目前，NDN Platform 已正式支持 Ubuntu Linux 和 OSX 操作系统，在 CentOS、Fedora、FreeBSD 和 RaspberryPi、OpenWRT 下可用。

关于基于 CCN/NDN 上层应用的主要研究进展包括以下内容。

（1）实时通话应用：为了验证 CCN 不仅能支持内容分发相关应用，而且可以支持实时会话等 IP 网络上层应用，Van Jacobson 等人[26]实现了 VoCCN——基于 CCN 的实时通话应用。该应用与 VoIP 相比，性能和功能具有相似性，但 VoCCN 更容易实现，且在安全性和可扩展性上更具优势。然而，该应用的原型系统环境是在 Proof–of–Concept 下实现的，离实际应用还有差距。

（2）音视频应用：Van Jacobson 等人为了推进部署 CCN 网络，开发了基于 CCN 的音频会议工具 ACT[27]和基于 NDN 开发视频流传输应用 NDN Video[28]。与当今集中式的音频会议不同，ACT 采用基于命名数据的分布式方法，其鲁棒性和可扩展性更强；NDN Video 充分利用 NDN 网络内置的缓存和多播功能，减少了视频生产者和请求者之间的直接通信，加快了网络节点的响应速度，并且 NDN Video 的命名结构决定了应用程序能够组合视频帧的粒度。另外，也有研究者针对在线视频服务提出了多种有效的快速转发策略[29–31]。

（3）实时会议应用：为支持没有集中服务器的点对点聊天服务，探索数据同步技术，研究人员提出了多用户文本聊天应用程序 Chrono Chat[32]，不仅激发了对非层次信任模型进行试验，还实现了基于加密的访问控制。Chrono Chat 和 NDN Video、NDN ACT 这些视频应用程序都促进了 NDNRTC[33]的发展，整合为 Web RTC 代码库。

（4）新的体系结构组件：为建立一个高效的和真正分布式对等的 NDN 应用，NDN 构建了一个新的组件 Sync[34]。使用 NDN 中两种基本的数据包格式 Interest 和 Data 的交换通信模型来使各个部分同步数据集，每部分组件通过交换单独的计算数据，都可以快速可靠地获取新的或缺失的数据，继而通过 NDN 的内置的多播实现高效数据检索。

（5）构建自动化系统：构建自动化管理系统（BAS/BMS）对 NDN 的未来研究而言是一种强大的驱动器，BAS/BMS 应用和多媒体传输服务应用对数据命名和信任模型的要求不同，但一个精心设计的命名空间和信任模型能够支持身份验证控制传感器。NDN 研究团队的成果中，影响最大的是与加州大学洛杉矶分校合作进行实施、管理、运营的一个具有超过 150K 感应点和控制点的网络，促进了行业标准电气监控系统需求和现有系统的数据访问 NDN 研究[35]。

1.5　内容中心网络发展前景

1.5.1　与现有网络兼容

要推进内容寻址网络的部署，就必须要有基于内容寻址网络的、重要的、优于当今互联网的应用，所以开发内容寻址网络的上层应用，并验证内容寻址网络对当前应用和新一代应用的可行性和有效性，是内容寻址网络领域的一个研究热点。内容寻址网络应用研究的目标主要有：（1）促进内容寻址网络体系结构的部署；（2）促进和测试内容寻址网络的原型实现；（3）在关键领域证明内容寻址网络的优势；（4）证明在内容寻址网络上开发应用的简单性、安全性及开发和部署应用的低代价。

1.5.2　当前硬件处理速度和空间约束

鉴于当前硬件存储介质处理速度，可考虑设计满足线速处理的节点缓存管理策略，以进一步提高缓存命中率，从而改善缓存性能，文献[36]分析了内容寻址网络运行的实际需求和当前硬件存储介质处理速度。其中，SRAM 访问时间达到 0.45ns，最大容量为 210MB；RLDRAM 访问时间为 15ns，最大容量为 2GB；DRAM 读取时间为 55ns，最大容量为 10GB。文献[37]指出，在缓存系统中，线速处理是对内容索引表项操作的要求，内容可以存储在低速缓存中。文献[38]指出，内容寻址网络的路由器缓存的处理速度主要取决于存储内容索引的存储介质的访存速度。基于上述硬件存储介质条件，文献[39]指出，基于内容寻址的网络仅能支持自治域级规模，还不能支持网络级规模。同时，在节点部署大量缓存需要的巨额费用也是影响内容寻址网络实际部署的一个重要因素。

1.5.3　构建基于内容寻址的服务承载网

互联网发展到今天，在饱受诟病的同时，依然承载着日益增多的传输业务。各种各样的网络优化策略应用到当今的网络当中。网络的物理基础设施终究摆脱不了时空的限制。基于内容寻址的网络体系能够解决当前网络中内容重复传输的问题。然而，要把当前的网络结构推翻，重新构建一个基于内容寻址的网络，需要付出巨大的代价。网络虚拟化和 SDN 技术使得在现有网络上构建基于内容寻址的服务承载网络成为可能。将基于内容寻址网络作为现有网络体系中的一项服务，为网络突发事件、网络过载时的数据传输提供一种解决方案，不失为一个很好的应用。

本章参考文献

[1] Jacobson V, Smetters D K, Thronton J D, et al. networking named content [J]. Communications of the ACM, 2012, 55(1)：117-124.

[2] Jacobson V, Smetters D K, Thronton J D, et al. networking named content[C], Proceedings of the 5th International Conference on Emerging Networking Experiments and Technologies (CoNEXT'09), Rome, Italy, 2009：1-12.

[3] Cisco System. Cisco Visual Networking Index (VNI)：forecast and methodology, 2014-2019[EB/OL]. 2015, http://www.cisco.com.

[4] 中国互联网信息中心 CNNIC. 中国互联网发展状况统计报告[EB/OL], 2016，http://www.cnnic.net.cn.

[5] Wolfgang J, and Sven T. analysis of internet backbone traffic and header anomalies observed[C]. Proceedings of the 7th ACM SIGCOMM Conference on Internet measurement. San Diego, CA, USA, 2007：111-116.

[6] Raychaudhuri D, Nagaraja K, Venkataramani A. Mobility First：A Robust and Trustworthy Architecture for the Future Internet [J]. ACM SIGMOBILE Mobile Computing and Communications Review, 2012, 16(3)：2-13.

[7] Pan J, Jain R, Paul S, et al. MILSA：a new evolutionary architecture for scalability, mobility, and multihoming in the future internet [J]. IEEE Journal on Selected Areas in Communications, 2010, 28(8)：1344-1362.

[8] Clark D, Braden R, Falk A, et al. FARA：reorganizing the addressing architecture [J]. ACM SIGCOMM Computer Communication Review, 2003, 33(4)：313-321.

[9] Choi J, Han J, Cho E, et al. a survey on content-oriented networking for efficient content delivery [J]. IEEE Communications Magazine, 2011, 49(3)：121-127.

[10] Steinmetz R, Wehrle K. peer-to-peer networking & computing[J]. Informatik Spektrum, 2004, 27(1)：51-54.

[11] Koponen T, Chawla M, Chun B G, et al. a data-oriented (and beyond) network architecture [J]. ACM SIGCOMM Computer Communication Review. ACM, 2007, 37(4)：181-192.

[12] Visala K, Lagutin D, Tarkoma S. LANES：an inter-domain data-oriented routing architecture [C].

Proceedings of the 2009 Workshop on Re-architecting the Internet. Rome, Italy, 2009：55-60.

[13] Brunner M, Abramowicz H, Niebert N, et al. 4WARD：a european perspective towards the future internet [J]. IEICE transactions on communications, 2010, 93(3)：442-445.

[14] 胡骞，武穆清，郭嵩. 以内容为中心的未来通信网络研究综述[J]. 电信科学, 2012, 28(9)：74-80.

[15] Zhang L, Estrin D, Burke J, et al. Named Data Networking (NDN) project [J]. Relatório Técnico NDN-0001, Xerox Palo Alto Research Center-PARC, 2010.

[16] Hoque A, Amin S O, Alyyan A, et al. nisr：named-data link state routing protocol [C]. Proceedings of the 3rd ACM SIGCOMM Workshop on Information-centric Networking, 2013：15-20.

[17] Yi C, Afanasyev A, Moiseenko I, et al. a case for stateful forwarding plane [J]. Computer Communications, 2013, 36 (7)：779-791.

[18] Yi C, Afanasyev A, Wang L. adaptive forwarding in Named Data Networking [J]. ACM SIGCOMM Computer Communication Review, 2012, 42(3)：62-67.

[19] Wang L, Hoque A, Yi C, et al. OSPFN：an OSPF based routing protocol for Named Data Networking [J]. University of Memphis and University of Arizona, Tech. Rep, 2012.

[20] 林闯, 贾子骁, 孟坤. 自适应的未来网络体系结构[J]. 计算机学报, 2012，35(6)：1077-1093.

[21] NDN Project. NFD—named data networking forwarding daemon，2014，http://named- data.net/doc/NFD/0.2.0.

[22] 黄俏丹. 命名数据网络研究探析[J]. 电脑与电信, 2013(4)：6-8.

[23] NDN Project. NDN packet format specification. 2014, http://named-data.net/doc/ndn-tlv.

[24] Afanasyev A, Moiseenko I, Zhang L. ndnSIM：NDN simulator for NS-3.　Technical Report NDN-0005, NDN Project, July 2012.

[25] NDN team. NDN Platform, 2014, http://named-data.net/codebase/platform.

[26] Jacobson V, Smetters D K, Briggs N H, et al. VoCCN：voice-over content-centric networks[J]. Proc Rearch, 2009：1-6.

[27] Zhang L, Zhu Z, Wang S, et al. ACT：Audio Conference Tool over Named　Data Networking[J]. Icn, 2011, 44(3)：66-73.

[28] D Kulinski, J Burke. NDN Video：Live and Prerecorded Streaming over　NDN. Technical Report NDN-0007, Sept 2012.

[29] Carofiglio G, Gallo M, Muscariello L. joint hop-by-hop and receiver-driven interest control protocol for content-centric networks[J]. In Proc. of ACM　SIGCOMM Workshop on Information-Centric Networks (ICN), 2012, 42(4)：37-42.

[30] Xu H, Chen Z, Chen R, et al. live streaming with Content Centric Networking[C]. 2012 Third International Conference on Networking and Distributed Computing (ICNDC). IEEE, 2012：1-5.

[31] Piro G, Grieco L A, Boggia G, et al. two-level downlink scheduling for real-time multimedia services in LTE networks[J]. Multimedia IEEE Transactions on, 2011, 13(5)：1052-1065.

[32] Z Zhu, C Bian, A Afanasyev, et al. chronos：serverless multi-user chat over NDN. Technical Report NDN-0008, October 2012.

[33] Jeff Thompson and Jeff Burke. NDN common client libraries. Technical Report NDN-0024, NDN, September 2014.

[34] Zhu Z, Afanasyev A. let's ChronoSync：decentralized dataset state synchronization in Named Data

Networking[C]. 2013 21st IEEE International Conference on Network Protocols (ICNP), 2013：1-10.

[35] Shang W, Ding Q, Marianantoni A, et al. securing building management systems using named data networking [J]. IEEE Network, 2014, 28(3)：50-56.

[36] Perino D, Varvello M. a reality check for content centric networking[C]. Proc. of the ACM SIGCOMM Workshop on Information-Centric Networking (ICN 2011), 2011：44-49.

[37] Rossi D, Rossini G. on sizing CCN content stores by exploiting topological information[C]. Proc. of the IEEE INFOCOM Workshop on NOMEN, 2012：280-285.

[38] G Rossini D Rossi. caching performance of content centric networks under multi-path routing (and more). Technical report [R]. Telecom Paris-Tech, 2011.

[39] A Ghodsi, S Shenker, T Koponen, et al. information-centric networking：seeing the forest for the trees [C]. in ACM Workshop on Hot Topics in Networks (HotNets), 2011.

第 2 章　内容命名技术

CCN 中的数据包不再需要指定源地址与目标地址，取而代之的是直接采用内容对消息进行命名。在 CCN 中，内容名字是内容的唯一标识。从用户请求开始，内容就作为请求的对象，内容名字必然作为请求分组的一个重要字段。路由过程中，内容名字成为寻址的唯一标识。传输过程也是基于内容名字进行传输。内容命名应该满足四类性质，即可聚合性、持久性、自我验证性和全局唯一性。

（1）可聚合性：是指内容名字可实现汇聚，如 IP 地址以地址前缀方式聚合。可聚合性是内容命名的重要特性，内容是海量的、规模庞大的，若内容名字不能聚合，则路由表的膨胀速度将远远超过 IP 网络，会导致 CCN 网络可扩展能力更差。因此，可聚合性可大大减少路由表项数，保证可扩展性。

（2）持久性：是指无论内容所在主机或主机所在位置如何改变，内容名字始终保持一致。在 IP 网络中，若主机位于不同的自治系统（Automation System，AS）内，则其分配到的 IP 地址与 AS 所属的地址段相关。IP 网络中主机发生移动时，相应的 IP 地址也要发生改变，导致了移动性问题。在 CCN 中，内容命名在设计时必须考虑移动性问题，因此提出了持久性的性质要求。一般而言，持久性要求内容名字具有扁平性，如以哈希值的形式存在，因此，可聚合性和持久性是一对矛盾，如何合理整合这对矛盾是内容命名的重要研究内容。

（3）自我验证性：是指内容名字本身具有安全验证功能，通过与其他数据的计算，可验证内容是否完整、真实、安全，从而更快速、简洁地实现内容的安全性验证。IP 网络是针对主机的，即主机可能是安全的，但内容不一定安全。而在 CCN 网络中，安全性是直接针对于内容本身的，CCN 安全性验证更加合理。

（4）全局唯一性：是命名的最基本的性质，是指内容名字是内容的唯一标识，一条内容具有一个内容名字，一个内容名字定义一条内容。与 IP 地址类似，内容名字是 ICN 传输和寻址的标志，若出现不唯一的情况，则必然造成网络传输的冲突和混乱。

CCN 修改了对内容文件命名的方法，目前主要存在以下三种命名方式。

（1）层次命名（Hierarchical Naming）：便于理解、记忆，加密算法变化时名字可以保持不变。这种命名方式与 URL 相似，并且是可聚合的，能够方便地与 URL 相匹配，这意味着在当前网络环境上较为容易部署，但是安全性较弱。

（2）扁平命名（Flat Naming）：格式是 P:L，P 是内容发布者公钥的加密哈希，L 是内容标签。这种形式的命名是没有语义的哈希串，具有较好的稳定性和唯一性，但也带来了不便于理解记忆，以及加密算法升级后名字将发生变化等问题。

（3）属性命名（Attribute-based Naming）：是指根据内容文件的一系列属性值对对文件内容、文件位置进行判定和识别。

2.1 层次命名

TRIAD（Translating Relaying Internet Architecture Integrating Active Directories）[1]与 NDN[2]共同提出了一种具有层次性的文件内容命名方法。这种层次命名法规定每个内容文件通常都拥有一个类似 Web URL 的标识名，而此标识名通常可以由类似“/lab/video/Widget.mpg”的字符串构成。其中，符号“/”表示各个子域之间的分隔定界符。另外，层次结构文件名可以与基于 URL 的 Web 应用或服务兼容。进一步而言，这些应用或服务能够直接使用互联网中的内容文件而不需要进行数据包的编码解码，因此，数据内容的易读性得到了进一步提升。

层次命名法的优势还体现在信息名称具有可聚合性。例如，对于任何以“/lab/”作为起始路径名的内容文件都可以被存储在同一条路由表记录中，只需找到起始路径为“/lab/video/”的路由表记录，即可定位到这条路由表下聚集的所有数据。

2.1.1 TRIAD

TRIAD 是 2000 年提出的方案，其在网络层之上构建了内容层，提供内容传输、内容缓存和内容转换等功能。与传统 NAT 一样，TRIAD 由一个互联的地址域集合以分层方式组成。在叶子层中，一个地址域可能对应一个企业网、校园网、军事设施，或者更小的单元，如一批自治的传感器或一个家庭网络，甚至可能是在一个单一物理机器上的虚拟主机集合。在该层中，防火墙或者边界路由器被扩展为域间的 TRIAD 中继代理（Relay Agent），并进行报文地址翻译，因为该设备需要在所互联的不同域之间传输报文。更高层的地址域对应局部和全局互联网服务提供商（Internet Service Providers，ISP）。骨干网或广域网 ISP 能够如当前一样在对等点相连，但是这些点需要有高速中继代理路由器。

在 TRIAD 中，端到端互联网规模的主机接口或组播通道标识是通过分层的字符串名字提供的。这个名字是所有端到端标识、认证和传递的基础。TRIAD 采用“shim”协议定义一套寻址路径，保证分组可到达目的端。TRIAD 定义了 URL 作为信息名字，采用后缀聚合方式。路由器中存储了信息名字、下一跳 IP 地址及跳数等信息。当用户请求信息时，名字查找服务返回转发路径和反转路径，存储在“shim”分组格式的转发令牌（Forward Token）和反转令牌（Reverse Token）中，根据令牌确定下一跳。路由过程中，逐跳改变令牌，改变源 IP 地址和目的 IP 地址。请求分组根据转发路径到达目的源。中间路由器若有相应缓存，则该路由器会返回相应信息。返回的信息分组根据反转路径返回请求端。

在任意域内，命名、寻址和路由等操作跟当前的 IPv4 体系相同。TRIAD 并不需要修改主机和路由器。连接一个域与其他域的一个或多个中继代理提供命名和路由服务。类似于 IP 封装协议，WRAP（Wide-Area Relay Addressing Protocol）是一种“shim”协议，将传输头部和数据作为负载承载。WRAP 头部保护一对互联网中继令牌（Internet Relay Tokens，IRT），即 Forward Token 和 Reverse Token。一个 IRT 是一个潜在的不透明变长域，扩展了 IPv4 的寻址能力。

图 2-1 描述了两个主机 src.Harvard.EDU 和 dst.Ietf.ORG 在域间的 TRIAD 操作，假

设 Harvard.EDU 和 Ietf.ORG 是两个分离的域，通过一个单独的中间域（外部互联网）相连。对于 src 向 dst 的发送过程，dst.Ietf.ORG 的名字查找操作由该域的中继代理 relay.Harvard.EDU 完成，其内部 IPv4 地址为 RA1，外部 IPv4 地址为 RA1′。该中继代理根据 Ietf.ORG 的目录映射决定合适的下一跳中继代理，然后通过互联网与 Ietf.ORG 域的中继代理 relay.Ietf.ORG 进行通信并完成名字查找（该中继代理的内部 IPv4 为 RA2，外部 IPv4 为 RA2′）。

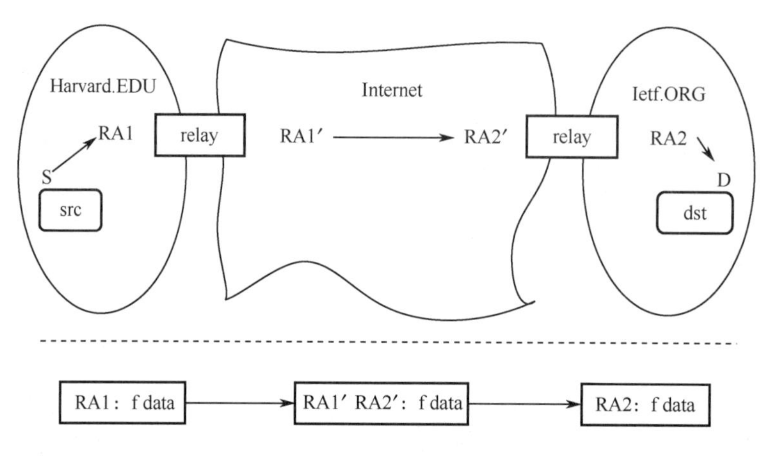

图 2-1　TRIAD 的域间报文传输

在域间层中，路由中继使用基于名字的路由（Name-Based Routing），因为地址不是一种有意义的标识广域网端点和确保名字的有效性的方式（域内路由能够使用现有路由协议，而且域内名字服务的可靠性由副本服务器保证，或者由集成在路由器中的目录服务保证）。路由信息在中继节点中分发，并且被局部地维护，使得下一跳和目的地按照名字和名字后缀被指定。通过这一步骤，名字目录和路由表在逻辑上变为单一实体，从而降低目录和中继代理软件的整体复杂度。值得注意的是，传统路由表是一个简单目录，它是通过查询 IP 地址来确定转发信息。而在 TRIAD 中，中继节点的等价目录是使用 DNS 名字进行查询。

TRIAD 主要优势为：

（1）支持主机移动；

（2）支持 NAT / Firewall 和 VPN；

（3）基于策略路由；

（4）防止源假冒；

（5）具有高效性。

TRIAD 采用后缀聚合方式聚合所有信息，造成了路由表膨胀问题更加严重，可扩展问题仍待解决；TRIAD 采用了复杂的目录服务换取传输的高效性，目录服务采用了多次映射，比较烦琐，在大规模数据情况下，可能会带来可扩展问题和网络性能问题；传输时采用逐跳改变令牌的方式，协议复杂，传输开销大。

2.1.2　NDN

Named Data Network（NDN）是 NSF FIA 用来探索和设计未来网络体系结构的四个项目之一。NDN 的目标是通过使用内容块作为传输的通用元素来替换传统的 IP，从而完全重新设计互联网。NDN 采用分层命名，类似 URLs，如果请求内容的名字是某个名字的前缀，则这两个名字就成功匹配。NDN 的命名是由多个组件按照分层结构组成的，每个组件都可以是任意长度的字符串，如图 2-2 所示。

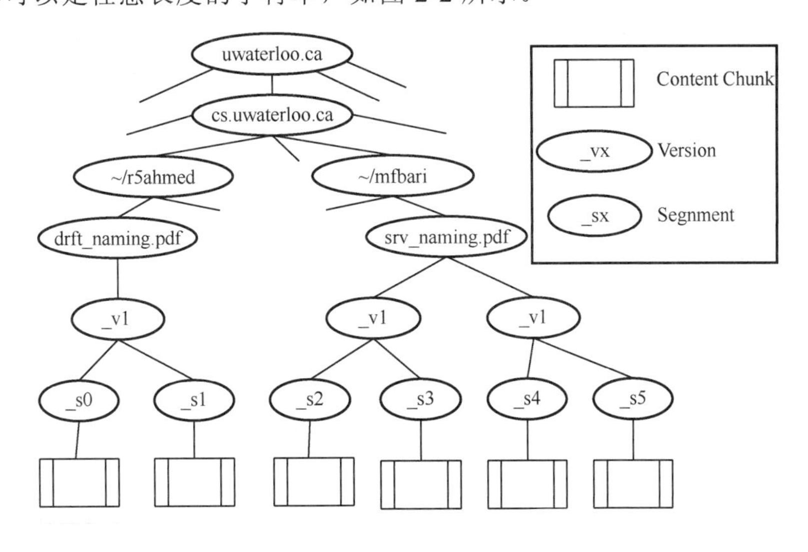

图 2-2　NDN 的层次命名方案

NDN 传输层除了对组件结构进行限制之外，对名字并未施加任何限制，因为名字是由用户自己生成和赋予的。NDN 只提出结构，而期望随着不同业务类型应用的发展，名字将逐渐标准化。名字包含诸如版本和分段号等信息，所有 NDN 中的名字为了避免歧义，都隐含一个 SHA256 的内容摘要。为了提供内容真实性和完整性，名字到内容的映射被数字签名，并且与内容一起传输。NDN 中的名字是人性化的，而且是不可持续的，这是由分层结构造成的。虽然带 SHA256 摘要的内容全名是唯一的，但是名字中被用户赋予的部分可能不是唯一的。

NDN 的名字对于网络是不透明的，即路由器不知道名字的含义（虽然路由器知道名字中不同组件之间的边界）。这样，每个应用都可以选择适合需求的命名方案，而且命名方案可以独立于网络而演化。名字不需要具有全局唯一性，用于局部通信的名字可能很大程度上基于局部上下文，而且只需要局部路由（或局部广播）来发现相应的数据。

为了检索动态生成的内容数据，订阅者必须在看到数据之前，能够确定性地构造名字。为了做到这一点，可通过一个确定性算法使订阅者和发布者基于对双方都有效的数据得到相同的名字，或者订阅者能够基于部分名字检索数据。例如，订阅者可能请求 /parc/videos/WidgetA.mpg，并返回得到一个名为/parc/videos/WidgetA.mpg/1/1 的数据报文。然后，订阅者能够指定后续的分片，并且发起请求，这是根据第一个数据报文显示的信息，以及订阅者与发布者所达成的命名惯例组合得到的。

订阅者发出兴趣分组请求信息，并得到 Data 分组。所有信息在内容路由器（CR）转发，每个 CR 维护三个数据结构，转发信息表（FIB）、待处理请求表（PIT）和内容存储器（CS）。FIB 保存内容名字到转发接口的映射，PIT 暂存输入接口到未处理的兴趣分组请求内容名字的映射，CS 暂存信息对象和其名字的映射。

当 CR 收到兴趣分组时，首先查看 CS 中是否缓存兴趣分组请求的数据，如果有，则返回数据；否则，查看 PIT 是否有同样请求的名字，如果有，则丢弃兴趣分组，并在表中匹配的名字后添加兴趣包的输入接口；如果没有，则根据 FIB 转发兴趣分组，并在 PIT 表中增加兴趣包的输入接口和请求名字。发布者收到兴趣分组，就返回数据包。之后每个 CR 收到数据包后，根据 PIT 中的输入接口转发数据包，删除 PIT 中的对应项，并在 CS 中暂存一段时间。

NDN 中的内容名字对比于 IP 地址而言，更具扁平性和可扩展性，但其聚合难度高于 IP 地址。命名系统是 NDN 体系中最重要的部分，目前仍然处于火热研究中，尤其是如何定义和分配顶层名字仍然具有很大的挑战性。名字对于网络的不透明性及对于应用的不依赖性，意味着 NDN 体系的设计必须与名字结构、名字查找等同步开展。

2.2 扁平命名

尽管层次命名增强了网络的可扩展性，使名称具有较强的可聚合能力，减小了路由表，然而，层次名称却具有语义性，这在一定程度上限制了文件名称的生命周期。例如，当名称为/lab/thu/icn.jpg 对应的文件失效时，采用层次命名的路由将无法找到数据源文件。另外，同一名称的文件可能被多级网络缓存，此时文件名称却无法聚合，路由表需要若干条记录分别保存文件的位置信息，反而降低了路由表记录的聚合度。为了避免上述问题，DONA[3]、NetInf[4]和 PSIRP[5]提出采用扁平与自认证（Flat and Self-Certifying）的方法对内容文件进行命名，即直接计算文件位置与文件内容的组合哈希值，并将获得的结果作为文件名。因此，扁平名称通常由一系列不规则的数字或字符组成。扁平文件名称直接由位置与内容决定，不再具有语义性且文件名称具有全局唯一标识。尽管如此，由于扁平名称不具有语义性，无法实现信息名称的可聚合，因此，扁平命名方法并不能较好地支持网络路由的可扩展性。

2.2.1 DONA

DONA（Data-Oriented Network Architecture）项目主张完全重新设计互联网名字解析系统。DONA 提出使用一种扁平且自认证的命名方案，并使用分层组织的名字解析完成三个主要目标：可靠性和低延迟、名字持续性和内容可追溯性。

DONA 中的每个内容都关联着一个发布实体，叫作 Principle（拥有者）。DONA 中的名字格式为 P:L，其中 P 是拥有者公钥的加密哈希值，而 L 是拥有者赋予的标签。拥有者对 L 的唯一性和粒度负责。P:L 名字是全局唯一且持久的。

每个关联的元数据包含完整的公钥信息和签名的数字摘要。名字中的 P 部分确保了内容的出处，数字摘要确保了内容的完整性。任何存储有效副本的主机都能够作为数据源提供服务。验证公钥的工作交由内容接收者完成，主要通过如下两种途径来完成。

（1）在一个众所周知的特殊标签下存储拥有者的公钥。

（2）依赖 PKI 或者 WoT（Web of Trust）设施进行密钥验证。

名字解析结构为 RH（Resolution Handler）结构，RH 位于域内，每个域都拥有一个 RH。RH 之间的关系服从域间的关系。所有的 RH 形成了一种分层结构，如图 2-3 所示。DONA 采用了 Register 和 Find 两类分组。Register 分组在 RH 结构中注册服务器信息，Find 分组解析并路由数据。解析设施提供一个非常简单的接口，包括两种操作：Find（P:L）和 Register（P:L）。Find（P:L）用来定位目标 P:L，而 Register（P:L）用来设置 RH 的必要状态以有效路由后续的 Find 消息。RH 之间的路由直接基于名字完成，而且网络运营商能够像 BGP（Border Gateway Protocol）一样定义全局和局部路由策略。当 Find 消息被转发时，每跳的域地址都会追加到该消息上。一旦 Find 消息被解析，内容就能够沿着路径反向发送传递给客户端，或者 DONA 能够使用 IP 路由将发现的内容返回给客户端。

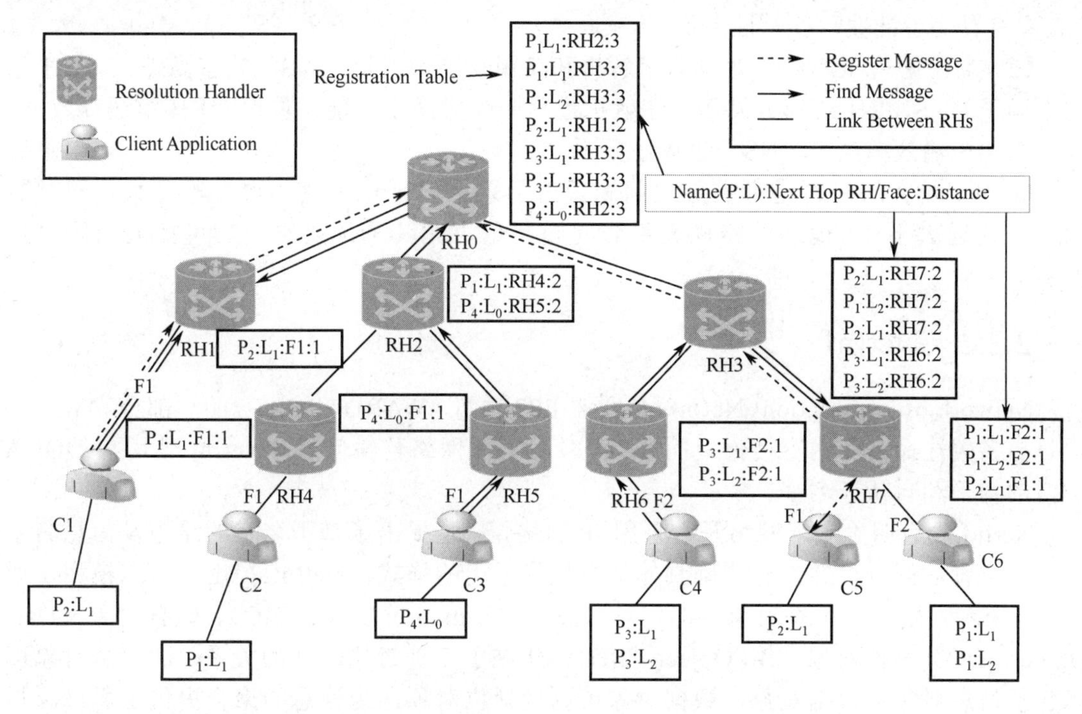

图 2-3　DONA 的名字解析过程

DONA 解析和路由过程在 RH 结构中完成。首先，服务器通过 Register 分组向 RH 注册信息，RH 建立信息表。需求端发送 Find（P:L）分组，RH 收到 Find 后，根据信息表查找 P:L，若下一跳是信息副本，则发送给信息副本；若不是，则转发给下一跳 RH，如此循环，直到最近信息副本，信息按照原路径返回。DONA 底层网络仍采用 IP 网络，但是口地址只作为一种本地化标识。

图 2-3 描述了不同 RH 的注册表，以及内容 P_2:L_1 的 Register 和 Find 消息传输路径，其中，该内容被分别附属于 RH1 和 RH7 的两个客户端应用 C1 和 C5 所注册。注册表存储三元组< P:L，下一跳 RH，距离>。当在注册表中不存在该名字的记录，或者新的 Register 来自于一个更近的副本时，每个 RH 都转发 Register 消息给它的提供者 RH（即父 RH）。来自 C1 的 C5 的 Register 消息分别沿着路径 C1→RH1→RH0 和 C5→RH7→RH3→RH0 传输，而且为有效发现网络中最近的内容副本建立了必要的状态。在收到一个 Find 消息之后，如果在注册表中有一个匹配项，那么该 Find 消息被转发给下一跳 RH，否则该 Find 消息被转发给它的父 RH。该机制保证了发现最近的注册副本，这在图 2-3 的 Find 消息转发例子中显而易见。在可扩展性方面，DONA 根据 RH 在分层结构中的位置施加名字解析任务，不具有可靠性，因为 Tier-1 层的 RH 需要存储网络中的所有名字。

DONA 的优点如下。

（1）信息命名结构具有持久性、全局唯一性和自我验证性，解决了移动问题、安全问题。当数据移动时，名字不随宿主主机地址改变而改变，解决了移动性问题。DONA 返回的数据格式是三元组（Public Key、Signature、Data），计算 Public Key 的 Hash 值与 P 是否匹配，同时验证 Signature 与 Public Key 是否匹配，若都匹配，则证明数据源可信，P:L 具有自我验证性，安全性能更优。

（2）名字解析 RH 结构兼具名字解析和路由功能，对比 DNS，具有高效性。RH 结构不同于 DNS，RH 结构更灵活，在解析过程中完成路由功能。同时，RH 中缓存数据，其解析和传输效率高于 DNS，鲁棒性更强。

DONA 最大的问题是可扩展性问题。由于采用扁平化名字，聚合难度大，同时数据量又远远大于 IP 地址，路由表膨胀问题严重，尤其是顶层路由器可扩展问题更加严重。

2.2.2　NetInf

Network of Information（NetInf）是欧盟 FP7 项目 4WARD 和 SAIL 的一部分。4WARD 项目更多关注命名和内容搜索，而 SAIL 项目关注网络传输问题。NetInf 使用与 DONA 类似的扁平和自认证名字。

NetInf 没有明确底层网络是否采用 IP 网络，只是提出了基于名字的路由及信息名字到信息位置的解析，并没有明确具体信息位置采用的形式。NetInf 提出了信息模型，如图 2-4 所示，定义了三种对象，即信息对象（Information Object，IO）、数据对象（Data Object，DO）和位对象（Bit Object，BO）；建立了三种对象之间的关系，即信息对象可以包括信息对象和数据对象，数据对象可以包括位对象，为信息的聚合提供了思路。与 DONA 类似，NetInf 中的名字采用 T:P:L 定义信息名字，T 为类型，即 IO、DO、BO；P 是拥有者公钥的哈希值；而 L 是拥有者所选择的一个标签。对于一个静态内容，L 是内容自身的哈希值。但是对于一个动态内容，一个固定的 ID 用来作为 L，而一个数字签名（存储在元数据中）确保了内容的完整性。NetInf 提出捆绑使用内容的公有-私有密钥对，单一拥有者可以使用多个公有-私有密钥对。拥有者认证和标识是由存储在元数据中的公钥链信息决定的。这一特征启用了匿名性，完成了内容的安全发布。

NetInf 将解析和路由合二为一，保证了信息传输的高效性。NetInf 使用一种基于多层 DHT（Distributed Hash Table）的名字解析服务 MDHT（Multilevel DHT），该服务提供基于名字的任播路由。如图 2-5 所示，MDHT 是一种多层嵌套的分层 DHT，利用分域请求模式最小化自治域内（Intra-AS）的路由延迟。图 2-5 中，三个 DHT 被分布嵌套在访问节点（Access Node，AN）层、接入节点（Point Of Presence，POP）层和自治系统（Autonomous System，AS）层。每个 DHT 都允许各自的 DHT 算法，而且任何节点都能够参与多个 DHT。域内路由和转发是依据局部 DHT 算法的规则完成的，域间路由是通过在局部 DHT 中找到一个同时参与更高层 DHT 的节点完成的。

内容 X 的注册过程如图 2-5（a）所示。主机 T_k 在三个不同层注册内容 X：AN、POP 和 AS。AN 存储了两种映射：一是内容 X 是否属于主机 T_k，二是主机 T_k 是否能够在地址 k 中被找到，k 可以是一个 IP 地址或访问节点 C 的一个私有地址。POP 和 AS 层的 DHT 将内容 X 映射到访问节点 C。图 2-5（b）描述了名字解析和内容 X 的数据传输路径。查找内容 X 的主机 T_0 首先在局部 AN 中进行查找，如果没有找到，那么在局部 POP 中进行查找，然后在 AS 层的 DHT 中查找。如果在 AS 层中查找失败，那么 T_0 将在解析交换（Resolution Exchange，REX）系统中查找名字，该系统是一个用来管理注册、更新和全局名字聚合的独立实体。REX 系统生成的聚合绑定被 AS 层 DHT 缓存，以减轻 REX 系统的负载。

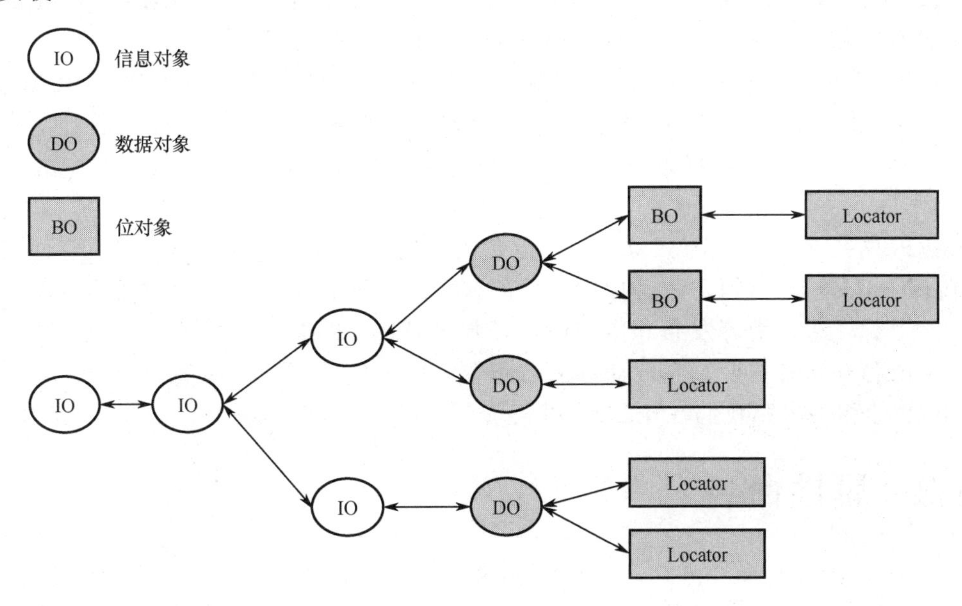

图 2-4　IO、DO、BO 之间的关系

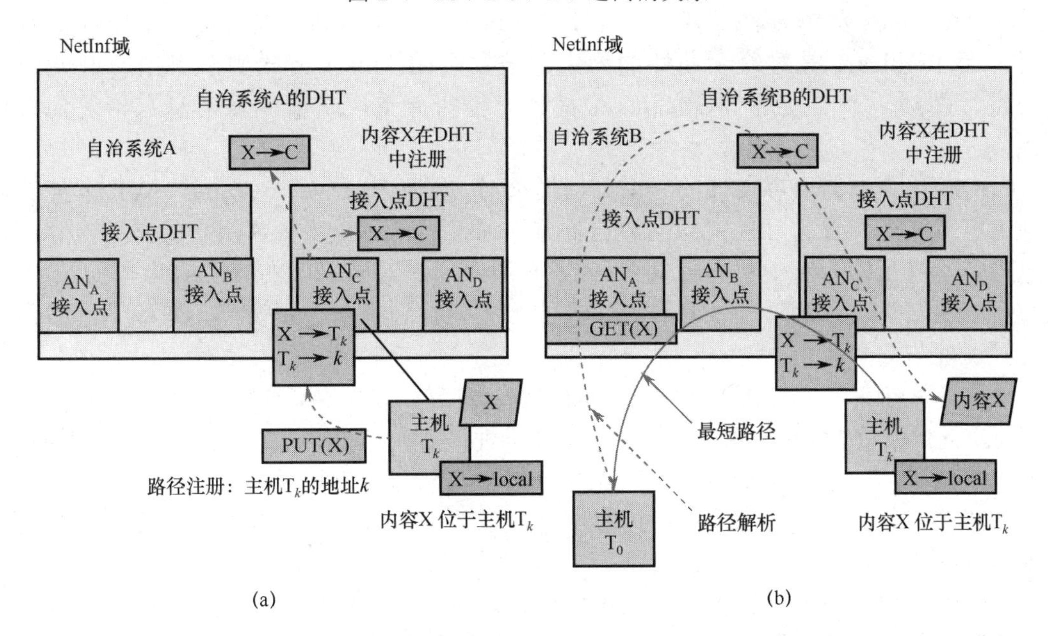

图 2-5　NetInf 中的 MDHT 内容注册、解析和检索过程

NetInf 定义了信息名字、信息位置和主机身份，实现了三种身份位置分离机制，保证了移动性、多归属（Multihoming）等。NetInf 仍处于设计阶段，更偏向理论研究，如何实现名字聚合，如何将信息名字应用到解析过程和路由过程等仍需要明确。

2.2.3　PSIRP

PSIRP（Publish Subscribe Internet Routing Paradigm）为 CCN 提出了一种全新的路由架构，将现有基于“发送-接收”的互联网转变为“发布-订阅”模式。PURSUIT 项目的主要目标之一是开发互联网规模的、可部署的 PSIRP 体系组件。PURSUIT[6]是欧盟最近启动的 FP7 项目，并作为对以前 FP7 项目 PSIRP 的继续拓展。

PSIRP 使用与 DONA 相同的命名方案，内容名字叫作资源标识符（Resource Identifiers，RIds）。PURSUIT 继续使用相同的命名方案。内容持续性是通过使用特殊的网络实体（位于网络边缘的数据源）来确保的，数据源周期性更新网络中的内容发布状态。

PSIRP 网络是基于范围（Scopes）概念组成的，其中范围是由范围标识符（Scope Identifiers，SIds）表示的。范围控制了访问权限、认证、可达性、有效性、复制、持续及内容的上行资源。内容发布和内容请求是基于<SId，RId>对完成的。该机制的一个隐含假设是内容发布者将要发布，而订阅者将要订阅他们信任范围中的内容。

PSIRP 的相关内容我们在 1.2.2 节已经介绍，此处不再重复。

2.3　属性命名

Combined Broadcast and Content Based Routing（CBCB）[7]是一个应用层 Overlay，其在点对点网络之上覆盖了基于内容的通信服务。在 CBCB 的发布-订阅体系中，发布者使用 Messages 发布内容，订阅者使用 Predicates 公告兴趣。Message 是属性值对的集合，而 Predicate 是对每个属性的约束。被发布的 Message 沿着从源节点开始的广播树进行传播。节点使用 Predicates 来减掉广播树分支，从而确保消息只传递到兴趣节点。

CBCB 认为根据内容文件的一系列属性值对（Attribute-Value Pairs，AVPs）能够对文件内容、文件位置进行判定识别。这种方法通常需要进一步抽象用户的兴趣内容，将信息内容本身压缩为若干对属性值对 AVPs。用户通过对感兴趣的 AVPs 匹配信息文件。属性命名在文件名称的语义性与自我认证能力之间找到了一个平衡点，兼顾了网络路由的可扩展性与信息冗余。

然而，属性命名方法依旧带来了新的问题。首先，单个 AVPs 可能拥有不同的语义，需要用户提供大量的 AVPs 保证信息匹配的精准性；其次，AVPs 的语义性也会影响用户搜索的判断结果，一个错误的 AVPs 可能导致整个匹配结果出现极大的误差；最后，路由缓存需要保存内容文件本身及大量内容文件对应的 AVPs，对路由缓存能力提出了苛刻的要求。

CBCB 采用一系列属性值对命名内容信息。一个属性包含一个名字、一个类型和一系列可能的值。例如，在 CBCB 中，位于 uwaterloo.ca/mfbari/srv_naming.pdf 的内容名字将采用如下形式：

FileType <String>: pdf
Title <String>: Survey ICN Naming

Author <ListofString>: mfbari

Organization <String>: UWaterloo

Year <Integer>: 2011

CBCB 的命名范式是独特的，它不同于传统的基于 URL 的命名方案，也不同于其他面向内容网络体系结构的扁平命名方案。但是该方案既不确保名字的唯一性，也不确保安全内容命名。CBCB 是一个发布-订阅体系。CBCB 根据内容名字（即属性值对）完成"Publish"消息的路由。

CBCB 路由器实现了两个协议：广播路由协议、基于内容的路由协议。CBCB 路由器维护一个基于内容的转发表，其中每个接口 i_k 都被映射到一个 Predicate p_k。如果该消息的属性值满足 Predicate p_k，则路由器转发一个消息给接口 i_k。路由表中的 Predicates 使用两种机制构建和更新：接收者广告（Receiver Advertisements，RAs）、发送者请求（Sender Requests，SRs）/更新回复（Update Replies，URs）。

CBCB 路由器利用广播树周期性地分发 Predicates 作为 RAs 将兴趣推送给网络中所有潜在的发送者。例如，图 2-6（a）中的路由器 6 使用带 Predicate p_6 的 RA 广播兴趣包。当路由器 4 通过接口 i_6 收到该 RA 时，该路由器在路由表中更新接口的关联 Predicate，使其从 False 更新为 p_6，并转发给其他接口。如果接收到的 RA 是已被接口映射的 Predicate 的特殊 RA，那么路由器将删除接收到的 RA 的传播路径。图 2-6（a）描述了如下场景：路由器 3 在接口 i_4 中接收到带 Predicate p_2 的一个 RA，并停止转发该 RA，因为 Predicate p_6 的内容形式覆盖了 Predicate p_2，而且 Predicate p_6 在接口 i_4 上已经形成表项映射。

SRs/URs 在路由器之间用来通告基于内容的地址，并更新路由表。一个路由器广播一个 SR[如图 2-6（b）中的路由器 5]，接收 SR 的每个路由器都发回 UR 给广播树的根路由器。广播树的叶子路由器包括 UR 中基于内容的地址，如图 2-6（b）所示。其他非叶子路由器累积所有接收到的 UR，将基于内容的地址增加到集合中，执行逻辑 OR 操作来构建 UR，并沿原路径回传给 SR，SR 则根据接收到的 UR 更新路由表项。

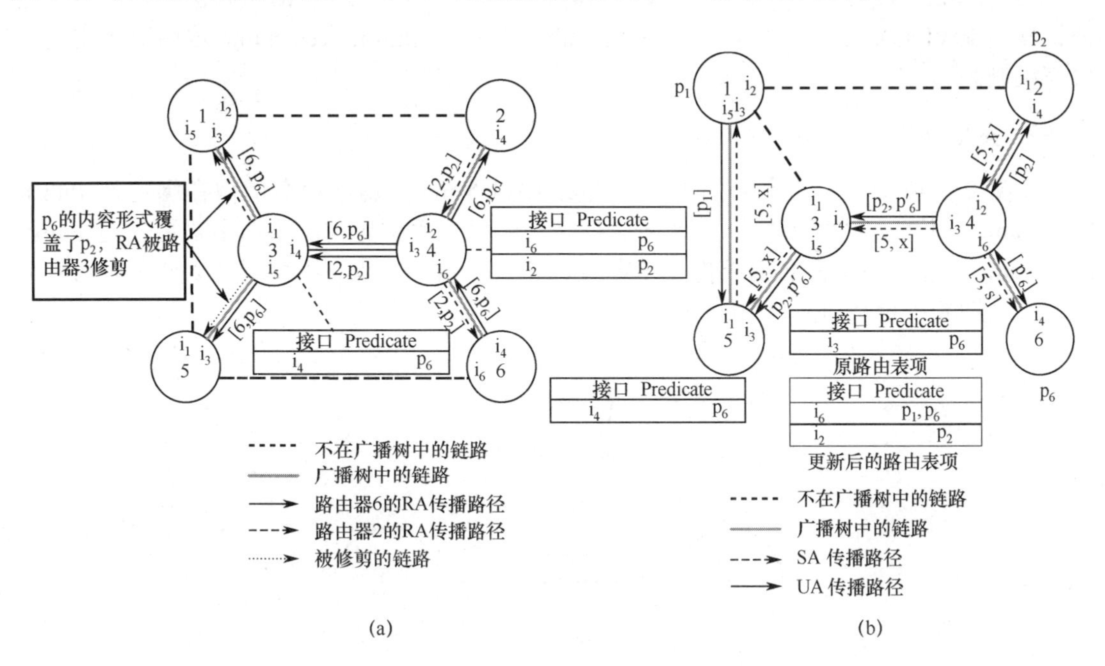

图 2-6　CBCB 路由表

2.4 比较分析

现有 CCN 命名方案分为层次命名、扁平命名和属性命名。三种命名方案都能够支持聚合，从而提高了路由表的可扩展性。NDN 对分层名字进行前缀聚合，实现可扩展性。CBCB 使用属性值对裁剪广播树中多余的分支。CBCB 中将带有共同属性的 Predicates 组合，从而减少路由表项数量。DONA 使用的扁平名字，以及 NetInf/MDHT 和 PURSUIT 使用的 P:L 能够在发布层进行聚合。但是，DONA 中的聚合不是非常有效，其在更高层 RH 中遭遇负载增加的问题。扁平名字更适合基于 DHT 的查找服务，如 NetInf/MDHT 和 PURSUIT，其存储负载在解析节点之间均匀分布。PURSUIT 也在 Scope 层的名字中完成另外的聚合。

对内容名字使用加密哈希隐藏了底层内容的语义，使得名字很难被记忆。这一问题使得 DONA 中的自认证名字，以及 NetInf 和 PURSUIT 的 P:L 名字不够友好。另外，CBCB 和 NDN 的命名方案更为友好，因为使用分层结构和基于属性的分割使得名字更容易被记忆，而且提供了更多关于内容语义的信息。但是这种友好性带来一些挑战，即如何确保全局唯一性、安全绑定和可信性[8]。

鉴于层次命名和扁平命名两种方法的关联性，下面对二者进行对比。

1. 基本绑定比较

这两种命名方法都要对下面三个实体建立两两绑定，目的是增强安全性。

（1）RWI（Real-World Identity）：即“真实身份”，是真实世界中的人或组织名称。

（2）Name：即“名字”，是提交到网络中用于进行内容索取时的名字，由发布者负责。DONA 用 Principle 指代内容发布者这一角色，不仅创建、提供内容，更要证实、担保内容。可以看出，在 CCN 体系中更重视内容源头的合法性。

（3）Public Key：即“公钥”，每个内容发布者都关联一对公钥和私钥，订阅者使用公钥核实 RWI 确实签署了内容。将 RWI-Public Key 和 Public Key-name 这两对绑定称为可信机制。

2. 安全性比较

如图 2-7 所示，层次命名的内在绑定是 RWI-Name，扁平命名的内在绑定是 Public Key-Name。两种方法都需要一种外部认证来提供另一种绑定，层次命名需要的是 Public Key-Name 绑定，扁平命名需要的是 RWI-Public key 绑定。表 2-1 和表 2-2 分别对两种方法的安全性和绑定性进行了比较。

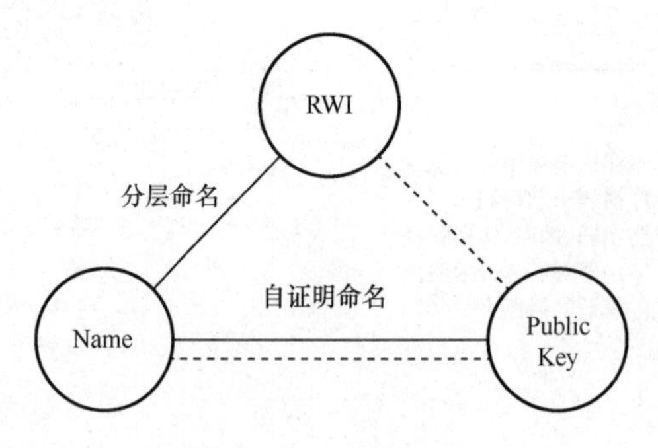

图 2-7　基本绑定

表 2-1　层次命名与扁平命名方法的安全性比较

<table>
<tr><th rowspan="2">命名方法</th><th rowspan="2">绑定的可靠性、健壮性</th><th colspan="2">数据确认的时机</th></tr>
<tr><th>数据一经产生就确认</th><th>取得数据才确认</th></tr>
<tr><td>层次命名</td><td>内在绑定 RWI-Name 是脆弱的，依赖于 Name 是便于理解的且不含糊的</td><td>需要外部机制来绑定 Name 和 Public Key。网络需要了解与特殊当事人相关的外部可信机制，这将限制外部可信机制的使用</td><td></td></tr>
<tr><td>扁平命名</td><td>内在绑定 Public Key-Name 是健壮的，是强加密的</td><td>绑定 Public Key-Name 本身就是内在的。网络可以直接要求内容发布者提供与内容相关的签名</td><td>在这种模式下，CCN 必须在 Public Key-Name 基础上运行，自然选取自证明命名方法更为合适</td></tr>
</table>

表 2-2　层次命名与扁平命名方法的绑定比较

命名方法	绑定的可靠性、健壮性
层次命名	其内在绑定 RWI-Name 存在不足，因此需要外部机制来提供两种绑定。需要 PKI 来对绑定 Public Key-Name 进行翻译，以使网络能够理解
扁平命名	提供了清晰的、算法化的内在绑定 Public Key-Name，其该绑定能被网络所理解

分层命名需要 PKI（Public-Key Infra Structure）提供绑定 Public Key-Name，而 PKI 需要根可信认证（Root Trust Authority）和策略的通用授权。

分层命名和扁平命名方法均具有各自的优缺点。在形式上，分层命名比扁平命名更便于人的理解、记忆，并且其可聚合的特点也有利于控制路由规模，但后者在安全性、灵活性方面则比前者更具优势。

2.5　小结

对于 Web 内容，不仅需要具有友好的名字，更重要的是内容应具有一系列拥有者选择赋予的关键字。这些关键字可能后续被搜索引擎用来检索，并使终端用户能够搜索想要的内容。对于内容命名，自认证的扁平命名能够被采用，主要有两点原因：本质上提供了名字的持续性、安全绑定、可信性和全局唯一性；基于扁平名字的路由紧密结合了当前技术。

总而言之，CCN 的内容需要有全局唯一、安全、位置独立和友好的名字。但是，找到一种单一命名方案同时满足上述所有特性是很困难的。相反，具有自认证和友好关键词的多层命名方案将更为符合实际。

本章参考文献

[1] D Cheriton, M Gritter. TRIAD：a scalable deployable NATbased internet architecture. Technical Report, Jan. 2000, http://www-dsg.stanford.edu/triad.

[2] V Jacobson, et al. Networking Named Content[C]. CoNEXT, Rome, 2009：1-12.

[3] T Koponen, et al. a Data-Oriented (and Beyond) Network architecture[J]. SIGCOMM Comput.

Commun. Rev., vol. 37, Aug. 2007：181-192.

[4] C Dannewitz, et al. secure naming for a network of information[J]. INFOCOM IEEE Conf. Comp. Commun. Wksp., 2010(3)：1-6.

[5] D Lagutin, K Visala, S Tarkoma. publish/subscribe for internet：PSIRP perspective[J]. Towards the Future Internet Emerging Trends from European Research, 2010(4)：75-84.

[6] N Fotiou, et al. developing information networking further：from PSIRP to PURSUIT. Int'l. ICST Conf. Broadband Communications, Networks, and Systems (BROADNETS), 2010 (invited paper).

[7] A Carzaniga, M Rutherford, A Wolf. a routing scheme for content-based networking[J]. INFOCOM 2004, 3rd Annual Joint Conf. IEEE Computer and Commun, Societies, 2004(2)：918-28.

[8] A Ghodsi, et al. naming in content-oriented architectures[C]. ACM SIGCOMM Wksp. InformationCentric Networking, ser. ICN '11, New York, NY, USA：ACM, August 2011：1-6.

第3章　CCN缓存技术

3.1　网络缓存技术的演进

提升用户的服务质量始终是网络运营商和开发商孜孜不倦的追求，如何避免由于溯源至内容源而导致的源服务器负荷超载，尽可能地通过本地缓存以减少用户端请求时延，一直是网络缓存技术的研究方向。为了提供更高级的优先服务，应根据不同用户需求提供多样化的网络流量服务，从而提高网络的整体效用，优化资源共享能力，然而实现该目标面临的挑战十分艰巨。

首个被人们普遍接受的方案是Web缓存技术。Web缓存[1]利用Web代理通过在网络的关键节点对近期访问的内容进行存储，从而提高用户的访问速度，避免重复传递查询命令和数据内容。然而，Web缓存技术具有一定的局限性，主要表现在热点区域流量激增时的可扩展性较差、缓存内容与提供商之间缺乏维持一致性的相互协作，以及用户配置浏览器的人工操作性与Web内容业务动态性存在的矛盾。

另外，传统的TCP/IP架构基于端点寻址，数据包交换依赖一次次的会话重连，造成网络带宽资源消耗过度，且容易形成传输拥塞。目前典型的解决方法是在应用层搭建覆盖网络，如内容分发网络（Content Distribution Network，CDN）[2]和对等网络（Peer-to-Peer，P2P）[3]。

CDN技术在一定程度上克服了Web缓存的缺陷，其基本思想是通过统一调控并观测网络中流量状况，使网络中内容传输避开高峰和拥塞，将内容放置到最接近用户的网络边缘，从而增加用户就近获取内容的速度和可靠性，通过增加边缘存储换取网络性能的提升。CDN利用网络缓存、负载均衡对高速缓存服务器实现了分布式服务[4]。分布式服务器通过对网络流量、节点连接和负载状况、内容热度及用户距离与时延等参数的实时监测，智能地对用户的请求进行应答和服务，从而提高了网络性能。

针对内容分发共享，P2P流量仍占有一定的重要位置，*Cisco Visual Networking Index*（2014—2019）报告显示[5]，2019年内容分发流量占用比将由2014年的39%提升至62%，视频类流媒体业务将引领新一代消费走向，预测到2019年，每秒钟都有将近100万分钟的视频内容经过互联网到达用户端。不同于TCP/IP的“客户端/服务器（Client/Server）”模式，P2P通过大量的终端节点分散中央服务器上的资源，实现了降低和均衡中央负载。但是，P2P只适用于为特定应用提供专有数据传输处理，对应用本身具有很强的依赖性，且P2P网络的控制层和数据层的耦合性限制了其本身的可扩展性，因此，P2P并不是一种具有普适性的、可控的内容分发方案。

上述两种改进方式虽然在一定程度上缓解了内容分发和共享问题，特别是CDN具有特色的分布式存储在应对网络拥塞的问题上也具有天然的优势，但其根本上仍然是基于TCP/IP网络的传输模式，无法克服其自身固有的缺陷，即大量部署基础设施带来了高昂的成本，采用基于中央控制的统一调控技术导致管理复杂度的增加，使用专用网络虽能保证访问安全性却也带来了数据共享的难题。

在当前以用户为驱动核心、以服务为主导的新互联网时代，用户并不关心内容的来源与传输方式，而在意内容传递的速度与质量。在 TCP/IP 架构上进行的叠加式的升级改进，并不能适应多样的网络层功能，网络复杂度更高。CCN 作为一种“革命式（Clean-Slate）”的新型网络结构，以信息名字取代 IP 地址作为网络传输标识，将关注点由内容的位置（Where）转向了内容本身（What）。传输模式改“推”为“拉”，以用户的意愿和请求为主导。并且，CCN 对内容进行统一标识，采用“发布-请求-响应”模式，直接根据内容名进行定位、路由和传输，更加契合未来互联网的发展需求。

3.2 CCN 网内缓存的四大特征

传统 TCP/IP 网络的缓存资源十分有限，基于端到端的传输过程仅支持通信中断情况下的重传，而无法针对同一内容的请求进行复用，导致缓存利用率的低下。不同于传统的 Web、CDN 和 P2P 等缓存系统，网内缓存（In-Network Caching）是 CCN 的一大特性，CCN 对缓存的理论模型和优化方法都提出了新挑战和新思路。同时，CCN 在网络节点缓存泛在化、用户执行透明化、Chunk 级别的细粒度化和内容访问速度的线速化方面表现了截然不同的新特征。

3.2.1 缓存泛在化

IP 网络中，报文以流的形式传输，路由器只进行数据转发而无法直接缓存，数据对中间节点并无实际意义，用户对同一内容的重复请求只能再次映射内容源端，通过传输协议确定通信会话。这种基于端点寻址的通信方式加重了 IP 语义过载[6]的问题，限制了网络拓扑动态变化和多网络并行的情况。而 CCN 的缓存建立在传输层，任意路由节点均具有缓存功能，通过提供统一的缓存模式增加了缓存普适性，实现了缓存的泛在化。

CCN 中数据名称与地址解耦（Location-Independent），且不包含任何拓扑信息，中间节点可任意地缓存和复制内容，用户请求内容时可直接从中间节点获取数据，无须向源服务器发送请求而经过长时间的等待，增加了数据的共享程度。这种类似一对多的存储模式，对 CCN 的广播、多播等传输技术提供了很好的支持。节点上的数据包复用更是提升了 CCN 就近获取内容、网络负载均衡和系统容断容错的能力，同时，大规模的内容分发、链路的带宽利用、网络的高效传输，以及安全通信的鲁棒性和可靠性也大大提升。

传统网络的缓存位置一般固定，拓扑结构通常为树状分层结构，通过对流量需求分布和拓扑结构的分析构建模型实现节点的协作缓存。然而，CCN 采用任意拓扑描述网络结构，缓存节点不再固定，数学建模和理论分析的难度相应加大。

3.2.2 缓存透明化

CCN 架构没有单独的传输层，而是将现有的传输协议包含进了应用程序、封装好的程序库及转发平台的策略组件中，对上层应用的包容性更强，设计开发更加简洁方便。传统的 P2P、CDN 网络通常只适用于特定应用，业务类型单一，并且存在数据冗余度过高或者开销昂贵的缺点。为了缓解 P2P 运营商之间流量较大的问题，进一步优化缓存资源共享，互联网工程任务组中与应用解耦的网络缓存技术架构工作组（Internet Engineering Task Force Decoupled Application Data Enroute，IETF DECADE）[7,8]目前正在展开研究。然而，由于命名方案仍然无法统一，设计的实现方法、加密方式、可聚合能力和解析系统也不尽相同，DECADE 的目标实现是有限的。

CCN 对内容实现全局唯一标识，这种唯一性确保了数据传输的稳定性和持久性。数据名称对底层而言完全透明，传输内容与端点地址的解耦使得数据可以在中间任意节点缓存，在保证可用性和可扩展性的同时实现数据复用。并且，在名称中包含内容提供商的私钥哈希，内容的保密性和完整性得以保证，具有自我验证的特点[9-11]。这种 CCN 命名机制带来的丰富网络层功能对应用的推广能力和支撑能力更强，可以实现用户在多个程序间无缝自由切换，缓存与应用程序分离，网络将变得更加开放与透明。

3.2.3　缓存细粒度化

文件或文件片段一般是传统缓存系统进行缓存和替换的单位[12,13]，有着读/写速度过慢和开销巨大的缺点，而 CCN 要求线速执行[14,15]，以更小的、可标识的独立数据块（Chunk）取代文件片段作为网络缓存的最小单元[16,17]，使缓存空间的利用更加有效。

目前的互联网架构中，在 IP 层对数据包进行分片，使得分片后的数据片可以通过最大传输单元（Maximum Transmission Unit，MTU），这种传输单元要小于原始数据包的链路。在 CCN 中，使用 Chunk 作为最小可识别的内容对象，这些数据块可以在网内任意节点缓存。信息对象在服务器源端拆分后下行传输，在用户接收端进行重组，引出了针对以内容为中心的缓存策略和安全校验机制的新型研究方向，以及为链路负载均衡、内容的可寻址和可识别创造了新契机。

（1）内容访问流行度的变化：同一文件片段的不同 Chunk 的访问频率不尽相同，网络拓扑中不同节点上的内容对象被请求的概率也各不相同，对象访问粒度的细化使得流行度的计算更为精确，更加适应用户的多样需求。传统缓存网络中，Web 对象的流行度服从 Zipf 分布[18]，P2P 对象的流行度则服从 Mandelbrot-Zipf 分布[19]，需要设计针对 CCN 的 Chunk 粒度级别的访问流行度的详细研究。

（2）独立参考模型的落寞：传统的缓存模型一般都假设内容对象的请求遵从独立参考模型（Independent Reference Model，IRM）[20]，即对象被请求仅从流行度考虑，两两之间并无关联关系。然而，缓存细粒度化加强了用户顺序请求对数据块的序列影响，许多缓存策略已不再服从独立参考模型，因此需要设计一个更为匹配的缓存模型。

（3）缓存方式的变更：细粒度的缓存对象为网内缓存创造了新局面，用户可以从各个节点获取任意的数据块，不必获取完整的文件片段，有效地减少了网内链路上的拥塞现象，以及核心节点的工作负载。并且，随着 CCN 下行数据的转发，内容将更趋向于存储在靠近用户端的节点上，即网络边缘处，由此用户端获取内容的时延将会大大缩短，传输效率也会随之增加。

3.2.4　缓存处理线速化

CCN 对缓存提出了线速执行的新要求。传统网络采用基于硬盘类的存储模式，通常工作在应用层，没有线速的要求，类似于大型数据库的“软件管理”模式，存储容量的多与少完全取决于该模式的运维和管理能力。CCN 的架构中，缓存已经成为节点的自然特性，内容请求和数据缓存直接建立在网络传输层，完全不同于传统的硬盘类存储[21]，在节省带宽的同时提升了内容共享效率。IP 网络根据路由转发表转发数据请求，路径是确定且唯一的，节点获取数据包后直接转发给下一跳，自身并不存储数据，因此路径往往是不对称的。CCN 将多路径转发作为内置属性，兼顾传输效率和网络拥塞情况，能优先选择转发接口，实现拥塞控制。数据包按接口信息“原路返回”，进一步优化了 CCN 的流量平衡。因此，CCN 在网络拓扑动态变化和存在不可预测条件的情况下，也能较大限度地保证传输效率和共享效率，满足 CCN 对线速执行的要求。

3.3　CCN 缓存技术面临的问题

本节围绕 CCN 内容分发过程中的上行请求转发与下行数据缓存两个方面进行介绍。请求转发与数据缓存之间存在着相互依赖与制约的关系。数据缓存是请求转发的基础，决定了兴趣包的路由方向，而请求转发是手段和途径，是缓存可用性的保障。

在对现有机制进行分析对比的基础上，指出目前研究仍然存在的不足点，进一步将缓存性能优化问题细分为“缓存空间分配”、“缓存决策”、“暂态缓存利用”、“差异化分类服务”和“隐私泄露”五个问题展开研究。针对上行请求转发，主要研究如何转发兴趣包可以更快地查找到匹配节点，获取邻近缓存副本资源，提升暂态缓存利用率；针对下行数据缓存，主要研究数据包在返回路径上的存储问题，包括如何选择内容放置的最优节点，节点缓存空间的共享，以及节点间如何协作存储，提升节点缓存空间利用率，缩短用户的请求时延。

3.3.1　节点缓存空间的分配问题

由于 CCN 实行网内细粒度的普遍缓存，节点有限的缓存空间必然导致缓存内容的高替换率，如何保证缓存资源的多样性一直是学者们研究的热点。目前，针对 CCN 的缓存算法、替换策略、路由转发机制的设计都是在同质化缓存分配（Homogeneous Cache Allocation）的假设基础上研究的[22,23]，即给定网络存储资源，各节点 CS 大小一致，均匀分配。但是，由于内容请求分布特征、节点位置关系等因素的差异，不同节点在内容请求中发挥的作用和重要程度不同[24]，节点的缓存空间使用状态、对于存储资源的需求程度也具有较大的差异。如果盲目基于同质化的缓存分配方式，则将导致某些重要节点上缓存空间配给不足，导致缓存频繁替换更新，而空闲节点上的缓存资源得不到有效利用，无法实现存储资源优化配给和高效利用。

在传统的 P2P 和 CDN 网络中，缓存资源分配大都建模为多目标的线性规划问题[25,26]，即在给定的层次化网络拓扑结构下，预先计算少数代理节点或内容服务器的最佳部署位置和存储大小。但是，基于静态的线性规划方法并不适应于任意拓扑关系和节点普遍缓存的 CCN 网络环境。如图 3-1 所示，文献[24]通过分析不同的网络拓下中心度量参数，将异质化（Heterogeneous）与同质化（Homogeneous）缓存分配的网络性能进行了对比，节点缓存空间大小正比于图中绘制的节点大小，其中图（b）描绘了根据中介中心性（Betweenness Centrality，BC）对节点容量进行了异质化分配的结果。仅依据静态的拓扑位置关系，难以准确反映节点缓存空间的实时使用状态和对于存储资源的需求大小，而且这种静态的分配方式无法适应节点重要性的动态变化。

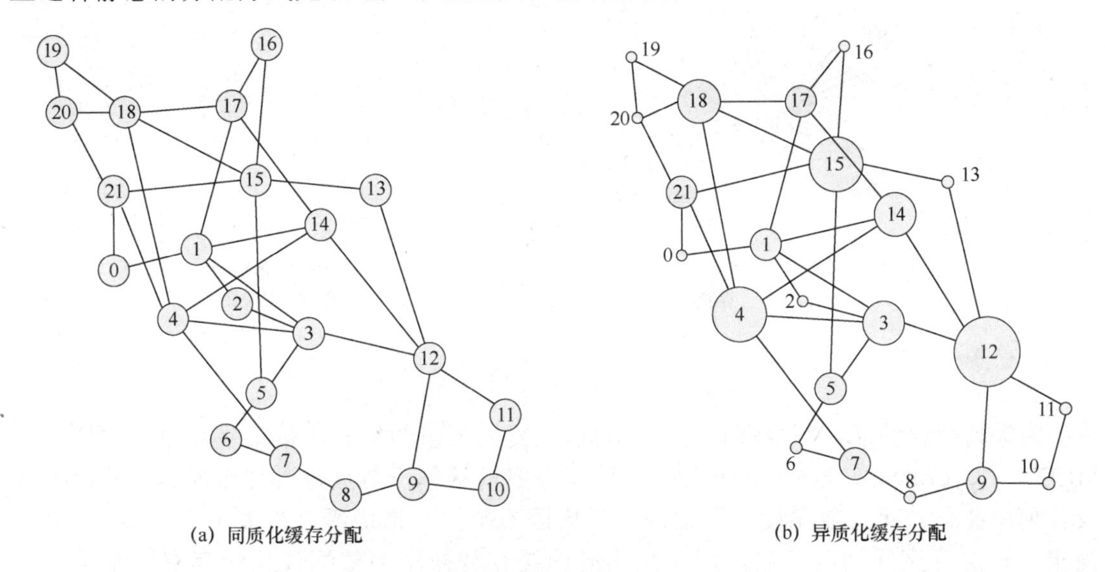

图 3-1　同质化与异质化缓存分配对比示意图

文献[27]中采用数据挖掘的方法，基于多目标学习分析 CCN 网络流量分布特征和用户行为规律，在此基础上将节点划分成不同类别，对应分配不同缓存大小。但是，该方案需要前期大量的数据分析处理。文献[28]中提出了基于节点介数的缓存策略，数据包返回时只在介数最高的重要节点缓存副本。该策略在一定程度上确实缓解了重要节点的缓存替换压力，但也造成了高介数节点过载严重现象[29]。文献[30]中指出，在 CCN 网络中，由于线速处理速度和存储接入技术的限制，在缓存空间分配时，节点 CS 的大小并不能随意地指定和增加。

针对同质化和静态缓存分配方式难以实现存储资源的优化配给的现状，如何设计合理的节点缓存空间分配策略依然是需要探讨的一个问题。通过智能化的分配策略，充分利用网络有限的存储资源，实现节点缓存资源的合理分配和高效利用，始终是 CCN 缓存性能优化的一大目标。

3.3.2　请求内容的缓存决策问题

CCN 默认执行的缓存策略为处处缓存（Cache Everything Everywhere，CEE），在同质化缓存的基础上，这种泛滥式的缓存方式导致链路上节点缓存内容趋于相同，大量的冗余加快了内容替换的速率，节点的缓存空间得不到有效利用，也无法实现网内缓存内容多样化的需求。同时，缓存泛在化必然导致缓存时间被压缩，高度动态的系统难以维系全网缓存状态的一致性，内容对象的可用和获取也显得较为困难。如图 3-2 所示，三个用户依次对内容 A→B→C 进行请求，数据包沿返回路径上的所有节点进行存储，中间节点缓存内容完全相同。最新到达的内容可能需要替换底层缓存单元已有的内容，导致替换更新频繁，节点缓存内容可能还没有等到后续内容请求就已被替换淘汰。另外，由于网络拓扑的规模与结构不同，节点在网络中承担的重要性也有所差异，缓存策略应更契合节点的功能差异，实现针对节点的差异化缓存。

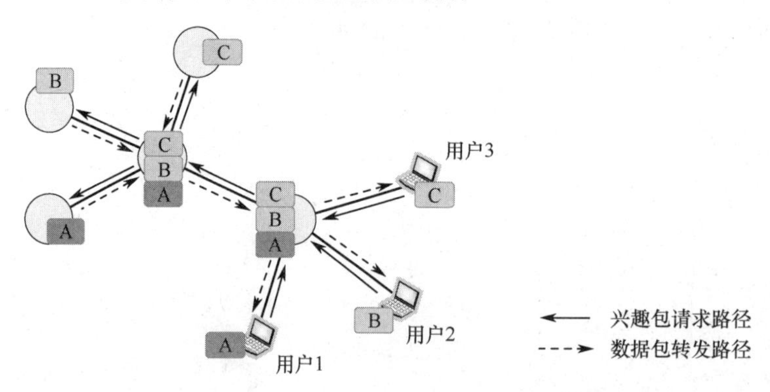

图 3-2　处处缓存策略示意图

为提高缓存性能，减少缓存冗余，目前已提出大量的缓存决策策略，如 LCD[31,32]、MCD[31,32]、Prob[31]、ProbCache[21]等，这些方案均从单一节点是否缓存内容入手，不涉及任何中心化决策，复杂度低，但因为考虑因素单一，造成缓存性能不高。文献[33]中提出一种缓存空间调度策略，以节点实时的缓存替换率为依据优化缓存空间配给。文献[34]提出了缓存年龄（Age）的概念，依据内容流行等级和存储节点的位置来计算内容的缓存年龄。内容流行度越高，距离源服务器越远，缓存年龄越大。但是该算法中假设内容流行度是已知的静态参量，无法体现内容请求的动态变化特性，而且该参数难以预先获取。文献[35]中通过局部节点之间交换缓存信息，每个节点都承诺缓存时间，依据缓存承诺时间的长短决定内容通告范围，但是文中并没有给出算法具体的实现步骤。文献[36]中提出了一种基于内容流行等级的协作缓存策略（WAVE），依据内容的请求次数，不断下移缓存位置，并以指数增长方式增加传输路径上的缓存数据个数。但是该方案并没有考虑内容请求序列的相关性，而且只实现了空间存储位置上的差异化缓存。文献[37]中对现有的缓存方案进行了对比分析，指出缓存算法的设计缺乏对于内容请求分布特征的考虑，并给出了下一步的研究方向。

因此，面对 CCN 的默认缓存形式，必须考虑泛滥式存储带来的巨大冗余，以及可能导致的链路拥塞问题。究竟应如何结合拓扑的中心化特征与节点的实时状态，兼顾内容的流行度差异，设计高效的缓存策略，在降低链路拥塞的同时最大化存储流行内容，实现请求内容的优化存储？若不能克服过度缓存造成的低性价比问题，CCN 的缓存收益将会是一个巨大的遗憾。

3.3.3　节点暂态缓存的利用问题

文献[38]中分析指出，对于 CCN 网络，如何在合理的代价开销下，增大节点临时缓存内容的可用性（Cache Object Availability），是提升缓存内容后续利用率的关键。但是，CCN 的临时缓存副本可能存在于网内任意节点，且具有高度的不稳定性，临时缓存的通告范围与 FIB 表项的可扩展问题难以均衡，因此 CCN 只对相对稳定的内容源建立路由表项，以减少额外的报文通告开销。具体体现在：（1）缓存内容的可用性只局限于目标存储节点，邻近节点无法感知局部已有的缓存内容，限制了缓存资源的后续利用率；（2）路由查找时，只实现了沿途传输路径上内容副本的感知，对于传输路径以外

（Off-Path）大量的就近缓存资源无法加以利用。如图 3-3 所示，当节点 A 上到达一个对内容 M 的请求且 A 的本地缓存无法匹配时，兴趣包将按照 FIB 表项向远端源服务器转发（A→E→F→服务器）。而事实上，节点 B 中缓存有内容 M 的临时副本且与节点 A 只有一跳距离。这种盲目的请求转发策略无法感知路径外的暂态缓存，增加了用户端的请求时延，且节点间缺乏协作的缓存放置。

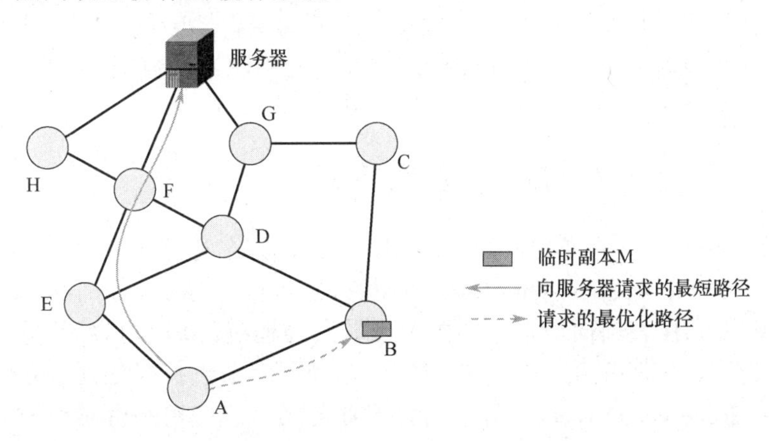

图 3-3　当前 CCN 的请求转发机制

在 CCN 中，当沿途节点缓存了数据包携带的请求内容后，将面临以下两个问题。

（1）如何设定临时缓存内容的可用范围：是只在沿途路径可用，还是限制在局域范围内，或者向网络全局进行通告。

（2）如何将请求转发至“最佳”的可用副本处：即后续如何发现这些缓存资源，进行路由查找。在缓存通告时，如果不加限制地将节点所有内容向网络全局进行通告，那么虽然增大了缓存资源的可用范围和利用率，但还是会引入大量的通告开销，而且海量缓存信息的存储会使已有的可扩展性问题（FIB 表项）更加突出[39]。同时，由于缓存内容的动态替换更新，缓存信息的一致性难以保持，增大了路由查找的错误率。相反，如果只将缓存内容的可用性限制在目标存储节点，那么虽然不会引入额外的报文通告和计算开销，却无法有效利用节点的缓存内容，限制了缓存资源的后续利用率。为此，必须在额外开销和缓存可用性之间进行合理均衡，实现缓存资源的局域感知和利用。

文献[40]中提出一种适应动态路由的数据聚合机制，利用本地信息进行路由决策，通过使用基于字段的方法保证数据收集的高效。文献[41]中提出一种势能路由方法和随机缓存策略，依据势场差在局域内对内容进行通告，实现内容的可用性、适应性、多样性和鲁棒性，但该方法需要存储每个对象的势场值。文献[42]中针对暂态缓存的路径发现问题提出一种逐跳的动态请求转发机制（INFORM），每跳都选择最佳接口进行转发。文献[43]中设计了一种哈希路由机制，实现网内节点维持状态信息无须通过路由通告，通过协同的域内缓存策略确定内容的存储位置与转发路径。文献[44]中提出了一种基于哈希的全局显式协同缓存策略，通过内容名计算哈希值，再由对应的缓存节点对内容的请求和响应进行判断，但是该方案计算量大，执行复杂度高。

以上方案在不同程度上提升了缓存内容的利用率，但还存在诸多不足，主要体现在以下方面。

（1）不加选择地将节点缓存内容全部进行通告，不仅加剧了 FIB 表项的扩展性问题，而且对于驻留时间过短的冷门资源，由于频繁地替换更新，内容的可用性无法保证，额外的缓存通告反而会增大路由缺失概率。

（2）在缓存资源利用时，探测或通告范围是固定不变的，没有结合缓存内容的差异化特征来区分对待，以至于通告范围太小，不能充分发挥缓存资源的作用，但若辐射范围过大，就又会引入大量的额外开销。

（3）路由查找独立决策，缺乏对局域缓存资源的考虑。因此，路径外暂态缓存的利用问题需要进一步重视和研究，设计优化的请求转发与缓存机制，提高暂态缓存利用率，减少用户端请求时延。

3.3.4 差异化缓存与内容分发问题

CCN 在整个网络上设置通用的内容缓存，基于内容名称路由和缓存，数据包与请求包采用一一对应（One-Request-One-Data）的模式实现内容分发。上行请求转发时，若本地无法匹配，则按 FIB 表项向潜在的匹配节点转发兴趣包；获取内容后，数据包按照 PIT 表项原路逐跳返回，无须采用任何路由机制，途径所有节点执行处处缓存策略。整个过程由用户驱动（Receiver-Driven），并没有针对业务类型或应用平台实现分类的转发和缓存策略，虽然在一定程度上解决了应用之间的兼容问题，但是单一的内容分发模式难以满足用户对于应用的不同需求。处处缓存虽然增大了内容的后续利用率，但针对个性化特征明显的个人业务而言，内容的共享程度低，处处缓存反而会浪费中间节点的缓存空间。同样地，针对实时业务，请求逐跳转发难免导致时延过大，难以对服务质量进行保证。如图 3-4 所示，用户通过网络使用不同的应用服务，产生差异化的流量需求，为了提升用户服务质量，实现高效的内容分发，CCN 应区分不同的流量对象，为每类流量都提供差异化的优先级服务，设计相适应的请求转发与数据缓存策略。

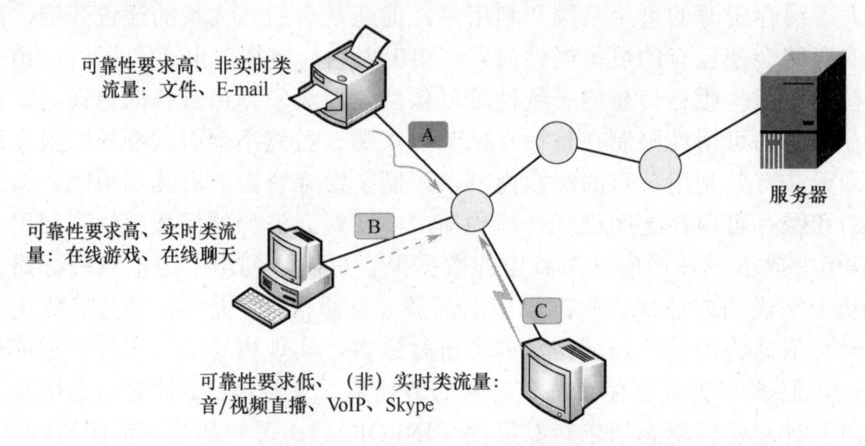

图 3-4　按流量分类服务示意图

文献[45]和[46]中分析了 ICN 在支持多媒体业务传输的优势和不足，对于现有方案进行了对比分析，指出了目前存在的问题和下一步研究方向。文献[47]中针对实时业务，采用一对多（One-Request-n-Packets）的请求方式（MERTS），通过发送特殊兴趣包（Special Interest，SI）完成 n 个数据单元的同时请求。但是，该方案对于非实时业务采用的仍是 CEE 的泛滥式缓存方式。文献[48]中提出了一种支持快速和正常转发的双模式传输策略

（Dual-Mode）。对于共享内容，采用 CCN 原有的缓存和请求模式；对于私有内容，直接依据 FIB 实现快速的路由转发，加快了报文处理速度。文献[49]中针对大规模的视频流量，通过生成缓存簇，利用哈希函数确定每个簇内都有且仅有 R 份不同对象副本，避免同一个 Chunk 重复存储。文献[50]中针对 HTTP 实时流量，通过在 CCN 上部署代理人的方法对缓存效率进行了研究，验证了 CCN 流媒体的低开销和易于部署。文献[51]中提出内容转发除了根据内容名外还需考虑用户请求的下层流量类型，根据可靠性和实时性对内容分类别响应，但文中并没有对该方案进行验证，缺乏理论依据。文献[52]中对 VoIP 在 CCN 上实施的性能进行了评估，验证了实时多媒体传输的可行性。初始时，请求者预先发送多个兴趣请求，同时在数据源处形成未决状态（Pending State），一旦内容产生，便可立即发送。该方案增大了沿途节点 PIT 需要存储的条目信息，而且逐包的内容请求模式效率低下。文献[53]中对实时服务"语音会议工具（Audio Conference Tool，ACT）"在 CCN 中的性能进行了验证，ACT 采用基于命名的方法发现会议及发言人的语音数据，可以提供更好的可扩展性和安全性。

以上方案分别针对某类流媒体提出了缓存优化办法，但仍存在一定的不足。针对用户请求业务的流量需求差异，如何根据不同类别流量对象的请求特征设计与之相适应的优先级服务，实现基于流量类型的差异化内容分发，必然会引起未来营销商的共同重视，是非常值得立即关注的问题。

3.3.5　泛在缓存带来的隐私泄露问题

内容的泛在缓存有效缩短了用户请求时延，减少了网络数据流量传输。但是，请求内容的泛在存储在提升内容分发性能的同时，增大了用户隐私的攻击平面和探测范围，给用户的隐私安全带来严重威胁[54,55]。在 CCN 中，由于内容命名语义与数据本身紧密相关，节点缓存内容会泄露大量用户通信痕迹和请求行为信息，攻击者只要获取内容名字，即可请求相应的数据内容，导致严重的隐私信息泄露问题，如邻居请求行为监测、用户隐私信息窥探窃取，甚至通信会话的克隆重建。

文献[56]和文献[57]中对于用户隐私威胁和信息泄露问题进行了全面的分析，并指出，在 CCN 中必须综合考虑内容分发性能和用户隐私安全之间的关系，将隐私信息保护融入到 CCN 内在的缓存机制设计中。目前，针对 CCN 的缓存策略、路由转发机制的设计多数只局限于研究如何减小沿途缓存冗余，提升节点缓存空间利用率，对于缓存内容导致的隐私攻击和信息泄露问题缺乏考虑。

在 CCN 中，内容普遍缓存对用户隐私带来的威胁主要包括以下两个方面：（1）请求者的信息检索隐私，攻击者通过测量请求数据的响应时间，即可判定特定内容是否缓存在给定节点上，从而推测局域用户的请求行为；（2）用户隐私信息窃取，攻击者推测缓存内容对应的实际请求用户，执行后续连续监测，只要获取敏感内容名字，攻击者即可请求相应的数据内容，实现隐私信息窃取。图 3-5 中，攻击者（Adversary）分别测量内容请求在就近缓存处（节点 A）和远端服务器（Content Server）获取应答对应的响应时间 t_c 和 t_s。随后，周期发送探测报文，通过判断请求数据响应时间的大小，判定节点 A 是否存储了特定内容，从而获取邻居用户（User1、User2 和 User3）的内容检索信息和请求行为特征。特别是当节点 A 存储了只有少数特定用户（User1）请求的敏感内容（A）时，攻击者可以借助少量的背景知识，准确定位内容的实际请求者，进而执行后续监测和隐私信息窃取。例如，邻居用户中只有用户 User1 会使用俄语，那么当内容 A 属于俄语相关的内容时，攻击者将以很大概率判断该内容是由用户 User1 发起请求的。

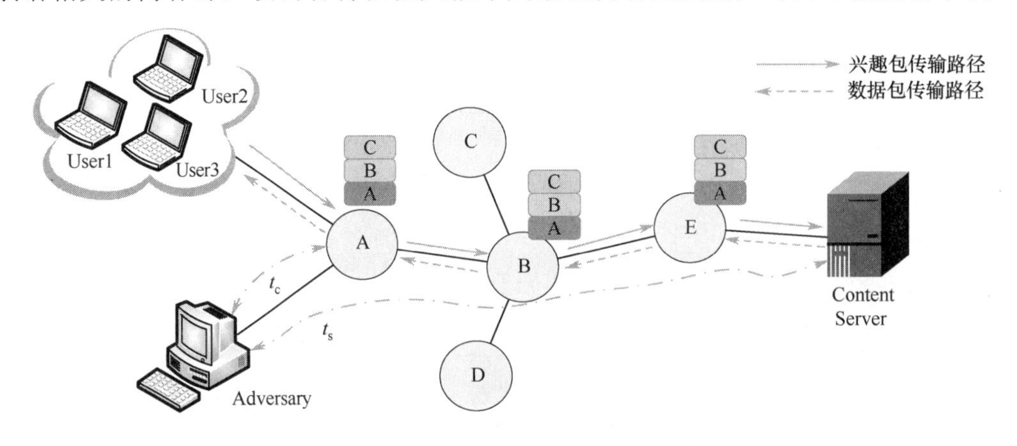

图 3-5　CCN 网络用户隐私威胁分析

文献[56]中对于 NDN 网络的隐私安全和信息泄露问题进行了详细分析，并提出可能的防护策略和下一步研究方向。文献[54]中提出了三种隐私攻击模式，并分别分析了攻击执行的条件和具体流程。文献[58]和[59]中提出了使用随机延迟的方式，通过对就近缓存内容的响应时间附加额外时延，以使攻击者不能依据数据响应时间执行缓存内容探测，防止信息泄露。但该方案却增大了用户请求时延，导致 CCN 网络缓存就近响应带来的低时延优势无法发挥。文献[60]中采用洋葱路由思想对数据包进行多重隧道加密，实现用户隐私性保护。但是，由于需要执行多次隧道的加解密操作，将会引入了较大的内容传输延迟和额外开销。文献[61]中提出了一种隐藏内容名字和数据信息的思想，将请求目标（Target）内容和掩护（Cover）内容名字进行混合，以增加攻击者解析难度和探测成本，增强用户隐私保护。文献[57]中指出，在缓存策略设计时，可以通过局部节点的协作缓存，增大请求者的匿名集合，实现用户隐私保护，但是文中并没有给出具体的实现机制。

现有方案的不足之处主要体现在：（1）以牺牲内容分发效率来换取用户匿名性和隐私保护的提高；（2）隐私防护策略需要网络增加额外的功能和报文处理，引入大量计算和代价开销，没有从 CCN 网络内在缓存设计的角度来解决隐私泄露问题。因此，如何权衡内容分发效率和用户隐私安全，设计既具有隐私保护，同时又能兼顾内容分发效率的内在缓存机制，一直也是实现安全、高效的内容分发所不能忽视的关键问题。

3.4　CCN 缓存核心机制

CCN 采用一种内容分发式的内容请求与查找，不再是传统网络基于端到端的数据传输，避开了 TCP/IP 网络缓存部署复杂的难题。为了实现这一目标，CCN 设计的原则之一就是尽可能大规模地部署网络缓存，最大化带宽使用，实现快速、可靠和可扩展的内容交付，以避免拥塞。缓存的大规模部署实现了链路带宽的占用率的降低，缩短了用户端获取内容的请求时延，提高了数据的重复利用率。

目前，对 CCN 缓存技术的研究主要分为两大类，如图 3-6 所示，包括通过设计新型的缓存策略和缓存机制来提升和优化缓存性能的“缓存网络系统的性能优化方法”，以及“缓存系统建模与分析”，从理论层面为理解缓存系统提供了数据支撑。其中，前者的研究成果较多，下面将逐步对这两类研究技术的成果进行进一步介绍。

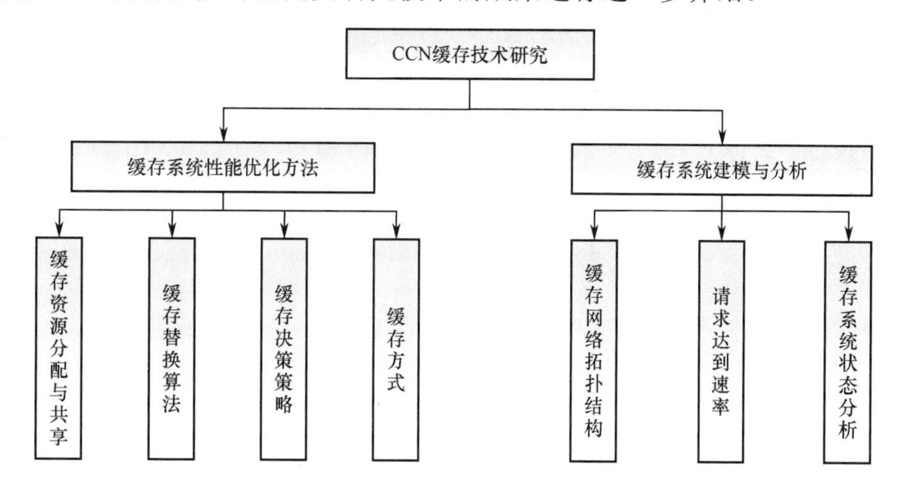

图 3-6 缓存技术研究分类图

3.4.1 缓存系统性能优化方法

以用户端的兴趣为驱动的 CCN 新型网络架构将网内缓存性能优化作为系统的重要实现目标。由于 CCN 自身特性带来的泛在化、透明化、细粒度化和执行线速化的缓存四大特征，传统的 P2P 和 CDN 等缓存网络的性能优化方法并不能完全照搬挪用到 CCN 系统上，影响这个全新系统缓存的因素将是多种多样的。这些因素或许是相互依赖的关系，或者其中的一些又相互独立，给研究缓存性能优化的工作带来了一定的难度。目前，缓存性能优化的方法主要包括缓存资源（节点缓存空间等）分配和如何共享、节点上决定内容更替的缓存替换算法、节点间如何存储内容的缓存决策策略、对象在节点上缓存的方式以及缓存对象面对用户请求的可用性。其中，缓存决策策略方面的研究最为丰富。近几年，更是涌现出一些将 CCN 与其他网络架构和技术关联起来的新思路、新方法。对于缓存性能优化，通常从一个方面入手，通过优化缓存资源配置，降低系统冗余，以提高缓存系统的整体利用率。

3.4.2 缓存系统建模与分析

缓存网络的理论建模和分析对于理解缓存网络的行为是不可或缺的。缓存系统的建模通常需要考虑对象的流行度、缓存网络的拓扑结构、缓存管理策略、外生请求到达速率、请求之间的关联性等诸多因素，并最终对建立的缓存数学模型进行理论分析。然而，如何在任意图网络拓扑中同时考虑多个因素以及节点之间的联动关系，始终是缓存网络建模的一个研究难点。

目前的建模分析采用的结构大部分为线性级联结构和层次化结构，理论模型也依然沿用了层次化缓存模型中的假设，如节点达到率服从泊松分布、请求对象之间服从独立参考模型 IRM、内容对象的流行度服从 zipf 分布以及缓存决策策略采用 LRU 等。目前，缓存模型还增加了对任意图网络拓扑的研究，解决了由此而衍生的缓存节点上下游关系不确定性问题。这些假设大部分并不完全适应于 CCN，但对于缓存系统建模的研究仍然处于早期阶段，因此还需要进一步的研究与思考。

3.5 缓存系统性能优化技术

缓存性能的提升与优化一直是 CCN 缓存技术研究的重点方向，在对现有技术进行对比和总结的基础上，基本可以将其划分为以下四个方向：缓存资源分配与共享、缓存替换算法、缓存决策策略和缓存方式。

3.5.1 缓存资源分配与共享

节点的缓存空间大小一直是学者们研究关注的难点之一。缓存空间越大，越能保证节点的缓存多样性，能大幅度减小源服务器的缓存负载；然而过大的缓存空间必然无法保证 CCN 网络缓存线速执行的要求，过高的查询与处理数据的复杂度也会导致系统的巨大开销。因此，要最大化地提升网络整体的缓存性能，就必须要探讨的问题主要有以下两个。

（1）应该如何分配节点的缓存空间？异质化缓存是否更能获取性能收益？

因为缓存资源总量是有限的，探讨差异化分配必然造成各个节点缓存空间的“厚此薄彼”。对于是否应当实行异质化缓存，研究成果也有所不同。文献[24]中对如何扩展路由器和支持包级别的 Cache 问题进行了研究，通过分析不同的网络拓下中心度量参数，将异质化与同质化缓存分配的网络性能进行了对比，最终指出异质化的容量分配对全网缓存性能的提升并没有明显作用。而文献[21]中指出异质化缓存会带来一定的性能收益，其中边缘缓存带来的性能提升更为显著。在文献[62]中，Li 等人不仅考虑了内容名级别的流行度，而且按照各细粒度数据块 Chunk 流行度的差异对内容存储器 CS 的空间进行了重新分配，并且采用四层树状拓扑和混合拓扑对策略进行验证。该策略缓解了视频流分发过程中产生的大量冗余以及链路负载，但通过请求率与缓存占有率的比较实现缓存资源配给的准确性还有待提高。上述完全不同的研究成果表明，不同的基础环境设置对缓存性能的结果存在较大影响，节点在拓扑中的位置以及其子节点的多寡也是需要归入研究的参量，因此缓存资源分配需要与请求转发策略相结合。另外，目前的 CCN 缓存策略研究基本基于静态拓扑，节点并不会发生位移，而一段时间内某区域的流量呈现稳定的特性（Locality）[24]，因此在研究缓存资源共享时还必须考虑实时流量变化。

（2）在节点空间同质化的基础上，如何实现缓存资源和空间的共享？

由于 CCN 相比于传统网络对上层应用的支撑力度更强，无差别的转发缓存方式虽然带来了数据的开放共享，却面临网内数据冗余度过高，以及由于地址与命名解耦而可能导致的用户端时延等问题。不同应用的特征不同，用户需求也相应有所变化，有限的缓存资源更应与流量类型相匹配，尽可能地提供有差异的、有针对性的内容分发服务。

文献[63]中针对大规模视频流分发提出了一种基于哈希和目录的协作缓存机制，降低了 ISP 的带宽负载。仅利用哈希函数确定每个簇内都有且仅有 R 份不同对象副本，虽然避免了同一个 Chunk 的重复存储，但是这种域内协作对每个节点（$0,1,\cdots,k-1$）的要求都较高，任意节点与其所有协作节点的网络距离和应始终维持最小[49]。

面对差异化缓存的另一类资源共享机制可以通过公用部分缓存空间来实现。

文献[64]中提出一种以节点介数为依据通过按比例收敛将任意网络拓扑划分为二层拓扑结构，最终实现核心节点领导的分块网络之间的协作缓存，但该策略对静态拓扑和核心节点的鲁棒性依赖度高。文献[65]中从节点缓存替换率出发判断节点的请求缺失概率，并计算对应的需要从邻居节点借调的缓存空间大小。该文献将缓存空间代换为可租赁的形式，类似的另一部分研究工作[66,67]则针对如何实现将内容合理转存至毗邻节点上。这类算法的核心思想都是通过公用一部分缓存空间以实现缓存资源利用率的提升，为请求到达率更高的“热区”节点分担一部分负载载荷。

3.5.2　缓存替换算法

由于节点缓存空间的有限性，不可能无限缓存内容，因此在节点缓存空间使用量超过上限或缓存内容已经过时的情况下，必然需要删除或者说替换掉一些次要内容，将有限的空间留给更有用的内容。如何筛选出需要删除或替换的内容，即节点对内容的选取问题（Replacement Problem），这就是缓存替换算法应用的意义，也是缓存性能提升的一个比较基础的问题。

由于 CCN 要求线速执行，所以复杂度高的缓存替换算法对于缓存网络的意义反而不大，对替换算法简单性的要求要高于替换算法对于系统性能提升的作用。因此，研究替换算法的意义在于简单而实用。首先列举一些缓存替换算法中涉及的基础概念。

- Recency：内容对象距离上一次被请求的时间。
- Frequency：缓存内容被请求的频率。
- Modification Time：缓存内容上一次修改后至当前的时间。
- Size：缓存的内容对象的大小。
- Expiration Time：缓存内容的生命期值。
- Cost：缓存内容从数据源端获取的代价值。

虽然缓存替换算法都是针对单一节点上的内容更替，但按照替换的规则不同大体上仍可以分为以下几类。

（1）以距离上一次被请求的时间为标准的替换算法：该类替换算法将内容对象距离上一次被请求的时间作为替换执行的参照和标准，即对象在节点内缓存的时间越长越会被新缓存的内容替换，其中最经典的就是最近最少使用算法（Least Recently Used，LRU）[68]。LRU 利用时间局域性的概念，依据时间线评估对象价值，以类似于“先进先出”的模式将“最早”缓存的内容替换出去。相比于其他算法，LRU 更容易实现，但该算法认为近期被请求的数据拥有更大的可能性被再次请求，而一段时间内没有被请求的对象则应首先被替换，忽略了缓存对象实际的流行度。例如，一个持续的周期性的请求对象有很大可能被采用 LRU 的节点替换掉，即使它的流行度很高。

（2）以内容被请求的频率为标准的替换算法：该类替换算法将内容对象在一段时间内的请求频率作为替换的参考标准，其中最经典的是最不经常使用算法（Least Frequently Used，LFU）[68]。LFU 通过计算数据在单位时间内的请求次数来决定内容对象是否需要被替换和删除，当新数据到达时，节点上请求次数最少的数据将会被新数据替换。因为内容的请求频率在一定程度上代表了该对象的流行度，因此静态环境中的 LFU 策略具有很好的适应性，但随之而来的是 LFU 必然不适应动态环境的数据变化。LFU 统计的是一段时间内的请求频率，而这段时间内平均请求次数最高的内容并不等于该内容就一直受欢迎。即使后期请求频率大幅下降，只有当更受欢迎的、总的请求数超过它的新内容出现时，该数据对象才会被替换。

（3）多种参数衡量的替换算法：该类算法不同于前面两种，而是同时兼顾了时间间隔与请求频率这两个概念，以此来决定对象的替换。SLRU（Segment LRU）[69]算法提出保证缓存有效性必须要提升对象可用性，通过兼顾缓存管理和缓存协作来实现网页缓存有效性的提升。由于对象大小的实时变化和用户请求内容的多样性，LRU-SP[70]算法将缓存大小和对象的流行度结合起来综合考虑，力图使得内容的命中率更高。仿真验证 LRU-SP 算法也有效地降低了系统的缓存污染问题。

（4）基于随机的替换算法：基于随机的替换算法在系统中很容易实现，但算法完全不考虑对象和系统的状态，存在较大的不确定性和随机性。Starobinski 等人提出了一种改进的随机策略 HARMONIC 算法[71]，在 IR 模型的基础上兼顾对象的开销和大小，以较低的复杂度达到了高复杂度算法的缓存性能效果。文献[72]中提及了一种随机算法，通过每个 SRAM 条目最后几秒的请求接入历史来选择替换内容。这种算法与 LRU 算法类似，完整的 LRU 算法查询需要花费较多的时间成本，并且对于路由器的开销也比较大。该研究结果恰巧验证了缓存系统对替换算法简单性的需求。

3.5.3 缓存决策策略

缓存决策策略是较为热门的一类研究方向，它决定了系统作用于网内哪些节点，以及这部分节点上哪些内容可以缓存、如何缓存。根据节点之间交互的信息体量是否巨大以及决策算法的计算复杂度的高低，将缓存决策策略分为了两大类：显式的和隐式的缓存协同策略。通常，显式协作缓存需要知道全局缓存状态，通过复杂计算确定内容对象的存放方式。但也正是由于其复杂度与线速执行要求的矛盾，更为简洁的隐式协作缓存可能更适合 CCN。

1. 显式协同缓存决策策略

CCN 中的显式协同缓存决策按照执行决策的节点范围不同可以分为全局协同缓存、邻域协同缓存以及路径协同缓存，这三种策略分别降低了内容在全网范围、邻域范围和路径范围上的缓存冗余，增强了系统多样性。但是，显式协同缓存需要知道节点的缓存负载状态和用户请求情况等大量信息，且信息交互的计算复杂度通常都比较高，而 CCN 要求线速执行，因此显式协同缓存对于 CCN 还是有缺陷的。

其中，全局协同缓存一般在 CDN 中比较常见，这种类似于中央控制的运营模式赋予服务提供者更多的控制权，通过针对地区、用户密集度、内容流行度或其他因素进行宏观调控，同时根据网络流量、各节点连接状况、负载情况、数据的热度与用户的网络距离和响应时间等系统参数，最终确定内容对象在系统中的缓存位置，使得内容距离用户最近，从而提升请求效率和系统性能。

由于 CCN 默认缓存策略造成的多个域间的高冗余度，如图 3-7 所示，文献[73]中提出了一种邻域之间（Intra-AS）协作缓存的方法，通过定期交换缓存信息以实现内容的不重复存储。该文献中将解决方案归纳为两点：任意节点 i 需知晓所有邻居节点 N_i 的缓存条目，针对本地无法响应的请求可执行邻域协同响应；针对节点 i 上任意一个缓存内容 $k \in K_i$，只要 N_i 上已经有缓存副本，本地就不再缓存内容 k。该方法并不是实时的缓存决策策略，而是在触发条件满足后（冗余度超过一定阈值或达到周期时间）执行降低系统冗余的后台程序。文献[74]中提出另一种邻域显式协同策略，与前一种策略类似，仅当邻居节点都没有缓存该对象时才在本地缓存副本；节点缓存对象时，需先探查父节点（该节点到源节点路径上），没有该对象的缓存副本才可执行缓存策略，且替换时优先考虑父节点的副本。针对自治系统间的对等内容（Content-Peering）动态交换所带来的额外开销和复杂计算是否能换来足够性能提升的问题，文献[75]和文献[76]中均给出了推导与验证，但是在真实环境下依旧难以实现。

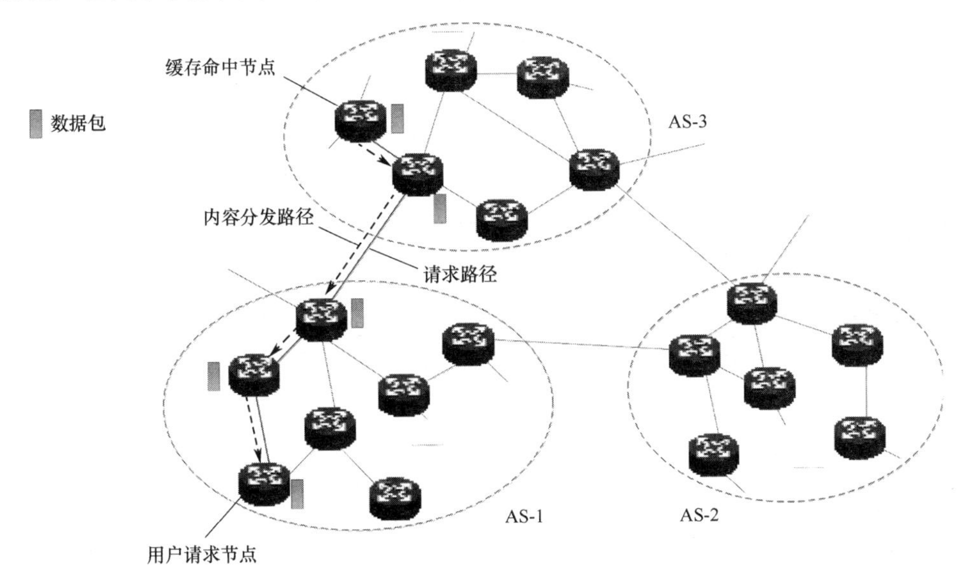

图 3-7　域间请求与响应场景

文献[77]中提出一种基于开销的替换与随机放置策略（Cost-Based Replacement and Random Placement，CRRP），这类路径显式协同策略通过对请求包上行转发时途经节点的缓存状态、请求频率等信息进行线性规划，从而计算出最优缓存位置以及执行替换的对象集。该文献中，内容对象 O 从节点 0 到节点 i 的路径开销为 $m(O)=\sum_{j=0}^{i-1} c\left(e_{j,j+1},O\right)$，在节点 i 感知到的内容 O 的接入频率为 $f_i(O)$。定义公式 $f(O)\cdot m(O)/s(O)$ 作为选择替换内容的唯一标准，且放置策略独立于当前缓存状态，计算复杂度为 $O(1)$。最终仿真验证了该策略与动态计算的算法性能极为接近。

2. 隐式协同缓存决策策略

相较于显式协同缓存，隐式协同的一大优点就是节点之间无须过多的信息交互，每个节点都可以自主决定是否需要缓存对象。经典的缓存决策策略主要有 LCE（Leave Copy Everywhere）、Prob（Copy with Probability）[31]和 LCD（Leave Copy Down）[31,32]等，这些方案均从单一节点是否缓存内容入手，不涉及任何中心化决策，复杂度低。

如图 3-8 所示，单向箭头表明用户请求，色块则表示内容分别在该节点缓存。其中，LCE 执行的是处处缓存策略，数据包原路返回时经过的每个节点都执行缓存策略，该策略没有任何的缓存机制，是最基础的无差别缓存。若 LCE 策略每个节点缓存的概率均为 100%，那么 Prob 策略沿途每个节点都以相同概率 p 缓存内容。因此，可以将 LCE 看作 Prob 策略的特殊情况，即 $p=1$。LCD 不同于前面两种策略，数据包只在命中节点的下一跳进行缓存。这种方法虽然避免了网内同一副本由于处处缓存而导致的冗余度过高，但用户端需要多次重复请求才能将内容复制到网络边缘，时延较长。

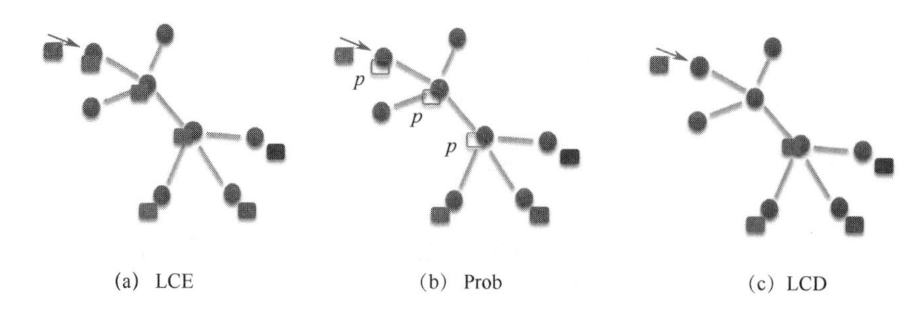

(a) LCE　　(b) Prob　　(c) LCD

图 3-8　经典的隐式协同缓存决策策略

文献[21]中在 Prob 基础上提出一种加权概率的缓存机制 ProbCache，节点执行缓存策略的概率与节点到请求端之间的距离成反比。该策略的主要目的是增大内容在网络边缘缓存的概率，使得用户端获取请求命中的反应时间更短，提升共享路径上的节点效用。Age[34]和 Deadline[78]都是从内容停留时间的角度出发设计的隐式协同策略。其中，基于 Age 的缓存策略根据距离服务器远近和内容流行度两个指标为内容对象设置 Age，通过定义基础年龄 base_age 和最大年龄 max_age 对内容的 Age 进行计算。若期满则直接将内容移除，且节点可通过修改 Age 实现协作。而基于 Deadline 的协同策略通过给数据包分配 Lifetime 来决定是否对兴趣包进行响应或转发数据包，作者设计了类似于堆栈的排队模型来实现内容管理。

隐式协同也可应用于内容对象的通告方式，即如何为请求消息所感知。一般来说，运营商总是希望网内所有内容能够被用户察觉，对象的可用性越大，资源利用率也就越高。然而，由于节点的动态变化，包括内容的更新和节点移动，都给通告带来了一定的难度，如何保持系统的一致性与限制通告泛滥依然是还没解决的难点。对应于不同范围内的协同方式，若采用兴趣包洪泛的查询策略，则内容具有全局可用性；若将兴趣包路由至源节点，则内容具有路径可用性，甚至出现极端情况，缓存对象仅缓存该内容的节点可见。

文献[41]中提出一种基于势能的路由策略（Potential Based Routing，PBR），对于给定内容 c，节点 n 上的势能取值与节点 n 到所有备份有内容 c 的节点距离成反比，而与缓存对象的带宽、处理能力等成正比。当节点 n 无法响应对内容 c 的请求时，选择与自身势能差最大的邻居节点进行转发。且文献中采用全网广播与局域内广播相结合的模式，有效地兼顾了对象可用性和扩展性问题，因此带来了如下特点。

- 在极大程度上提高了对象可用性，特别地，PBR 适应性地考虑到由于替换策略所导致的缓存副本的不稳定性。
- 在选择内容时兼顾了内容质量，使得选择过程更加多样化。
- 采用分布式计算，保证了策略的鲁棒性。

3.5.4　缓存方式

基于节点存储空间和无差别处处缓存的矛盾，如何用有限的空间尽可能多地存储不同的内容始终是学者们探讨的话题之一。网络中的信息体量随时间增长只会越来越多，居于网内核心位置的关键节点，其内容替换率居高不下，后续请求无法利用前期缓存。且默认缓存策略没有针对系统多样性做出优化，对缓存利用率的提升毫无益处。因此，对 CCN 的缓存方式提出了两类存储：集中式存储和分布式存储。

集中式存储类似于无差别的呆板式缓存，数据包返回路径上的每个节点都会保留一份副本信息。节点之间完全没有任何信息交互，最终必然导致系统冗余度过高，大量相同内容缓存在中间节点上，造成了极大的资源浪费。

分布式存储指中间节点有序地通过互相协作对内容进行分块存储，力图在降低冗余的同时提升缓存资源的多样性。内容提供商常常通过对比流行度对节点缓存的对象进行调整筛选，目的是为了存储请求率更高、更能满足用户需求的对象。而单个节点的缓存空间对比网络流量又着实微不足道，因此对信息进行划分、通过节点之间的相互协作，是提升信息存储完整性的行之有效的方案之一。

图 3-9 中列举了两个较为经典的分布式存储方案 CINC[49]和 CDS[64]，这两类方案的着手点都是控制系统冗余。CINC 使用带有标签的 LRU 策略，只有满足标签计算规则的内容可进行存储，但需要额外存储邻居节点标号。不同于 CINC 实现节点间协同决策，CDS 通过对网络进行划分，将拓扑中支配权高的节点设置为核心节点，由一个核心节点（Core Node）匹配若干个一般节点（Regular Node）组成小区域，以实现对域内内容的管理和请求转发。

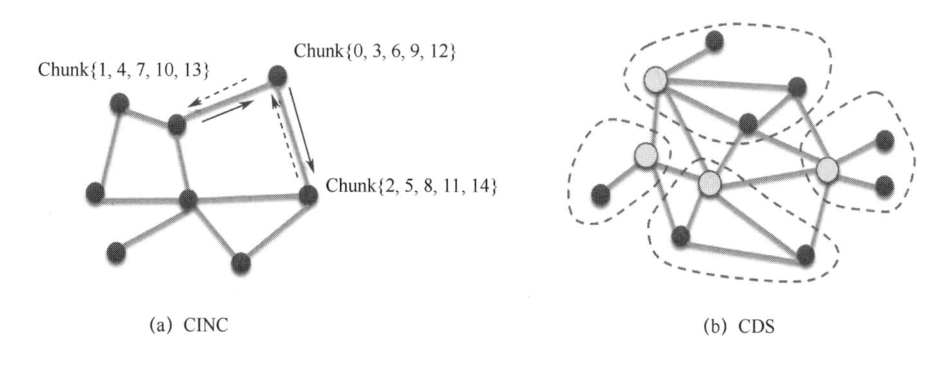

图 3-9　分布式存储方案

3.6　缓存系统建模与分析

还有一类缓存研究方向，对缓存系统进行建模与分析，为理解缓存行为奠定了理论基础。早期针对 Web 缓存涌现了大量的单个缓存研究[79]，建模通常为线性的级联网络结构或者层次化的树状结构[80−82]，CCN 也是由层次化网络开始对缓存系统的理论模型进行研究。然而，这类特殊化的拓扑结构由于从属关系简单而弱化了节点之间复杂的联动关系，因此 CCN 网络需要用网状结构的任意拓扑来描述。

目前，缓存系统建模的研究主要分为缓存网络拓扑结构、请求达到速率与缓存系统状态分析这三个方面。

3.6.1　缓存网络拓扑结构

如图 3-10 所示，CCN 建模通常选取线性级联结构、树状层次结构和任意图结构三类拓扑。级联结构和层次化结构中，节点之间存在从属关系。用户请求内容后，兴趣包首先经过最低层的缓存节点，若本地无法响应请求，则该缓存节点将请求转发给上一层缓存节点；若仍然无法命中，则继续转发直至根节点。若根节点也无法实现请求命中，则请求会被最终转发给源服务器。缓存命中后，数据包将沿请求路径反向原路逐跳返回，并在沿途节点上执行缓存决策和替换策略，实现内容分发。但由于上、下层节点之间具有从属关系，节点转发请求的选择有限，同一层节点间无法直接互联互通，与实际网络状况完全不同。且内容源服务器只与缓存系统的根节点逻辑相连，导致缓存系统与路由转发系统解耦。任意图拓扑中节点之间不存在层次结构，节点与节点之间仅考虑邻居关系。节点上的任何一个接口既可以是请求转发出口，也可以是内容接入的入口。因此，节点之间的从属关系是不确定的，可能某次请求中，节点 A 是节点 B 的父节点，而对于另一次请求，节点 A 则可能是节点 B 的子节点。

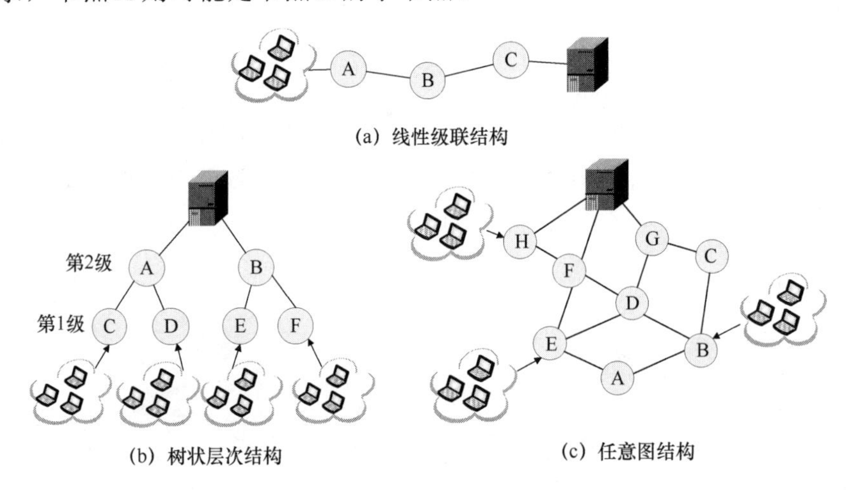

图 3-10　缓存网络三类拓扑结构

线性级联结构采用一条单一的传输线执行内容分发，请求和数据包沿途经过每一个节点，所有节点共享单一传输通道。因此，采用线性级联结构进行系统建模，网络节点关系简单，计算复杂度大大下降。树形结构是一种层次化的拓扑结构，实际网络中这类拓扑易于新增节点、分支，故障隔离也较为容易，但节点对根节点的依赖过大。任意图拓扑是一种无规则结构，节点之间的连接没有规律，这类拓扑对于完善的数据库建立和网络安全保障更加有利。

3.6.2　请求达到速率

CCN 缓存系统中，请求可以分为两大类：来源于缓存系统之外的外生请求以及邻居节点由于请求不命中而转发的请求。其中，对于线性级联和树状层次系统，只有最底层的路由节点上会产生外生请求。但在 CCN 的建模分析的过程中，常常假设任意节点都可能有外生请求的抵达。

针对外生请求的建模，假设节点 v 的平均外生请求到达速率为 λ_v，针对每个对象 f_i，节点 v 上 f_i 的请求到达速率记为 $\lambda_{i,v}$，均遵循泊松分布。令 q_i 为请求对象 f_i 的概率，满足 $\sum_i q_i = 1$，则 $\lambda_{i,v} = \lambda_v q_i$。现有建模中仍然假设内容请求服从独立参考模型，第 i 个内容的请求概率为 $p(i) = \frac{C}{i^\alpha}$，$C = \left(\sum \frac{1}{i^\alpha}\right)^{-1}$。

将外生请求和邻居节点转发请求统称为节点 v 的实际到达请求，假设节点 v 的实际到达请求速率为 r_v，缓存命中失败的概率为 m_v，有如下公式成立：

$$r_v = \lambda_v + \sum_{v' \in \text{Downstream}(v)} m_{v'} \tag{3-1}$$

$$r_{i,v} = \lambda_{i,v} + \sum_{v' \in \text{Downstream}(v)} m_{i,v'} \tag{3-2}$$

文献[83]中提出一种基于内容流行度的概率替换策略 PP（Popular Probability），根据内容流行度调整内容在缓存队列中的执行替换策略的位置，系统建模采用线性级联结构。定义第一层节点在时间区间 $(0,t)$ 内，第 k 类流行度内容 c_k 的第 j 个数据块的请求次数为 $R_1^{c_k(j)}(0,t)$。若至少存在一次以上的内容请求，则记 $B_1^{c_k(j)}(0,t)=1$。令 $S_1 = (0,t)$ 为第一层节点在 $(0,t)$ 时间区间内对所有内容的不同数据块的请求总和，则 $S_1 = (0,t)$ 的计算公式为

$$S_1(0,t) = \sum_{k=1}^{K} \sum_{c_k=1}^{m} \sum_{c_k(j)=1}^{\sigma} B_1^{c_k(j)}(0,t) \tag{3-3}$$

第一层节点的请求失败概率为

$$\text{RMP}_{\text{LRU}}^k(1) = P\left[S_1\left(0, \tau_1^{c_k(j)}\right) \geqslant C\right] = c^{-\frac{1}{k^\alpha \Gamma(1-1/\alpha)^\alpha}\left(\frac{C}{\sigma m}\right)^\alpha} \tag{3-4}$$

最终 PP 和 LRU 策略下第 r 层的请求失败概率分别近似表示为

$$\text{RMP}_{\text{PP}}^k(r) = \text{RMP}_{\text{PP}}^k(1)^{\frac{P_k^1}{P_k^r} \cdot \prod_{l=1}^{r-1} \text{RMP}_{\text{PP}}^k(l)} \tag{3-5}$$

$$\text{RMP}_{\text{LRU}}^k(r) = \text{RMP}_{\text{LRU}}^k(1)^{\prod_{l=1}^{r-1} \text{RMP}_{\text{LRU}}^k(l)} \tag{3-6}$$

但是对于任意图拓扑结构下的缓存网络，节点的从属关系不明确，内容和请求的转发与节点位置、路由算法相关联。令 $P_i^v = \left\{v_{P_1} = v, \cdots, v_{P_j} = v_s\right\}$ 为节点 v 到内容对象 f_i 的源服务器 v_s 之间最短路径，$P_i^v[j]$ 为该路径上的第 j 个路由节点，且 $P_i^v[1]=v$。给定任意的两个节点 $v, v' \in V$，定义 $R(v,v') = \left\{i : v' = P_i^v[2]\right\}$，即 $R(v,v')$ 中每个文件对象索引号 i 都满足 v′ 是从 v 到存储 f_i 的内容源端之间最短路径上 v 的下一跳。因此，$r_{i,v}$ 满足下式：

$$r_{i,v} = \lambda_{i,v} + \sum_{v' : i \in R(v,v')} m_{i,v'} \tag{3-7}$$

3.6.3 缓存系统状态分析

1. 级联和层次结构下的缓存网络稳态分析

对缓存系统进行建模目的是分析缓存网络在高度动态下的行为，在外生请求以稳定速率和分布特征到达以后，系统状态经过预热之后，逐步达到稳定的缓存命中率的状态。

通常学者们更多地关注与研究稳态系统下的缓存命中率，但针对稳态下的命中率研究具有很大的难度与挑战性。文献[80]、[84]和[85]中针对级联和层次结构下的缓存系统进行了建模分析，计算了稳态系统状态时的不同流行度对象在不同拓扑层级的请求失败概率。

2. 任意图拓扑结构下缓存网络稳态分析

文献[86]和[87]中针对任意图拓扑下的稳态网络给出了相应的分析方法。定义缓存情况下的路由节点 v 上接收到的内容对象的请求分布为 $\overrightarrow{\boldsymbol{\omega}_{\mathrm{v}}}=\left(\omega_{1,\mathrm{v}},\omega_{2,\mathrm{v}},\cdots,\omega_{N,\mathrm{v}}\right)$。假设请求对象服从独立参考模型 IRM，则对象 f_i 在节点 v 上的请求失败概率为 $m_{i,\mathrm{v}}=r_{i,\mathrm{v}}\left(1-\eta_{i,\mathrm{v}}\right)$，其中 $\eta_{i,\mathrm{v}}$ 表示内容对象 i 在路由节点 v 被缓存的概率。当内容对象的缓存空间和请求概率已知，定义 $\mathrm{contents}\left(\overrightarrow{\boldsymbol{\omega}_{\mathrm{v}}},|\mathrm{v}|\right)=\overrightarrow{\boldsymbol{\eta}_{\mathrm{v}}}$ 表示以缓存空间大小和对象请求分布为变量的 LRU 替换算法，其中 $\overrightarrow{\boldsymbol{\eta}_{\mathrm{v}}}=\left(\eta_{1,\mathrm{v}},\eta_{2,\mathrm{v}},\cdots,\eta_{N,\mathrm{v}}\right)$ 为任意时刻节点 v 所缓存的对象集中每个内容的存储概率所构成的矢量映射。文献[87]中将上述结论推广到任意图拓扑下的缓存系统，可采用迭代的方法进行求解，即

$$r_{i,\mathrm{v}}=\lambda_{i,\mathrm{v}}+\sum_{\mathrm{v}':i\in R(\mathrm{v}',\mathrm{v})}m_{i,\mathrm{v}'} \tag{3-8}$$

$$\omega_{i,\mathrm{v}}=\frac{r_{i,\mathrm{v}}}{\sum_{j=1}^{N}r_{j,\mathrm{v}}} \tag{3-9}$$

$$\overrightarrow{\boldsymbol{\eta}_{\mathrm{v}}}=\mathrm{contents}\left(\overrightarrow{\boldsymbol{\omega}_{\mathrm{v}}},|\mathrm{v}|\right) \tag{3-10}$$

$$m_{i,\mathrm{v}}=r_{i,\mathrm{v}}\left(1-\eta_{i,\mathrm{v}}\right) \tag{3-11}$$

3. 基于马尔科夫的稳态分析方法

基于马尔科夫模型对系统进行稳态分析也是一种常用的方法。文献[88]中采用马尔科夫模型为单个缓存建模，最终给出了对于给定内容对象在缓存路径节点中能够停留的时间估计。文献[88]中考虑了系统初始化时的状态对缓存网络达到稳态的影响。通过马尔科夫建模，定义 Ω_0 为状态空间，系统的状态 $\boldsymbol{s}=\left(\boldsymbol{s}[1],\boldsymbol{s}[2],\cdots,\boldsymbol{s}[n]\right)$ 为 n 个矢量的联合。矢量 $\boldsymbol{s}[j](1\leqslant j\leqslant n)$ 的元素个数用 $\left|\mathrm{v}_j\right|$ 表示，其中第 i 个分量描述了缓存节点中位于位置 i 的文件对象。当网内所有节点的缓存空间同质化时，缓存状态的基为 $\left[\binom{N}{|\mathrm{v}|}\cdot|\mathrm{v}|!\right]^n$；若不考虑缓存顺序，此时的基为 $\binom{N}{|\mathrm{v}|}^n$。作者指出，系统的最终状态与系统的初始态有关，并给出了 3 个缓存网络是遍历态的充分条件。

3.7 未来探索方向

3.7.1 面向移动的内容缓存

现如今的移动用户数量激增，网络连接需求趋于多样化，移动宽带通信在不断重置网络连接的同时必须保证无缝对接的质量和速率。而端到端通信以位置为导向，无法适

应当前以内容为中心的服务需求，主要体现在以下两个方面：（1）面向连接的通信协议保持数据交换必须维持面向连接的会话通道，中间节点没有存储功能，数据无法在多次会话中重复使用，在节点移动或者下线等拓扑发生变化的情况下数据共享效率低；（2）即使设计了针对拓扑变化的主机身份协议（Host-Identity）和移动 IP（Mobile IP）等附加协议，仍然存在着收敛速度慢和 IP 语义过载等问题。IP 地址代表着网络中的主机位置，在端点寻址中又充当节点标识。每次获取内容都需要将内容映射到具体 IP 地址上，一旦地址发生变化则需要重建连接，难以解决移动性和扩展性的问题，从而影响服务质量与用户体验。

移动自组织网络（Mobile Ad Hoc Network，MANET）适应移动的、易变的无线环境，广泛应用于工业、医疗和军事等场合。网络没有固定的拓扑结构，任意节点在充当路由器的同时又具备终端的功能，能支持恶劣环境下的无线数据传输。

CCN 天然地支持多径路由，而 MANET 在扩展性和安全传输方面仍存在缺陷。若将二者结合，无线信道的广播特性与网络拓扑结构变化相适应，基于 CCN 实现 MANET 将大大提升移动网络的适用性和服务质量。总结 CCN 与 MANET 结合的优势如下。

（1）增强 MANET 的内容分发能力。

CCN 网络中每个节点都具有缓存功能，可充当响应用户请求的内容源端。在 Ad Hoc 网络环境下，中间路由与终端的概念模糊，每个节点都可协助数据分发。然而节点移动给数据包有效传输设置了障碍：内容源移动后对象不易获取，以及细粒度的数据包组合后由于拓扑变化而全部失效。此时，利用 CCN 的内置缓存功能可极大提升 Ad Hoc 网络的无线通信能力。

传统 IP 网络中节点发生移动后，请求会重新发送，原先的访问路由需要与新状态下的路由通过隧道技术相连接，此举需要额外的特定网络协议支持。如图 3-11 所示，CCN 网络中，数据包返回时会沿途缓存在中间节点上，拓扑变化网络切换之后，若数据请求重新上行转发，之前缓存过该内容的无线 AP 可直接进行响应，减少网络的性能损失。

（2）支持用户端和内容源端的移动。

传统 IP 网络数据源端的位置移动是较难解决的问题，会话的重新建立需要内容源首先获取一个新的 IP 地址，而 CCN 用户端驱动的特性可以支持数据请求方的移动。数据发送无须查询 IP 地址，通过兴趣包匹配获取内容，整个内容分发过程十分短暂，通信传输路径对下一次请求也没有任何影响。因此，用户端的移动变化既不需要额外的服务支持，也不会带来新的操作开销。

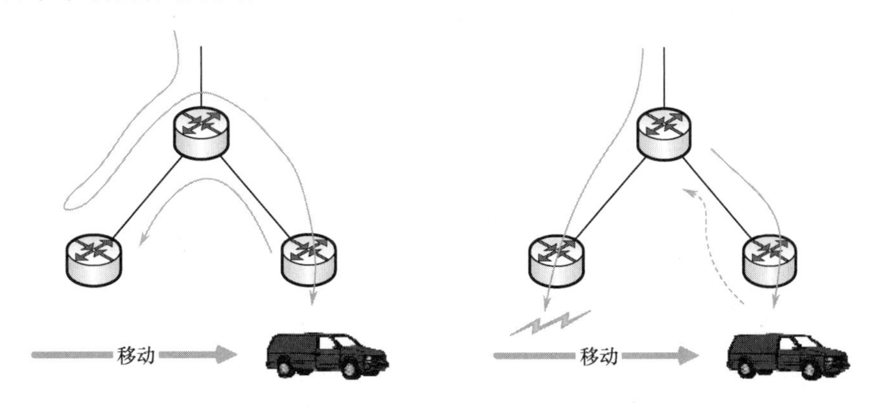

图 3-11　传统 IP 网络与 CCN 网络下的节点移动

同时，CCN 中的数据以内容命名并携带内容源端的数字签名，命名与地址解耦的特性极大地便利了内容源端的位置变化。数据名称可以作为内容源端移动位置的定位器（Locator），并且兴趣包的容量很小，因此，利用 CCN 广播可追踪移动节点的位置。图 3-12 描述了三个用户端利用广播跟踪移动内容源的过程。

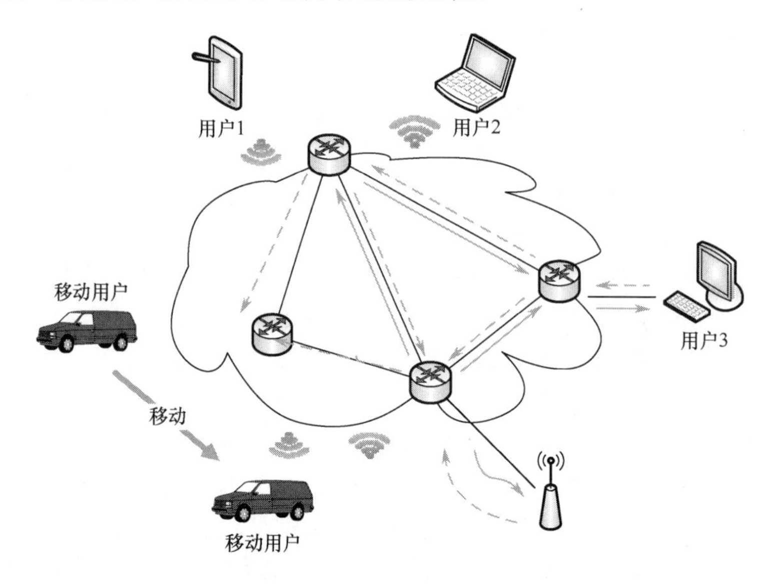

图 3-12　用户端通过广播跟踪内容源的过程

因此，除 MANET 以外，CCN 由于其充分开发无线信道的广播特性，在车载数据收集系统、V2V（Vehicle to Vehicle）通信和车辆自组织网络（Vehicle Ad Hoc Networks，VANET）上都能发挥通信优势，具有很大的实际和应用价值。

3.7.2　面向网络编码的内容缓存

CCN 根据命名前缀执行自适应转发策略，通常有两类转发方法：选择单一路径转发，直至网络发生链路拥塞或分组丢失时改变转发路径；主动均分流量到多条路径上执行转发，通过在节点测量来自多条路径上数据的性能来检测节点故障。后一种方法相比前一种更加灵活，扩展性也更好，但是由于涉及的路径数目较多，潜在的丢包率和数据共享程度更高，造成拥塞的可能性更大，因此更需要冗余控制。

网络编码技术通过在网络的中间节点对数据进行线性或者非线性的处理，类似于编码器或者信号处理器，将内容转化为更小粒度后再执行转发，可以避免数据的反复重传。因此，将网络编码技术与多路径转发合二为一更适应流量大和拓扑结构复杂的内容分发场景，对数据传输速率的提升和拥塞控制都能起到良好的促进作用。

网络编码技术融入 CCN 可作用于任意的数据包，降低流量浪费。假定一个文件中的某段内容可分为 n 个小数据块 Chunk，即 $C_1,C_2,\cdots,C_2$。在内容源端使用网络编码技术，可将这些小数据块编码为 $E_1,E_2,\cdots,E_n$，其中 $E_i=V_1^iC_1+V_2^iC_2+\cdots+V_n^iC_n$，$\left\{V_1^i,V_2^i,\cdots,V_n^i\right\}$ 是随机生成的系数向量，见式（3-12）。这种编码方式可以减少数据块之间的关联性，提升传输可靠性。

$$\begin{pmatrix} E_1 \\ E_2 \\ E_3 \\ E_4 \end{pmatrix} = \begin{pmatrix} V_1^1 & \cdots & V_n^1 \\ \vdots & \ddots & \vdots \\ V_1^n & \cdots & V_n^n \end{pmatrix} \begin{pmatrix} C_1 \\ C_2 \\ C_3 \\ C_4 \end{pmatrix} \tag{3-12}$$

用户发送兴趣包对某内容进行请求，若只知道部分命名，例如/videos/ABC/transformers.avi/s1，表明用户没有属于第一段的编码块。可将属于第一块中所有数据块的系数向量追加到兴趣包的 COEF 域中，即/videos/ABC/transformers.avi/s1/COEF，同时该编码系统也会随内容源端返回的数据包一同转发。一旦用户端接收到所有的编码块，就可利用式（3-13）进行译码，从而获得原始的 n 个数据块。

$$\begin{pmatrix} C_1 \\ C_2 \\ C_3 \\ C_4 \end{pmatrix} = \begin{pmatrix} V_1^1 & \cdots & V_n^1 \\ \vdots & \ddots & \vdots \\ V_1^n & \cdots & V_n^n \end{pmatrix}^{-1} \begin{pmatrix} E_1 \\ E_2 \\ E_3 \\ E_4 \end{pmatrix} \tag{3-13}$$

NDN-NCSM 是将信息中心网络与网络编码相结合的一个流媒体分发实例。结合网络编码，针对 CCN 多径路由特性对 IP 网络进行架构调整，可支持直播、点播业务。系统架构主要可以分为预处理节点、目录索引、数据源节点和用户客户端。其中，预处理节点主要针对系统中视频文件的发布和维护，包括：对视频数据按照 CCN 协议和视频文件的相关信息进行流化处理，编码之后发送给内容源端；对视频内容的上线、下线进行管理；在全局范围内对内容源端进行管理。而目录索引用于记录系统中的视频文件信息，为用户提供当前可浏览对象的目录列表，同时提供访问接口信息。面对数据密集型应用，如何提升存储效率、网内命中率和数据共享率都将是未来仍会继续探讨的课题。

本章参考文献

[1] Rabinovich M, Spatscheck O. web caching and replication[M]. Addison-Wesley Reading, 2002.

[2] Choi J, Han J, Cho E, et al. a survey on content-oriented networking for efficient content delivery[J]. IEEE Communications Magazine, 2011, 49(3)：121-127.

[3] Steinmetz R, Wehrle K. Peer-to-Peer networking & computing[J]. Informatik Spektrum, 2004, 27(1)：51-54.

[4] A Passarella. a survey on content-centric technologies for the current Internet：CDN and P2P solution[J]. Computer Communications, 2012, 35(1)：1-32.

[5] Cisco System. Cisco Visual Networking Index (VNI)：forecast and methodology, 2014-2019[EB/OL]. 2015, http://www.cisco.com.

[6] 胡骞，武穆清，郭嵩．以内容为中心的未来通信网络研究综述[J]．电信科学，2012，28(9)：74-80.

[7] DECADE Working Group. https://datatracker.ietf.org/wg/decade, 2010.

[8] Song H, Zhong N, Yang Y, et al. decoupled application data ENROUTE (DECADE) problem statement. IETF draft：draft-ietf-decade-problem-statement-00.txt, 2010.

[9] Koponen T, Chawla M, Chun BG, Ermolinskiy A, Kim K H, Shenker S, Stoica I. a data-oriented (and beyond) network architecture[C]. Proc. of the ACM SIGCOMM, 2007：181-192.

[10] Ahlgren B, Dannewitz C, Imbrenda C, Kutscher D, Ohlman B. a survey of information-centric networking[J]. IEEE Communications Magazine, 2012,50(7)：26-36.

[11] Ghodsi A, Koponen T, Rajahalme J, Sarolahti P, Shenker S. naming in content-oriented architectures[C]. Proc. of the ACM SIGCOMM Workshop on Information-Centric Networking (ICN 2011), 2011：1-6.

[12] Zhang G Q, Tang M D, Cheng S Q, et al. P2P traffic optimization[J]. Science China Information Sciences, 2012,55(7)：1475-1492.

[13] Wierzbicki A, Leibowitz N, Ripeanu M, et al. cache replacement policies revisited：the case of P2P traffic[C]. Proc. of the 4th Int'l Workshop on Global and Peer-to-Peer Computing (GP2P 2004). Chicago：IEEE, 2004：182-189.

[14] Arianfar A, Nikander P. packet-Level caching for information-centric networking[C]. Proc. of the Re-Architecting the Internet Workshop (ReArch 2010), 2010.

[15] Arianfar S, Nikander P, Ott J. on content-centric router design and Implications[C]. Proc. of the Re-Architecting the Internet Workshop (ReArch 2010). New York：ACM, 2010.

[16] Jacobson V, Smetters D K, Thornton J D, Plass M F, Briggs N H, Braynard R L. networking named content[C]. Proc. of the 5th Int'l Conf. on Emerging Networking Experiments and Technologies (CoNEXT 2009). New York：ACM, 2009：1-12.

[17] Carofiglio G, Gallo M, Muscariello L. bandwidth and storage sharing performance in information centric networking[C]. Proc. of the ACM SIGCOMM Workshop on Information-Centric Networking (ICN 2011). New York：ACM, 2011：26-31.

[18] Breslau L, Cao P, Fan L, Phillips G, Shenker S. web caching and Zipf-like distributions：Evidence and implications[C]. Proc. of the IEEE INFOCOM'99, 1999：126-134.

[19] Hefeeda M, Saleh O. traffic modeling and proportional partial caching for peer-to-peer systems[J]. IEEE/ACM Trans. on Networking, 2008,16(6)：1447-1460.

[20] 朱轶, 糜正琨, 王文鼐. 一种基于内容流行度的内容中心网络缓存概率置换策略[J]. 电子与信息学报, 2013, 35(6)：1305-1310.

[21] Psaras I, Chai W K, Pavlou G. Probabilistic in-network caching for information-centric networks[C]. proceedings of the second edition of the ICN workshop on Information-centric networking, 2012：55-60.

[22] Kim Y, Yeom I. performance analysis of in-network caching for content-centric networking[J]. Computer Networks, 2013, 57(13)：2465-2482.

[23] Rossini G, Rossi D. a dive into the caching performance of Content Centric Networking[C]. IEEE 17th International workshop on CAMAD, Barcelona, Spain, 2012：105-109.

[24] Rossi D, Rossini G. on sizing CCN content stores by exploiting topological information[C].IEEE INFOCOM workshop on NOMON, Orlando, USA, 2012：280-285.

[25] Laoutaris N, Zissimopoulos V, Stavrakakis I. on the optimization of storage capacity allocation for content distribution[J]. Computer Networks, 2005, 47(3)：409-428.

[26] Kamiyama N, Kawahara R, Mori T, et al. optimally designing capacity and location of caches to reduce P2P traffic[C].IEEE International Conference on Communication, Cape Town, South Africa, 2010：1-6.

[27] Xu Y M, Li Y, Lin T, et al. a novel cache size optimization scheme based on manifold learning in

Content Centric Networking[J]. Journal of Network and Computer Applications, 2014, 37：273-281.

[28] Chai W K, He D, Psaras I, et al. cache “less for more” in information-centric networks[C]. Proceedings of IFIP Networking, Prague, Czech, 2012：27-40.

[29] 崔现东，刘江，黄韬，等. 基于节点介数和替换率的内容中心网络网内缓存策略[J]. 电子与信息学报, 2014, 36(1)：1-7.

[30] Perino D, Varvello M. a reality check for content centric networking[C]. ACM SIGCOMM Workshop on Information-Centric Networking, Toronto, Canada, 2011：44-49.

[31] Laoutaris N, Syntila S, Stavrakakis I. meta algorithms for hierarchical web caches[C]. Performance, Computing, and Communications, 2004 IEEE International Conference on. IEEE, 2004：445-452.

[32] Laoutaris N, Che H, Stavrakakis I. the LCD interconnection of LRU caches and its analysis[J]. Performance Evaluation, 2006, 63(7)：609-634.

[33] 葛国栋，郭云飞，兰巨龙,等. CCN 中基于替换率的缓存空间动态借调机制[J]. 通信学报，2015, 36(5)：120-129.

[34] Ming Z X, Xu M W, Wang D. age-based cooperative caching in information-centric networks[C]. IEEE INFOCOM Workshop on Emerging Design Choices in Name-Oriented Networking, Orlando, USA, 2012：268-273.

[35] Wang Y G, Lee K, Venkataraman B, et al. advertising cached contents in the control plane：necessity and feasibility[C]. IEEE Conference on Computer Communications Workshops, Orlando, USA, 2012：286-291.

[36] Cho K, Lee M, Park K, et al. WAVE：popularity-based and collaborative in-network caching for content-oriented Networks[C]. IEEE INFOCOM Workshop on Emerging Design Choices in Name-Oriented Networking, Orlando, USA, 2012：316-321.

[37] 张国强，李杨，林涛，等. 信息中心网络中的内置缓存技术研究[J]. 软件学报, 2014, 25(1)：154-175.

[38] Trossen D, Sarela M, Sollins K. Arguments for an information-centric internetworking architecture[J]. ACM SIGCOMM Computer Communications Review, 2010, 40(2)：26-33.

[39] Li Q, Wang D, Xu M W, et al. on the scalability of router forwarding tables：nexthop-selectable FIB aggregation[C]. IEEE INFOCOM, Shanghai, China, 2011：321-325.

[40] Zhang J, Wu Q, Ren F, et al. effective data aggregation supported by dynamic routing in wireless sensor networks[C]. Communications (ICC), 2010 IEEE International Conference on. IEEE, 2010：1-6.

[41] Eum S, Nakauchi K, Murata M, et al. CATT：potential based routing with content caching for ICN[C]. Second Edition of the Icn Workshop on Information-centric Networking. ACM, 2012：81-86.

[42] Chiocchetti R, Perino D, Carofiglio G, et al. INFORM：a dynamic interest forwarding mechanism for information centric networking[C]. Proceedings of the 3rd ACM SIGCOMM workshop on Information-centric networking. ACM, 2013：9-14.

[43] Saino L, Psaras I, Pavlou G. hash-routing schemes for information centric networking[C]. Proceedings of the 3rd ACM SIGCOMM workshop on Information-centric networking. ACM, 2013：27-32.

[44] Wang S, Bi J, Wu J. collaborative caching based on hash-routing for information-centric networking[C]. ACM SIGCOMM Computer Communication Review. ACM, 2013, 43(4)：535-536.

[45] Piro G, Grieco L A, Boggia G, et al. information-centric networking and multimedia services：present and future challenges[J]. Transactions on Emerging Telecommunications Technologies, 2014, 25(4)：

392-406.

[46] Tsilopoulos C, Xylomenos G, and Polyzos G C. are information-centric networks video-ready ?[C]. IEEE International Packet Video Workshop, San Jose, USA, 2013：1-8.

[47] Li H B, Li Y, and Lin T. MERTS：a more efficient real-time traffic support scheme for Content Centric Networking[C]. IEEE International Computer Sciences and Convergence Information Technology, Seogwipo, South Korea, 2011：528-533.

[48] Ravindran R, Wang G, Zhang X W, et al. supporting dual-mode forwarding in Content-Centric Network[C]. IEEE International conference on Advanced Networks and Telecommunications Systems, Bangalore, India, 2012：55-60.

[49] Li Z, Simon G. time-shifted TV in content centric networks：The case for cooperative in-network caching[C]. Communications (ICC), 2011 IEEE International Conference on. IEEE, 2011：1-6.

[50] Xu H, Chen Z, Chen R, et al. live streaming with content centric networking[C]. Networking and Distri- buted Computing (ICNDC), 2012 Third International Conference on. IEEE, 2012：1-5.

[51] Tsilopoulos C, Xylomenos G. supporting diverse traffic types in information centric networks[C]. Proceedings of the ACM SIGCOMM workshop on Information-centric networking. ACM, 2011：13-18.

[52] Jacobson V, Smetters D K, Briggs N H, et al. voccn：voice-over content-centric networks[C]. Proceedings of the 2009 workshop on Re-architecting the internet, ACM, 2009：1-6.

[53] Zhu Z, Wang S, Yang X, et al. ACT：audio conference tool over named data networking[C]. Proceedings of the ACM SIGCOMM workshop on Information-centric networking. ACM, 2011：68-73.

[54] Lauinger T, Laoutaris N, Rodriguez P. privacy implications of ubiquitous caching in named data networking architectures[R]. Technical Report TR-iSecLab-0812-001, 2012.

[55] 闵二龙, 陈震, 陈睿, 等. 内容中心网络的隐私问题研究[J]. 技术研究, 2013(2)：13-16.

[56] Lauinger T, Laoutaris N, Rodriguez P, et al. privacy risks in named data networking：what is the cost of performance ?[J]. ACM SIGCOMM Computer Communication Review, 2012, 42(5)：54-57.

[57] Chaabane A, Cristofaro E D, Kaafar M A, et al. privacy in content-oriented networking：threats and countermeasures[J]. ACM SIGCOMM Computer Communication Review, 2013, 43(3)：25-33.

[58] Acs G, Conti M, Gasti P, et al. cache privacy in named-data networking[C]. IEEE International Conference on Distributed Computing Systems, Philadelphia, USA, 2013：41-51.

[59] Mohaisen A, Zhang X W, Schuchard M, et al. protecting access privacy of cached contents in information centric networks[C]. ACM SIGSAC Symposium on Information, Computer and Communications Security, Hangzhou, China, 2013：173-178.

[60] DiBenedetto S, Gasti P, Tsudik G, et al. ANDaNA：Anonymous Named Data Networking Application[C]. Proceedings of the Network and Distributed System Security Symposium. San Diego, USA, 2012：1-18.

[61] Arianfar S, Koponen T, Raghavan B, et al. on preserving privacy in content-oriented networks[C]. ACM SIGCOMM Workshop on Information-Centric Networking, Toronto, Canada, 2011：19-24.

[62] Li H, Nakazato H, Detti A, et al. popularity proportional cache size allocation policy for video delivery on CCN[C]. Networks and Communications (EuCNC), 2015 Euorpean Conference on. IEEE, 2015：434-438.

[63] Li Z, Simon G. cooperative caching in a Content Centric Network for video stream delivery[J]. Journal

of Network and Systems Management, 2014.

[64] Xu Y M, Li Y, Lin T, et al. a dominating-set-based collaborative caching with request routing in Content Centric Networking[C]. In Communications (ICC), 2013 IEEE International Conference, 2013：3624-3628.

[65] 葛国栋，郭云飞，兰巨龙，等. CCN 中基于替换率的缓存空间动态借调机制[J]. 通信学报，2015, 36(5)：120-129.

[66] 曹忠升，杨良聪，唐曙光. 基于热点内容的动态数据调整方法[J]. 计算机工程与应用，2006, 42(19)：174-176.

[67] 罗熹，安莹，王建新,等. 内容中心网络中基于内容迁移的协作缓存机制[J]. 电子与信息学报，2015, 37(11)：2790-2794.

[68] 李韬，李玉宏. 一种基于内容热度的 NDN 缓存替换算法[J]. 中国科技论文在线，2012.

[69] Menaud J M, Issarny V, Banâtre M. improving the effectiveness of Web caching[M]. Springer-Verlag, 1999.

[70] Kai C, Kambayashi Y. LRU-SP：a size-adjusted and popularity-Aware LRU replacement algorithm for Web caching[C]. compsac. IEEE Computer Society, 2000：48-53.

[71] David Starobinski Department, David Starobinski Y, David Tse. probabilistic methods for Web caching[J]. Performance Evaluation, 2001, 46(2-3)：125-137.

[72] Arianfar S, Nikander P, Ott J, et al. on content-centric router design and implications[C]. Re-Architecting the Internet Workshop. ACM, 2010：1-6.

[73] Wang J M, Zhang J, Bensaou B. intra-AS cooperative caching for content-centric networks[C]. Proceedings of the 3rd ACM SIGCOMM workshop on Information-centric networking. ACM, 2013：61-66.

[74] Rosensweig E J, Kurose J. breadcrumbs：efficient, best-effort content location in cache networks[J]. Proceedings of IEEE INFOCOM, 2009：2631-2635.

[75] Pacifici V, DáN G. content-peering dynamics of autonomous caches in a content-centric network[J]. 2013, 12(11)：1079-1087.

[76] Wang J M, Dai X, Bensaou B. content peering in content centric networks[C]. Local Computer Networks, IEEE, 2014：10-18.

[77] Wang S, Bi J, Wu J. CRRP：cost-based replacement with random placement for En-Route caching[J]. Ieice Transactions on Information & Systems, 2014, E97. D(7)：1914-1917.

[78] Arianfar S, Sarolahti P, Jört Ott. deadline-based resource management for information-centric networks[C]. ACM SIGCOMM Workshop on Information-Centric Networking. ACM, 2013：49-54.

[79] Dan A, Towsley D F. an approximate analysis of the LRU and FIFO buffer replacement schemes[C]. Proc. of the ACM SIGMETRICS, 1990, 18(1)：143-152.

[80] Che H, Tung Y, Wang Z. hierarchical Web caching systems：modeling, design and experimental results[J]. IEEE Journal on Selected Areas in Communications, 2002, 20(7)：1305-1314.

[81] Rodriguez P, Spanner C, Biersack E W. Web caching architectures：Hierarchical and distributed caching[C]. Proc. of the 4th Int'l Caching Workshop, 1999.

[82] Rodriguez P, Spanner C, Biersack E W. analysis of Web caching architectures：hierarchical and distributed caching[C]. IEEE/ACM Trans. on Networking, 2001, 9(4)：404-418.

[83] 朱轶, 糜正琨, 王文鼐. 一种基于内容流行度的内容中心网络缓存概率置换策略[J]. 电子与信息学报, 2013, 35(6): 1305-1310.

[84] Carofiglio G, Gallo M, Muscariello L. bandwidth and storage sharing performance in information centric networking[C]. Proc. of the ACM SIGCOMM Workshop on Information-Centric Networking (ICN 2011), New York: ACM, 2011. 26-31.

[85] Carofiglio G, Gallo M, Muscariello L, Perino D. modeling data transfer in content-centric networking[C]. Proc. of the 23rd Int'l Conf. on Teletraffic Congress, San Francisco: ITCP, 2010: 111-118.

[86] Rosensweig E J, Kurose J, Towsley D. approximate models for general cache networks[C]. Proc. of the IEEE INFOCOM. 2010: 1-9.

[87] Rosensweig E J, Menasche D S, Kurose J. on the steady-state of cache networks[C]. Proc. of the IEEE INFOCOM. IEEE, 2012: 863-871.

[88] Psaras I, Clegg R G, Landa R, et al. modelling and evaluation of CCN-caching trees[C]. Proc. of the 10th Int'l IFIP TC 6 Conf. on Networking (Networking 2011), Berlin, Heidelberg: Springer-Verlag, 2011. 78-91.

第 4 章　CCN 路由与转发技术

4.1　内容路由基本原理

4.1.1　内部网关路由

内部网关路由协议（Internal Gateway Protocol，IGP）是在 Internet 体系结构的域或自治系统范围内部进行路由选择，其主要功能是实时动态描述节点的邻接关系和可用资源。节点的邻接关系旨在强调周围的拓扑信息，而节点的可用资源则是用于定位基于前缀声明的内容资源。例如，IS-IS 内部网关路由算法基于 IEEE 802.1 协议的二层 MAC 地址进行链路拓扑发现，并基于三层 IPv4/IPv6 地址前缀计算目的主机的可达路径。与 TCP/IP 类似，为了使分层前缀可以层级汇聚，CCN 也采用基于前缀的最长匹配查找来寻找与匹配前缀标识最相近的邻居节点。因此，IP 和 CCN 在转发层面的操作是相似的，可以将传统 IP 领域创建 FIB（转发信息表）的机制应用于 CCN 中。

但是，由于 CCN 前缀与 IP 前缀截然不同，所以 CCN 路由的主要问题是可否在一些特定的路由协议字段中表达 CCN 的内容命名前缀。OSPF 和 IS-IS 等内部网关协议都可以通过一个类型标签值（Type Label Value，TLV）直接描述已连接的资源，可完全用于描述层级化的 CCN 内容名字前缀。因此，CCN 路由器可应用已有的 IS-IS 或 OSPF 协议，即 CCN 路由器通过邻接协议声明它们在拓扑中的位置，并且使用 TLV 在前缀通告中泛洪通过该节点可到达的内容资源。

以 IS-IS 路由协议 TLV 描述为例，运行 IS-IS 路由协议的路由器是通过收集其他路由器泛洪的链路状态信息来构建自己的链路状态数据库。IS-IS 路由协议主要使用三大类报文：Hello 报文、链路状态数据包（Link State Packets，LSP）和序列号数据包（Sequence Number Packets，SNP）[1]。Hello 报文用来建立和维持 IS-IS 路由器之间的邻接关系；LSP 用来承载和泛洪路由器的链路状态信息，并且 LSP（确切地说应该是链路状态数据库）是路由器进行 SPF 计算的依据；SNP 用来进行链路状态数据库的同步，并且用来对 LSP 进行请求和确认。上述三种报文都统一使用 PDU 数据包类型进行承载，如图 4-1 所示，所有 IS-IS PDU 起始的 8 个字节都是该数据包的头部字段，并且对于所有的 PDU 数据包类型（包括 Hello 报文、LSP 和 SNP）都是公用的、相同的；后续的 TLV 字段可以用来进行内容资源描述。例如，IS-IS Hello 报文头部 TLV 字段中嵌入字符串/parc.com/videos/WidgetA.mpg/_v<timestamp>/_s3，用于描述其相邻节点可访问到该内容资源。

如图 4-2 所示，某 IGP 域中既包含 IP 路由器（图中用单环表示），又包含 IP+CCN 路由器（图中用双环表示）。邻近路由器 A 的资源服务器 S_1 通过本地网络中 CCN 命名空间的一个广播声明，声明 S_1 可以用前缀为"/parc.com/media/art"的兴趣包访问。在 A 的一个路由应用程序在端口 A_0 听到这个声明，并建立一个本地的 CCN 类 FIB 条目（通过端口 A_0 可访问内容"/parc.com/media/art"），并将此前缀封装成 IGP 链路状态广播（Link State Advertisement，LSA）包，向所有节点洪泛。当节点 E 的路由应用程序在端口 E_1

捕获到此 LSA，E 通过端口 E_1 在本地 CCN FIB 为命名前缀“/parc.com/media/art”加入一个条目（通过端口 E_1 可访问到 A）。类似地，当临近 B 的内容服务器 S_2 声明“/parc.com/media”和“/parc.com/media/art”后，B 同样为这两个前缀洪泛一个 IGP LSA，最终得到节点 E 的 CCN FIB 的结果。如果节点 E 和 F 的客户端分别产生了一个名为“/pare.com/media/art/avatar.mp4”的 Interest 包，将同时转发给 A 和 B，最后由 A 和 B 转发至各自临近的内容服务器。

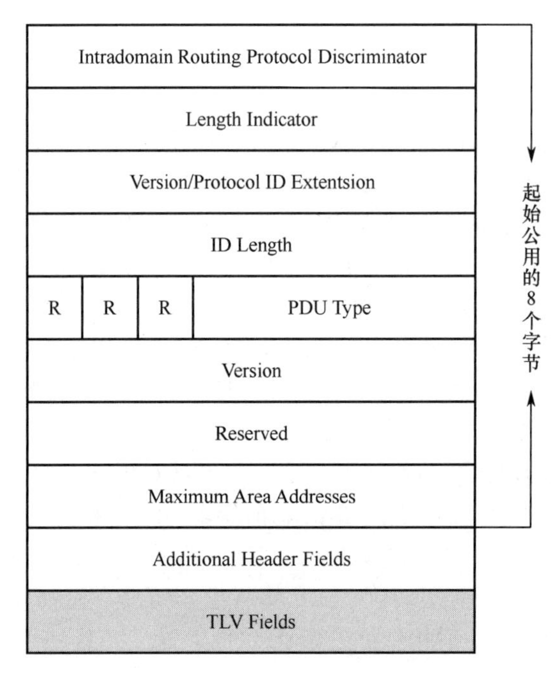

图 4-1　IS-IS 头部字段

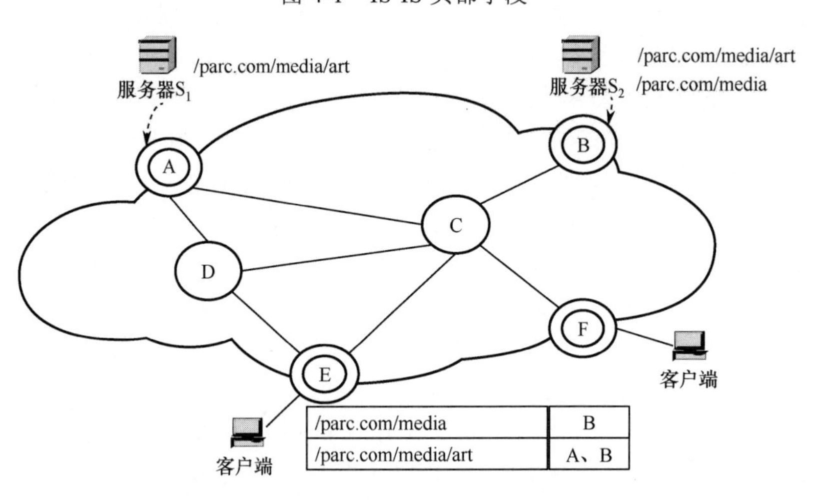

图 4-2　IGP 路由原理示意图

搭载传统 OSPF 或 IS-IS 协议，CCN 动态建立的拓扑在带宽与延迟上是近似最优的（如通过最短路径或中间节点缓存机制建立拓扑）。图 4-2 中的节点 C 和 D 不是 CCN 路由器，无法缓存内容，所以前述内容传输过程并没有体现 CCN 内容缓存的优势。这是因为节点 E 的响应数据包并没有在 C、D 节点缓存，导致节点 F 临近的客户想得到同一个媒体数据将导致此数据第二次经过 A-C 或 B-C 链路。当节点 C 软件升级到 CCN 路由节点时，E 和 F 将会通过 C 或其部署的缓存满足兴趣包，使内容分布得到优化。

在以上的模型中，IGP LSA 用作 CCN 消息的传输载体，这些消息既包含 CCN 内容本身也包括内容验证信息。由于所有 CCN 内容都通过数字签名机制进行认证（私密消息通过加密保护），所以若要从某路由节点获取内容副本，则必先进行内容消息验证。因此，即使 IGP 传输不安全，两个 CCN 节点间的通信也是安全的。如果所有的节点都升级为 CCN 节点，IGP 拓扑基础设施自然就安全了[2]。

当节点遇到许多相同的名字前缀声明时，CCN 和 IP 的路由转发行为有所不同，在传统 IP 路由流程中，节点将根据最长匹配算法只发送所有匹配数据包到一个精确的地址声明者。而在 CCN 路由流程中，节点转发所有兴趣包到所有匹配的声明者。这源于一个语义上的差异：一个来自某 IGP 路由节点的 IP 前缀声明“所有带此前缀的主机都可以通过我到达”。同理，来自 CCN 路由节点的声明“一部分带有此前缀的内容可以通过我到达”。IP 在内容层面无法检测环路，只能强制建立无环路转发拓扑，即汇点树。树状拓扑在任意两个节点间仅有一条简单路径，所以，一个 IP 路由节点的 FIB 条目有且仅有一个端口作为向外路由的接口。例如，所有与前缀“10.10.10.1”关联的主机不得不建立到达路由节点 R（声明此前缀的路由节点）的 FIB 条目，即所有匹配此前缀的数据流都会发送到节点 R，再由 R 交付给本地内容提供者。而 CCN 数据包没有环路，任意路由节点 R 广播的前缀声明只能提供该目录层级的内容，R 临近的内容提供者并不能覆盖所有内容。例如，图 4-2 中的节点 A 只能满足“/parc.com/media/art”兴趣包，不能满足“/parc.com/media”兴趣包。再者，CCN 的 FIB 是向所有声明此前缀的节点转发兴趣包而建立的，因此 CCN 的路由是多数据源多路径的。

值得庆幸的是，这个语义区别是可被 IGP 兼容的，因为这仅仅是路由实现上的不同，不是路由协议机制的改变。IP 从前缀声明来计算和扩展树形路由拓扑，但 CCN 在路由信息产生时不需此计算过程（只有路由信息建立后，寻路过程中才可能会使用），所以 IP 和 CCN 都可以基于 IGP 传输完整的信息数据。尽管如此，但是 RIP 和 EIGRP 等 IGP 路由协议都是基于 Bellman-Ford 距离矢量进行路由计算的，这类路由算法在学习路由及保持路由更新等方面具有占用过多带宽、收敛慢、路由环路等缺陷[1]，因而，CCN 需要基于内容缓存优化算法设计出适合自身的路由机制。

4.1.2　外部网关路由

外部网关协议（Exterior Gateway Protocol，EGP）是在两个自治系统（Autonomous System，AS）之间传送选路信息的所有协议[1]。选路信息包括已知的路由器清单、可达地址以及与每个路由相关的成本度量，以便选出最好的可用路径。每个路由器都按照一定的时间间隔，通常在 120～480s 之间，定期向其邻近路由节点发送信息，然后邻近路由节点就会将自己的完整路由表回送给它。

EGP 中比较典型的代表就是 BGP（Border Gateway Protocol）。图 4-3 给出了 BGP 路由选路的示意图。当一对自治系统同意交换路由信息时，每个自治系统都必须指定一个路由器使用 BGP。这两个路由器分别被称为另一个的 BGP 对等路由器（Peer Router，PR）。

由于遵从 BGP 的路由器必须和另一个自治系统中的对等路由器通信，因而选择一个接近自治系统“边缘”的机器变得很有意义，BGP 称此类型对等路由器为边界网关或边界路由器。因此，BGP 路由器只向其自治区域边界上的路由器转发路由选择表信息来获得对方自治系统的路由信息，从而为数据报选择最佳路由。因此，BGP 应具有以下三个基本功能。

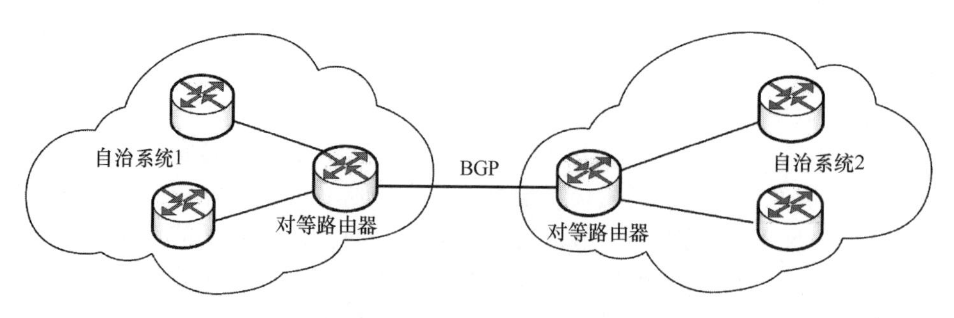

图 4-3　BGP 路由选路的示意图

（1）发起 PR 的探测和鉴别，即允许一个 PR 请求另一个 PR 同意交换可达路由信息。

（2）PR 持续测试其 BGP 邻站是否有响应，验证对等路由器以及相互的连接是否一切正常。

（3）BGP 邻站周期性地传送路由更新报文来交换网络可达路由信息，发送方可以通告一个或多个目的站是可达的，或者相反。

与 IGP 类似，BGP 的协议类型具有 TLV 特性，可以进行简单修改或扩展，用于 CCN 外部网关路由。图 4-4 给出了 BGP 的 UPDATE 报文格式[1]，用于通告正要被撤销的目的站并指定新增加的目的站。由于 CCN 是以内容数据为基本传输单元，因此，撤销目的站和新增目的网络都应是名字前缀，对于其他修改细节就不再赘述。CCN 外部网关协议有以下三个特点。

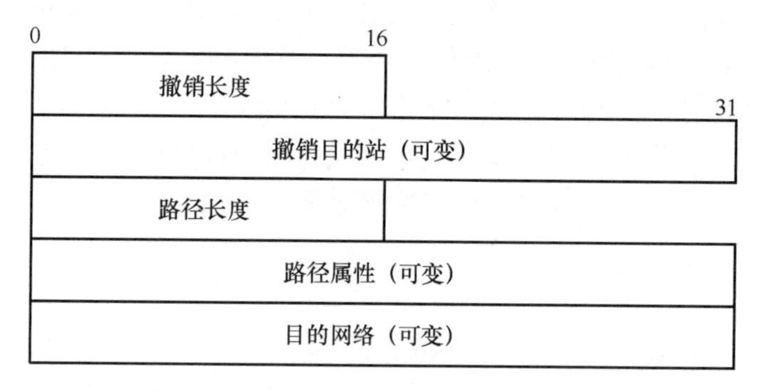

图 4-4　BGP 的 UPDATE 报文格式

（1）内容缓存效益：互联网服务提供商（Internet Service Provider，ISP）通常是一个单独的 AS，基于 CCN 内容缓存的设计理念，CCN 外部网关协议能够为 ISP 带来运维效益。通过部署 CCN 路由器，ISP 既能减少相同内容传输的花费（只有第一个内容的副本需要穿过对等操作链路，独立于请求用户数量），又能减少用户的平均延迟（除了第一个内容副本，所有的内容副本都来自于 ISP 本地的 CS 表）。

（2）AS 通用标识前缀：传统 BGP 采用自治系统编号标识一个 AS，CCN 协议则需要使用一个"通用标识前缀"对 AS 中所有路由节点进行标注（例如，所有内容路由器都被命名为 ccn.isp.net）。

（3）CCN 路由与传统 IP 网络的兼容问题：在进行 CCN 网络部署时，肯定会遇到如何与传统 IP 网络的互联互通的问题。当两个 CCN 网络域中间含有 IP 网络域时，路由协议就会产生"缝隙"。例如，某内容路由器位于 parc.com，想要获得带 mit.etu 前缀的内容，但是 PARC 和 MIT 间没有内容路由器。有以下解决方案。

- 使用启发式的前缀 DNS 查找功能寻找 MIT（通过一个 ccn.udp.mit.edu 的 SRV 查找或通过一个 ccn.mit.edu 地址查找）中正在运行的内容服务器的 IP 地址，自动按需建立一个隧道"端口"与 CCN 内容路由器连接。
- 利用隧道传输机制直接转发兴趣包。假如 PARC 和 MIT 都部署了 CCN 路由节点，但它们是通过 IP 路由节点的 ISP 连接，那么此时 PARC 所在的 ISP 没有获悉 MIT 相关内容路由器的方法，可通过传统 IP 隧道传输机制直接进行转发，不必附加 CCN 的路由机制。

4.2　内容转发基本原理

CCN 设计了兴趣包（Interest Packet）和数据包（Data Packet）两种报文类型[3]。数据传输采用"发布–请求–响应"模式。兴趣包携带内容名字的请求信息，后续节点逐跳据此进行查询响应、路由转发等操作，任何含有该请求内容的节点，都可以直接进行应答。数据包承载了用户请求的内容数据，当有应答数据返回时，沿途转发节点根据已标记的转发接口将数据包逐跳转发给请求者，并缓存该数据内容以备后续请求。CCN 中的兴趣包和数据包都不携带任何地址或接口信息，整个传输过程都以基于名字的路由方式进行。

1.3.1 节中已经介绍过，CCN 采用由内容请求者驱动的通信机制，在路由转发过程中，主要涉及三类数据结构：内容存储库（CS）、未决兴趣表（PIT）和转发信息库（FIB）[4,5]。

如图 1-9 所示，当兴趣包在节点 CS 中没有获取缓存副本时，PIT 将记录该兴趣包的上行转发信息，在保证数据包按此信息能够正确返回至请求端的同时，PIT 还能实现兴趣包的聚合。只有第一个到达节点的兴趣包会被转发至源节点或潜在的中间节点寻求响应，而后续到达该节点的相同请求会在 PIT 中合并。当数据包按请求接口转发后，需要删除 PIT 中相应的端口信息表项，若 PIT 表项超时则直接清除。若兴趣包在 CS 和 PIT 中均查询失败则按照 FIB 进行转发，将兴趣包路由至潜在的匹配节点。FIB 采用最长前缀匹配对内容名进行查询，且支持多径路由，即一条请求可以同时从多个潜在匹配端口转发，实现并行查询，缩短用户端时延。若上述步骤都无法获取匹配结果，则将该兴趣包丢弃。

4.3　路由转发面临的问题

4.3.1　路由表项规模膨胀

CCN 采用结构化的名字命名数据内容[6]，类似于统一资源分配（Uniform Resource

Locator，URL）的形式，在 CCN 网络中 URL 不再用来表示内容的位置，而是内容源端的名字，URL 前缀（表示服务器名称的部分）完全可以作为全网唯一的标识使用。CCN 中采用层次化聚合方式[7]具有独特的优势，可以实现路由器级别的增量部署且不影响转发。然而，单个下一跳的聚合方式只能压缩部分路由表项，并不能缓解大量内容流量导致的路由表急剧膨胀带来的压力，并且重复元素不做检查与区分的现象也会导致路由表规模的膨胀。

如图 4-5 所示，两个 FIB 路由条目</examples/video，a>和</examples/movie，b>，它们没有共同的下一跳，无法进行路由聚合，这会导致路由条目的激增。假设下一跳 a、b 均可以将数据包“/examples/video”传送到目的地，b、c 均可以将/examples/movie 发送到目的地。取代每个前缀只有单个下一跳的方式，采用两个路由条目</examples/video，{a，b}>、</examples/movie，{b，c}>的表达方式。如何将两个路由条目通过共同下一跳 b 进行聚合压缩，成为研究的难点。

FIB表项

前　缀	接口列表
/examples/video	a, b
/examples/movie	b, c
…	…

图 4-5　FIB 转发信息表结构图

路由规模的膨胀使得节点处理表项的数量和时间值急剧加大，影响了整个路由节点在发送或接收后节点内部的处理时间，导致整个网络用户平均时延增加。文献[8]中提出了命名数据网络架构中可扩展转发平面设计的概念、问题，包括名字规模压缩实现的原理及网络的大规模维护的解决思路，但是并未给出详细具体的解决方案。文献[9]中深入研究了命名数据网络架构中自适应转发的问题，利用自带寻址信息的数据包来实现更高的可操作性及网络的恢复性，将网络的路由规模控制在一个有效的范围内，然而在技术可行性以及环境生存力方面存在问题。文献[10]中提出的一种可选下一跳 FIB 聚合有效地解决了 IP 网络路由表剧增问题，但并不适用于 CCN。

现有研究解决了 CCN 架构中转发策略存在的问题，但在转发过程中的路由表项压缩及路由准确性等方面并没有给出具体的解决方案。内容数据的庞大规模是目前 CCN 路由可扩展性面临的主要困难之一。无论采用何种路由寻址方式，由于路由条目直接面向数据内容，这将导致路由表项比 IPv4、BGP 路由表高出许多数量级。这增加了内容路由查询的复杂性，节点的处理时延也相应地增加。如何建立可扩展性的聚合机制，最大限度地聚合名字前缀，减少总体名字路由表项的规模，是研究中需要解决的一个重要问题，需要同 CCN 内容命名机制结合起来统筹考虑。

4.3.2　路由查找复杂度增高

CCN 网络命名机制一般采用 URL 形式，由很明显的分隔符及字符串元素组成，可采用名字元素树（Name Component Tire，NCT）来表示。如图 4-6 所示，分解的 URL 元素字符串形成一个树形结构。该树形结构是由元素细粒度构成的，最长匹配前缀将匹配完整的元素。名字前缀的查询匹配往往从根节点开始，每个节点都代表一种查询状态。

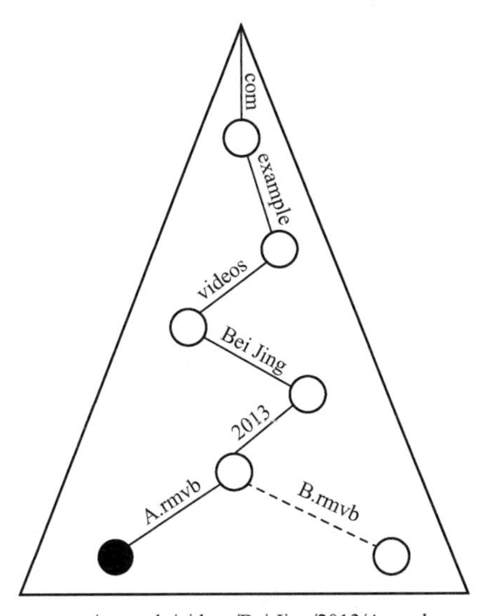

图 4-6　URL 字符串树形结构

当某个兴趣包到达时，首先从根节点生成的一级边元素集合中查询。如果名字匹配，则查询状态将由根节点转移到二级节点，后续的查询过程迭代进行。当传输条件中断或查找状态到达叶节点时，查找过程结束，并输出最后的状态对应的索引。例如，如图 4-6 所示，“/com/example/videos/Bei Jing/2013/B.rmvb”最长匹配前缀的查询起始于根节点，首个名字元素“com”与 NCT 的一级边匹配，查询状态就会顺序转移到相应的子节点，查找第二个元素“example”与二级边匹配。当第六个元素“B.rmvb”没有匹配到任何六级边时，NCT 就增加对应新节点。同理，如果兴趣包中包括“/com/example/videos/Bei Jing/2013/A.rmvb”，则名字在 NCT 中完全匹配，相应的 CS 中条目索引就会被发现。当一个数据包到达时，修改 NCT 的同时会更新 PIT 与 CS。如果对每个元素字符串都进行匹配，则一条最长匹配复杂度为 $O(nm)$，其中 m 为元素的平均长度，n 为名字的元素数量。

鉴于 CCN 网络 URL 路由查询的特殊性，现有主流的优化查询时延的方法大部分都以对路由条目进行编码处理为基础，对数据的名字进行压缩处理，实现查询方式简洁快速。文献[11]中提出将 URL 条目整体进行哈希编码，此方法虽然较大地提高了压缩率，但是粗粒度的编码无法实现最长前缀匹配。Z.Genova[12]与 X.Li[13]等人对哈希编码进行了改进，将 URL 编码为固定长度的哈希码，虽然在哈希表中有良好的查询效果，但仍然存在无法进行最长前缀匹配等一系列问题。Y.Yu 等人[14]提出了一种机制，将一个完整的名字标识为一个编码，但需要额外的协议来改变路由器之间的编码表。文献[15]中采用扁平式名字（ID）代替 IP，但是扁平式的命名方式无法满足路由表项聚合等功能。

因此，与具有固定长度的 IP 地址不同，CCN 的名字具有层次化结构和较粗的粒度，其长度可变且样式没有限制。由于查询时间开销仅与名字长度线性相关，而无法采用固定时间段内传统的基于树或基于散列的查询方式，因此 CCN 中针对任意长度名字的查询方式会导致较长的路由时延且不可控。此外，CCN 网络的路由查找伴随着路由器中 FIB 的频繁更新，由于缓存内容的动态变化，新旧路由条目替换速率较快，名字查询机制必须考虑到支持快速插入与删除的低开销。

4.3.3　路由转发方式具有盲目性

如表 4-1 所示，现有的 CCN 路由策略主要有以下三种。

表 4-1　CCN 网络转发策略

转发策略	路由转发方式	缺　陷
全转发策略	对于单个内容请求的兴趣包，节点向转发信息表 FIB 中的所有接口转发该兴趣包	造成多余的路由冗余
随机转发策略	对于单个兴趣包，路由节点随机选择 FIB 中的接口进行请求转发	无法获得较为稳定的网络性能
蚁群转发策略	通过发送探测数据包从多个接口找出最优化的可选下一跳	无法利用邻近缓存

（1）全转发策略：全转发是 CCN 网络所采用的原始路由方式，对于单个请求内容的兴趣包，节点向 FIB 中所有对应的接口转发该兴趣包以请求数据。

（2）随机转发策略：针对单个兴趣包，路由节点选择 FIB 中的随机接口进行请求转发。该转发方式因为转发接口数量的有限性，不会产生过长的内容传送时延，但无法实时保证用户获得稳定的网络性能。

（3）蚁群转发策略：蚁群转发是一种基于蚁群优化算法的分布式路径路由选择策略，主要工作原理是通过发送探测数据包从多个接口找出最优化的可选下一跳，如选择到内容提供节点路径最短或节点负载最少的接口。

基于蚁群优化策略的路由方式改善了下一跳选择的代价，在一定程度上缩短了用户获取请求内容的时延，但其并未考虑不在传输路径上的节点缓存。若邻近节点缓存存储着相应请求内容，则蚁群转发得到的最优路径并不是距离请求节点最近的内容副本获取路径。如图 4-7 所示，在服务器端 Server 和路由节点 R_{22} 处存储了用户请求的内容 File1，然而路由节点 R_{22} 不在通往 Server 的最短路径中，所以即使 R_{22} 作为近邻缓存可提供用户请求内容，中间节点也无法感知近邻缓存的存在，造成了不必要的请求时延。

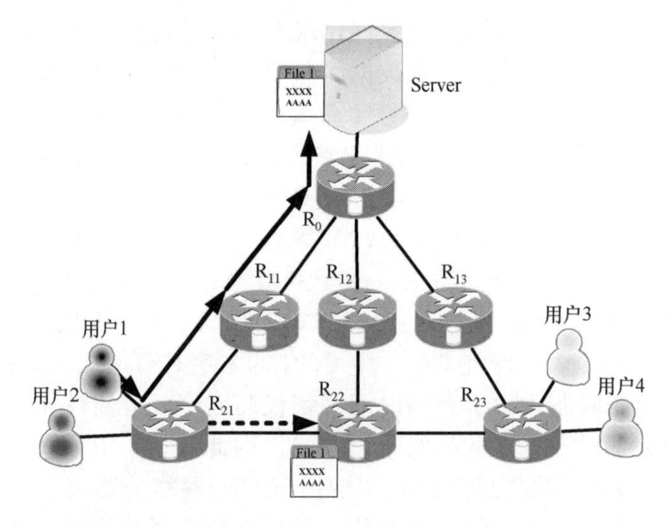

图 4-7　路由冗余示意图

针对上述路由时延问题，学术界对优化内容路由。即从一个节点到存储内容副本最近的一条路径，进行了大量研究。其中，文献[16]中将基于势能的路由应用于内容中心网络，设计了缓存感知目标识别路由方法。文献[17]中提出的探知邻居节点缓存的路由策略 NCE，通过向请求节点的邻居节点发送数据探测包获取距离较近的节点缓存情况，利用单独构建邻居节点缓存表项来提供内容请求服务。文献[18]中详细地比较了以服务为中心的新型网络与以内容为中心的网络体系中不同的路由选择原理，结合两种路由方式的优点，提出了一种内容网络中面向服务的路由选择方式 SoCCeR。文献[19]中也详细比较了目前较为常用的两种不同内容路由选择方式：Exploitation 和 Exploration，结合两种路由的优点，提出了一种综合性较强的内容路由方式，但其仍然是直接面向源服务器进行转发的。

因此，内容中心网络采用原始面向服务器的路由方式，虽然请求节点能够充分利用在此路径上存储的所需缓存内容，然而距离较近但不在此路径上的节点缓存无法被探知。这种盲目式路由方式未考虑邻居节点的暂态缓存，内容请求忽略了内容的最近存储节点，直接面向较远的源服务器，更长的路由传输路径导致内容获取时延加长。另外，内容中心网络的节点缓存数据具有不稳定性和挥发性，动态内容在节点缓存中频繁地进行插入、删除操作，这也会成为对节点缓存进行路由转发的主要障碍。

4.4　面向内容前缀的路由

4.4.1　命名数据链路状态路由

1. OSPFN 路由协议

（1）OSPFN 路由协议。

OSPF 路由协议是一种典型的链路状态（Link-State）路由协议，一般用于某自治系统（Autonomous System，AS）。在每个 AS 域中，所有的 OSPF 路由器都维护同一个链路状态数据库（Link State Database，LSDB），用于描述此 AS 拓扑结构的详细信息。OSPF 的基本工作原理可以概述为：周期性发送 Hello 报文→建立邻接关系→构造链路状态数据库→根据最短路径优先（Shortest Path First，SPF）算法形成路由表。详细信息如下：

① AS 域中每台路由器通过使用 Hello 报文与它的邻居之间建立邻接关系。

② 每台路由器都向每个邻居发送链路状态通告（Link State Advertisements，LSA），每个邻居在收到 LSA 后都要依次向它的邻居泛洪转发。

③ 每台路由器都要在数据库中保存一份它所收到的 LSA 的备份，所有路由器的 LSDB 应该相同。

④ 依照 LSDB 的链路状态信息，使用 Dijkstra 算法（最短路径算法）计算出最短路径，并将结果输出到路由表中。

基于 OSPF 协议的基本机制，文献[20]中进行了兼容性扩展，设计提出了 OSPFN（OSPF for Named-Data）协议，并将此协议部署运行于 CCN 网络测试实验床。不同于传统 IP 路由协议，OSPFN 支持的是名字前缀，而不是地址前缀；对于每一次兴趣包请求，OSPFN 都支持多径路由传输。为了实现上述功能，OSPFN 将 LSA 格式进行了扩展，提出了 Opaque LSA（OLSA）进行名字前缀声明。OLSA 允许属于不同应用的内容数据在网络中进行通告，中间的 CCN 路由节点只进行 OLSA 转发，不再进行拓扑计算，这使得 CCN 路由具有较好的向后兼容性且升级部署简便易行。再者，开源路由套件（如 Quagga OSPF）提供了 OSPF API 开发接口，能够方便地对 OLSA 进行消息构造和处理。

图 4-8 给出了 CCND、OSPFN 和 OSPFD（OSPF Daemon）的运行机制，其中，CCND 是 CCNx 中用于处理兴趣包和数据包的模块，OSPFD 是传统 OSPF 协议监听程序。其基本处理流程概述如下：

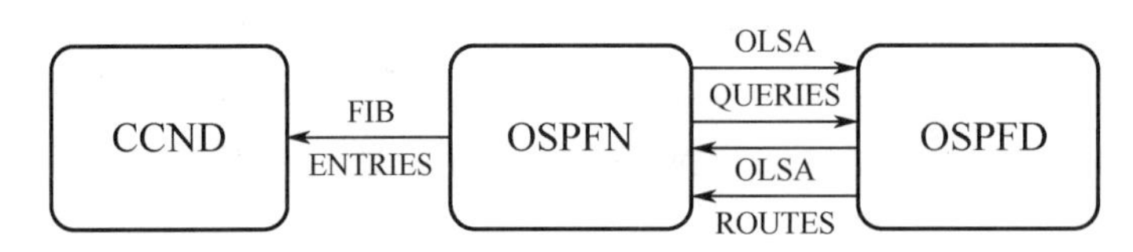

图 4-8　CCND、OSPFN 和 OSPFD 的关系示意图

① OSPFN 负责构造出面向名字前缀的 OLSA，并将 OLSA 发送给 OSPFD，OSPFD 洪泛 OLSA 到整个网络。

② 当路由节点的 OSPFD 监听到 OLSA 时，它将 OLSA 交付给本地运行的 OSPFN，OSPFN 获取名字前缀和始发路由器（生成 OLSA 的路由节点）的 ID 号，并根据此 ID 从 OSPFD 索引查询出下一跳路由节点（OSPFD 程序运行 OSPF 协议本身的 LSA 通告机制和路由拓扑生成算法）。

③ OSPFN 将名字前缀和下一跳信息封装发送给 CCND，并最终生成 CCN 的 FIB 表项。

（2）OLSA 消息。

图 4-9 给出了面向名字前缀的 OLSA 格式，表 4-2 列出了 OLSA 字段详细说明。OLSA 每次都只携带一个名字前缀，其中大部分字段由运行于通告路由器的 OSPFD 构造填充。OLSA 有三种 LSA 洪泛范围，“LS 类型”字段值“10”定义为本地网络区域洪泛。OLSA 类型为 127～255 的整数值，值“236”代表面向名字前缀的 OLSA。如图 4-10 所示，OLSA 消息主要包括 32 位的内容长度字段、8 位的内容格式字段以及名字前缀。内容格式字段可以为 URI 格式或 CCNB 格式，也可以在未来网络体系结构中扩展定义。

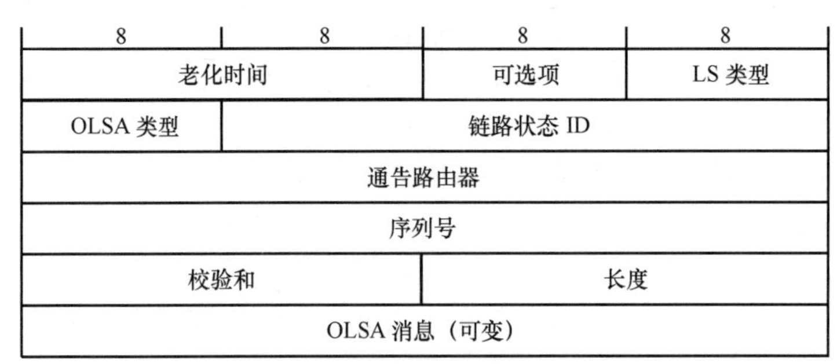

图 4-9　面向名字前缀的 OLSA 消息格式

表 4-2　OLSA 字段详细说明

老化时间	指自从发出 OLSA 后所经历的时间，单位为秒。当泛洪扩散 OLSA 时，在从每台路由器接口转发出去时，OLSA 的老化时间都会增加一个 InfTransDelay 的秒数
可选项	该字段指出了在部分 OSPF 域中 OLSA 支持的可选性能

（续表）

LS 类型	标识 OLSA 洪泛范围，主要包括以下三种类型： ● 9：链路本地范围； ● 10：本地区域范围； ● 11：AS 范围
OLSA 类型	区分 OLSA 类型，"236"代表面向名字前缀的 OLSA
链路状态 ID	用来指定 OLSA 所描述的部分 OSPF 域
通告路由器	指始发 OLSA 的路由器 ID
序列号	用来识别旧的或重复的 OLSA，当 OLSA 每次有新的实例时，此序号就会增加
校验和	除老化时间字段外，其余所有信息的校验和
长度	包含 OLSA 头部在内的长度，用八位组字节表示
OLSA 消息	包含内容命名前缀的消息

OLSA长度（32位）
名字类型（8位）
名字前缀（长度可变）

图 4-10　面向名字前缀的 OLSA 消息格式

（3）路由计算。

正如图 4-8 所示，路由器监听到某名字前缀通告到达时，OSPFN 协议不根据 SPF 算法计算路由，而是向 OSPFD 请求到始发路由器的下一跳地址。OSPFN 收到反馈结果后，创建一条包括名字前缀和下一跳地址的 FIB 表项。由于 OSPF 根据 SPF 算法为每个目的地址仅提供一条路径（除有两条路径路由成本相同外），因此，OSPFN 也会为每个名字前缀都创建一个到始发路由器的路由。多个路由器通告同一个名字前缀时，OSPFN 将为每个内容通告都创建对应的 FIB 表项。

当某路由器接收到兴趣包请求后，查询 FIB 表项后发现有多个路由匹配时，可以采取两种方案选择一条最佳路径：一是利用 OSPFD 中运行的 OSPF 实例根据 SPF 算法进行路由比对，选择一条成本最低的路径；二是 OSPFN 管理相关拓扑信息并执行多径路由计算。上述两种方案都要消耗大量的计算时间。例如，OSPFN 在执行多径路由计算时，需要将匹配名字前缀的所有 FIB 表项按照"自定义成本"进行排序，对应多个 FIB 出接口也会有转发优先级，优先级高的接口优先转发兴趣包请求。

（4）消息处理。

OSPFN 名字前缀通告的处理流程如下。

步骤①：当路由器启动后，OSPFN 为每个名字前缀都创建 OLSA 通告，并发送给 OSPFD 向本地网络泛洪。

步骤②：每当路由器收到内容 LSA 通告时，OSPFD 就会将此通告提交给 OSPFN。

步骤③：OSPFN 收到 LSA 后，OSPFN 首先确认 LSA 的类型，即是否是 OLSA。若不是，OSPFN 直接将其丢弃；若是，直接进行第四步。

步骤④：确认 OLSA 是否是其本身产生的，若是，直接丢弃；若不是，OSPFN 读取 OLSA 的名字前缀和始发路由器 ID。

步骤⑤：OSPFN 向 OSPFD 发送包含名字前缀和始发路由器 ID 的报文，OSPFD 查询下一跳路由地址（路由器的出接口）。

步骤⑥：OSPFD 查找其路由表项，索引出下一跳地址和路由成本值，并打包封装成一条消息发送给 OSPFN。

步骤⑦：OSPFN 更新其自身维护的名字前缀表，并发送给 CCND，CCND 创建一条 FIB 表项（包含名字前缀和下一跳地址），消息处理结束。

类似地，OSPFN 接收到一条删除某名字前缀表项的 OLSA 时，OSPFN 直接删除其自身维护的名字前缀表，并发送消息触发 CCND 中 FIB 表项的删除操作。图 4-11 给出了 OSPFD、OSPFN 和 CCND 的消息处理顺序图。

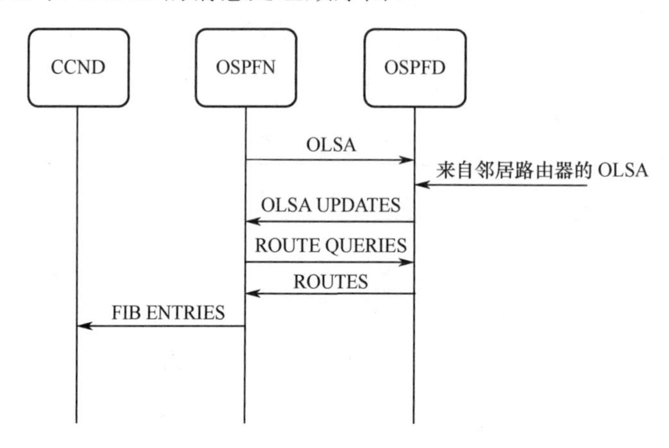

图 4-11　OSPFD、OSPFN 和 CCND 的消息处理顺序图

2. NLSR 路由协议

（1）NLSR 设计理念。

OSPFN 协议支持面向内容的路由转发，但 OSPFN 协议仍然基于 OSPFD 将 IP 地址作为唯一路由 ID，依据 SPF 算法为每一个名字前缀选择唯一的最佳下一跳出接口，并基于 GRE 隧道机制穿越传统 IP 网络。因此，在实际部署中 OSPFN 协议不够灵活且缺乏对多径路由的支持，一定程度上影响了 CCN 的效率。与 OSPFN 协议不同，文献[21]中提出了命名数据链路状态路由协议（Named-data Link State Routing Protocol，NLSR）。作为 CCN 网络的分布式路由协议，NLSR 的设计需要重点解决以下重要问题：

- 命名机制，即如何对路由器、链路和路由更新等进行命名。
- 信任机制，即如何分发路由器的认证密钥以及确认密钥的可信性。
- 信息分发机制，即如何分发路由更新，IP 网络使用“推”的方式向邻居节点通告，NLSR 则采用“拉”的机制进行主动获取。
- 多径路由机制，即如何构造基于优先级排序的多个下一跳出接口的路由转发策略。

针对以上问题，NLSR 协议的主要设计理念如下。

① NLSR 完全利用 CCN 网络的兴趣包、数据包进行路由消息交互，通过在路由器节点间通告链路状态建立域内网络拓扑。

② NLSR 不再为每个名字前缀都创建一条最佳路径，而是对多个下一跳出接口进行排序，并将排序结果发送到 FIB 表中，最终构造形成基于内容前缀的多径转发策略。

③ NLSR 使用名字前缀作为路由器 ID，能够基于任意底层网络通道进行信息传输

（如 Ethernet、IP 通道、TCP/UDP 通道）。

④ NLSR 能够从 CCN 内置数据认证机制中获取安全增益，CCN 数据包中包含有签名认证字段，对于所有的数据包都会进行签名和验证，来保证每个路由器都只能广播自己的前缀和连接信息，确保内容信息的可靠性和完整性。

综上所述，NLSR 通过交互临近路由节点链路状态构建网络拓扑，并传播名字前缀的可达性。当探测到链路断掉或恢复、路由器 NLSR 实例停止运行以及本地内容提供商注册的内容前缀发生变化时，路由器都会向网络中广播 LSA。NLSR 对名字前缀的通告主要包括基于静态配置（本地配置文件）和动态注册（新内容提供）两种方式。一旦有新的名字前缀添加或删除时，LSA 就会被通告，并且最新版本的 LSA（来自同一始发节点的相同名字前缀可能会有新旧版本区别，新版本的 LSA 覆盖旧版本的 LSA）会被存储在每个路由节点的 LSDB 中。

（2）NLSR 命名机制。

层次化命名机制能够很好地将网络中各个元素有效结合，能够方便识别来自同一网络中的路由器和来自同一路由器实例的通告消息。因此，NLSR 采用层次化命名机制对路由器节点、链路和路由更新等元素进行命名。每个 NLSR 路由器的命名都由它所在的网络、所在的位置、路由器名字组成，也就是这个结构：/<network>/<site>/<router>。例如，在亚特兰大的入网点有一台 ATT 路由器，此路由器将被命名为/ATT/AtlantaPoP1/router3。

依据这种原则，若两台路由器有共同的前缀/<network>，则认为两者同属于一个网络；若两台路由器有共同的前缀/<network>/<site>，则认为两者同属于一个站点（或内容服务提供商）。运行于路由节点的 NLSR 进程命名紧随在路由节点名字后面，格式如下：/<network>/<site>/<router>/NLSR。NLSR 路由监听程序会定期发送 NLSR info 消息，以探测周围节点和链路的联通状态。基于以上定义，任何 LSA 通告消息都应被定义为/<network>/<site>/<router>/NLSR/LSA，表示此 LSA 是由 NLSR 进程产生。文献[22]中，在 CCNx 实际部署中，利用 CCNx Sync 和 Repo 模块来分发消息，其中 CCNx Repo 模块必须限制所有数据报文共享同一个名字前缀<LSA-prefix>，<LSA-prefix>被定义为/<network>/NLSR/LSA，后续的/<site>/<router>用来识别 LSA 属于的 NLSR 路由节点。

（3）LSA 类型。

如表 4-3 所示，NLSR 设计了两种类型的 LSA：邻接 LSA 和前缀 LSA。邻接 LSA 通告相邻路由器之间的链路状态，前缀 LSA 用于始发路由器通告新注册或撤销的名字前缀。

表 4-3　两种 LSA 类型

类　型	内　容
邻接 LSA	# Active Links (N), Neighbor 1 Name, Link 1 Cost, …, Neighbor *N* Name, Link *N* Cost
前缀 LSA	isValid, Name Prefix

邻接 LSA“/<LSA-prefix>/<site>/<router>/LsType.1/<version>”中，<router>是产生 LSA 的路由器，LsType.1 表示邻接 LSA，<version>则为 LSA 的更新版本号。每个邻接 LSA 都包含有活跃的邻接链路信息（包括对端路由器名字和链路成本），每当路由器程序启动或链路状态变化后（探测链路状态变化是由 NLSR info 消息定期交互完成的），邻接 LSA 都会被创建和转发。

前缀 LSA“<LSA-prefix>/<site>/<router>/LsType.2/LsId.<ID>/<version>”中，LsType.2 表示前缀 LSA，LsId.<ID>标识不同的名字前缀。每个前缀 LSA 都只对应一个名字前缀，主要是避免因为捆绑过多名字前缀导致链路状态更新效率下降（特别是，其中一个名字前缀的增加或删除会使得所有名字前缀被重复通告）。前缀 LSA 具体内容字段中包括 isValid 字段，其值初始化为 1 表示此名字前缀是新增的，为 0 表示此名字前缀被撤销，并将对应的前缀 LSA 消息向其他邻居节点进行通告。

（4）LSDB 同步。

LSDB 可以看作路由转发协议中各种数据元素的集合体，LSA 传播通告机制实质上是各路由器节点 LSDB 的数据同步问题，其最终目标是要达到各节点 LSDB 的一致性收敛。NLSR 将 LSDB 数据进行哈希映射，并通过邻居节点间周期性交互 LSDB 哈希值，来检测不一致性数据并进行修复。这种 Hop-by-Hop 同步机制只需要交互单个哈希值，能够有效避免传统路由协议中大量 LSA 同步的流量。另外，NLSR LSDB 同步也是一种“接收者驱动”的模式，即路由节点可以根据自身 CPU 空闲时钟采取主动同步 LSDB 的请求，使得路由节点工作负荷不会因过多更新操作而被淹没。

依托 CCNx 试验工具，NLSR 路由器基于 Sync/Repo 模块进行 LSDB 同步，Sync 将 CCNx Repo 中所有 LSA 数据元素构造成一个哈希树。Sync 通过比对相邻路由器间的根节点哈希值进行 LSDB 一致性检测，如果根节点哈希值不同，则继续比对哈希树的第二级节点，找到哈希值不同的第二级节点。如此迭代下去，直到叶子节点（即 LSDB 中不一致的数据），然后通过交互叶子节点数据进行一致性更新。

图 4-12 给出了两个路由器间基于 CCNx Sync/Repo 的 LSDB 同步流程。其中，虚线代表消息是周期性发送的，详细步骤如下。

步骤①：路由器 B 通过 Sync 协议周期性发送 Root Advice Interest 消息，请求路由器 A 的 LSDB 数据集的根节点哈希值。

步骤②：路由器 A 中 NLSR 实例将新产生的 LSA 发送给 Sync/Repo，Sync 重新计算本地 Repo 数据集的哈希树，重新获得新的根节点哈希值。

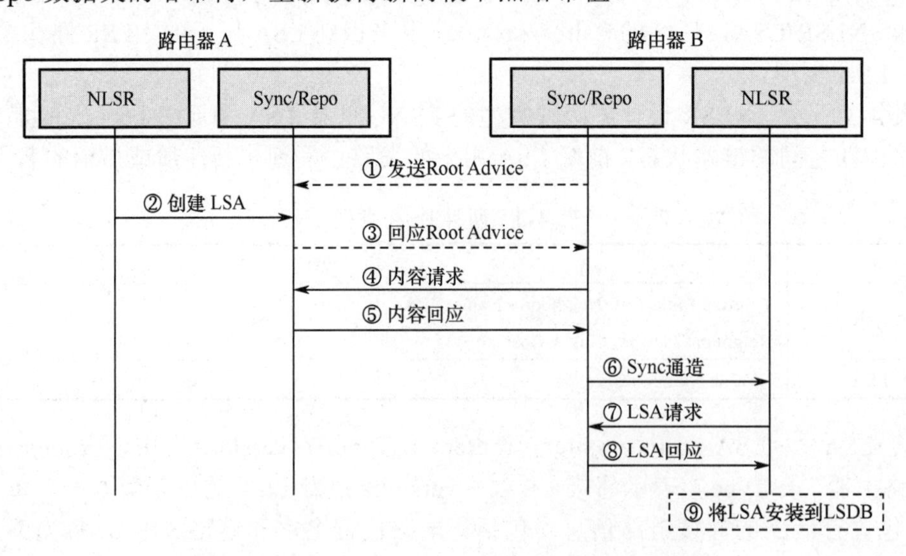

图 4-12　基于 CCNx Sync/repo 的 LSDB 同步流程

步骤③：路由器 A 中的 Sync 协议将其根节点哈希值封装成 Root Advice Reply 消息发送给路由器 B，路由器 B 的 Sync 协议比较两个邻居路由节点根节点哈希值的异同，并向下一级哈希树节点迭代比对，直到找到不一致的叶子节点数据。

步骤④：路由器 B 的 Sync 协议识别出需要同步的叶子节点，并发送兴趣包请求内容同步。

步骤⑤：路由器 A 回应数据报文给 B，并实时存储在 B 中的 Repo 中。

步骤⑥：路由器 B 的 Sync 向本地运行的 NLSR 实例通告“数据同步完成，可以进行 LSDB 更新”。

步骤⑦⑧⑨：路由器 B 的 NLSR 通过 LSA 消息从本地 Repo 完成数据获取，并将 LSA 更新至 LSDB 中。

（5）多路径计算。

NLSR 基于邻接 LSA 获得网络拓扑结构，可以得到针对每个名字前缀的多个下一跳出接口。多路径计算方式如下。

步骤①：移除某路由器的所有邻接链路，只保留某一条链路。

步骤②：基于 Dijkstra 算法计算通过此链路到达某个目标节点的代价。

步骤③：对该路由器的每个邻接链路都重复上面的过程，计算出利用每个链路到达此目标节点的代价。

步骤④：算法对于此目标节点的所有下一跳邻接链路进行排序。

步骤⑤：对于其他每个目标节点都重复以上过程。

路由器 NLSR 允许网络运营商确定每个 FIB 的最多下一跳数目，所以当路由器有多个邻居时，FIB 的大小可以通过这个方式控制。明显地，算法复杂度会随着路由器端口数量的增加而增加，因为算法对每个端口都需要逐一计算相应的代价。

如图 4-13 所示，如果创建节点 A 到节点 B 的 FIB 条目，则逐一将接口断掉，只留下其中一个接口，然后利用 Dijkstra 算法计算通过这个接口到节点 B 的代价。图示为计算从接口 3 到节点 B 的代价。将这些接口依据计算出来的代价进行排序即完成了从 A 到的 B 多径计算。

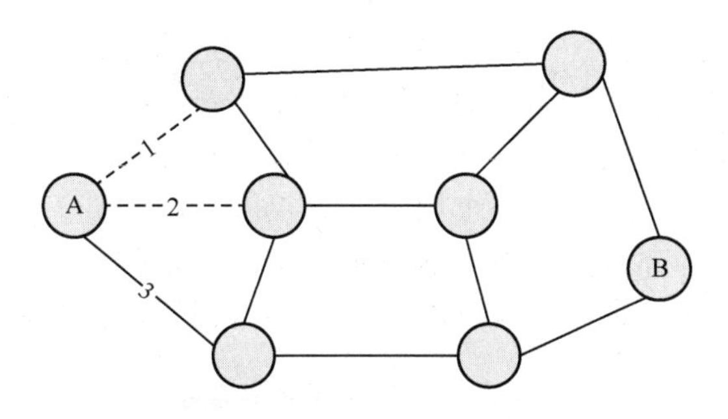

图 4-13　多径转发流程示意图

不同于 IP 路由的是，CCN 的路由信息对于转发层来说只起到一个辅助提示作用。转发层既可以利用 PIT 中维持的数据传输性能来对多个下一跳排序，也可以利用路由协议提供的信息进行排序。尽管如此，由于初始时刻 PIT 中还没有数据传输性能，因此，路由信息对于初始的兴趣包很重要。另外，在传输过程中，当前的转发路径出现问题时，路由提供的信息对于发现其他可用路径也很重要。

（6）故障检测与恢复。

NLSR 向周围邻居节点周期性发送“info”兴趣包来探测远端 NLSR 进程的存活。每个“info”兴趣包都有 timeout 机制，自发送“info”兴趣包后超过一定的时间间隔，NLSR 重复发送“info”兴趣包，避免“info”兴趣包在传输过程中丢失。若 N 次发送“info”兴趣包，对端都没有回应，则认定其 NLSR 进程异常或链路中断。

“info”兴趣包会持续周期性发送，探测对端路由器 NLSR 进程或链路是否恢复。一旦收到“info”兴趣包的回应包，则认定对端 NLSR 或链路恢复正常，并触发邻接 LSA 向本地网络进行洪泛通。图 4-14 给出了 NLSR 故障检测与恢复流程示意图。

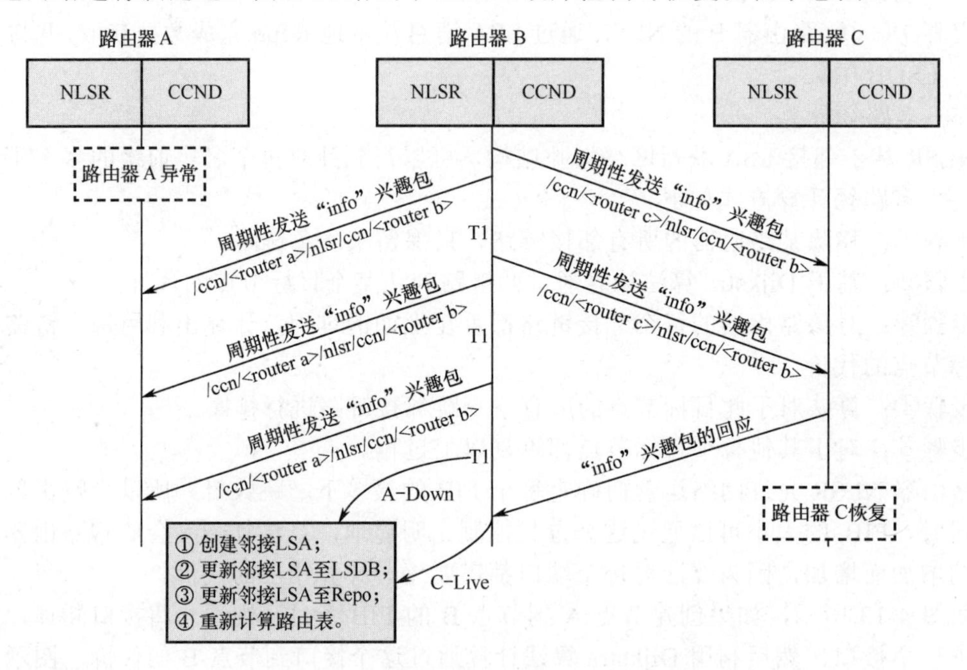

图 4-14　NLSR 故障检测与恢复流程示意图

（7）路由安全机制。

每个 CCN 数据报文都会对内容进行数字签名，并把签名作为数据报文的一部分进行传输。数字签名覆盖名字前缀、具体内容以及少量解释数据，其中的解释数据用于指定密钥的名称和位置，以便于接收端获取密钥进行数据验证。

NLSR 是一种域内路由协议，每个域内均有权限最高的域管理员分配和授权密钥。但若使用域管理员维护所有路由节点和 NLSR 进程密钥，则会导致密钥管理复杂度增高，且安全风险变大。如表 4-4 所示，NLSR 采用分层密钥管理机制，每层分别负责不同的

表 4-4　NLSR 分层密钥管理

密钥管理者	密钥名称
域管理者	/<network>/keys
网站管理员	/<network>/keys/<site>
网站操作员	/<network>/keys/<site>/%C1.O.N.Start/<operator>
路由节点	/<network>/keys/<site>/%C1.O.R.Start/<router>
NLSR 进程	/<network>/keys/<site>/%C1.O.R.Start/<router>/NLSR

权限范围，共分为五层进行授权：域管理员维护、站点（内容提供商）管理员、站点操作员、路由器节点、NLSR 进程。NLSR 使用 CCNx Sync/Repo 传播密钥，所有密钥共享前缀/<network>/keys，并使用%C1.O.N.Start 和%C1.O.R.Start 分别作为网站操作员和路由器节点的标签。

如图 4-15 所示，NLSR 描述了每个报文的签名认证流程。当 NLSR 进程发送 LSA 时，LSA 报文将基于 NLSR 密钥计算签名信息，并把"签名/密钥位置/密钥名称"封装在 LSA 报文中。一旦监听到 LSA 时，NLSR 就根据 LSA 中的密钥名称和位置从本地 Repo 中获取密钥，对报文进行验证。另外，NLSR 进程还需要逐级向上层密钥管理者验证，检测此 LSA 的密钥名称是否属于本地网络、是否是本地网络授权的 NLSR 密钥等，避免外来者伪造证书。

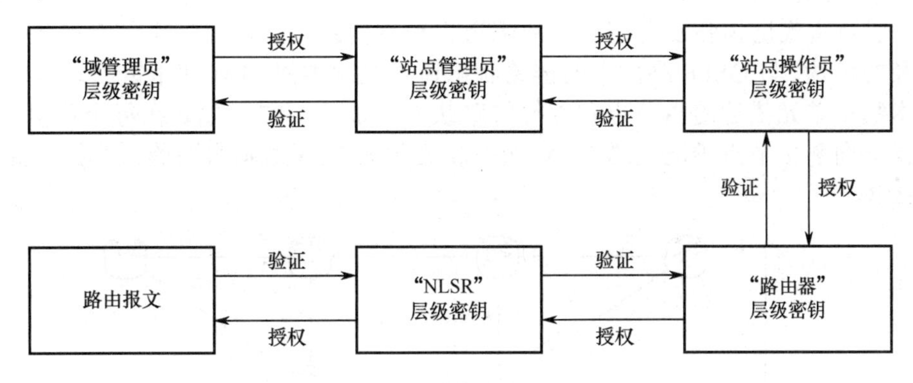

图 4-15　NLSR 报文签名认证流程

4.4.2　域内分层路由

1. 域内分层思想

文献[23]中介绍了一种域内分层路由方案，重点围绕以下三个方面进行设计。

（1）高效性：每当有新的内容出现时，主动发布模式的内容通告都会在所属 NDN 域中进行洪泛，最终导致路由节点 FIB 表信息爆增；在被动请求模式中，所有兴趣包均需要在全网广播，直到找到新的内容数据为止，导致网络负载大幅增加。因此，需要设计一种更加合理有效的内容通告转发机制。

（2）可扩展性：传统的主动发布和被动请求方法不具有可扩展性，需要找到一种折中的方法，既能够适应大规模的内容数据获取，又能够保持适度的 FIB 表规模。

（3）多路径特性：多路径传输是 CCN 路由的重要特征之一，一个高质量的 CCN 路由协议应该支持多种路径的请求转发和内容获取。

基于以上三点，文献[23]中将 CCN 中的路由建立过程分成了两个层次，下层为拓扑维护层（Topology Maintaining，TM），上层为内容前缀通告层（Prefix Announcing，PA）。如图 4-16 所示，下层负责底层网络拓扑发现和最短路径树计算，维护一个网络域的完整拓扑结构和最短路径树；上层在已经建立的最短路径树上做内容前缀通告，构建 FIB 表；最上层的数据通信层则根据 FIB 表转发兴趣包。

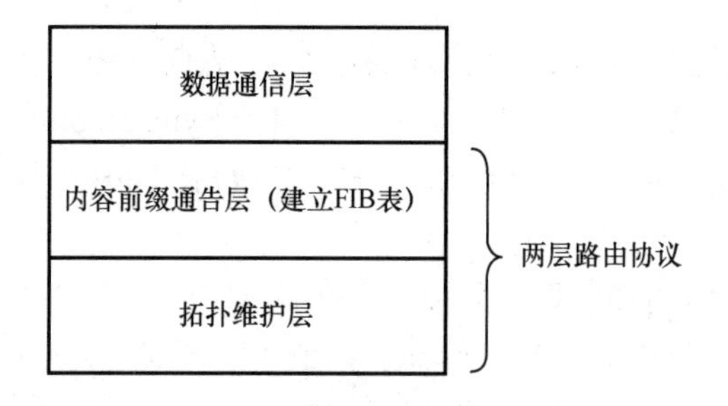

图 4-16　域内路由分层协议示意图

2. 两层路由机制

（1）拓扑维护层（TM 层）。

TM 层负责底层拓扑发现、链路故障通告和最优路径计算等工作，实现任意节点间最优路径的可达。与 OSPF 路由中的链路状态通告机制类似，TM 使用链路状态通告 LSA 作为基本数据单元描述路由节点和邻接链路状态。如图 4-17 所示，在每个路由域内，每个路由器都向邻接节点洪泛发送 LSA，所有收集到的 LSA 数据最终收敛形成链路状态数据库 LSDB。

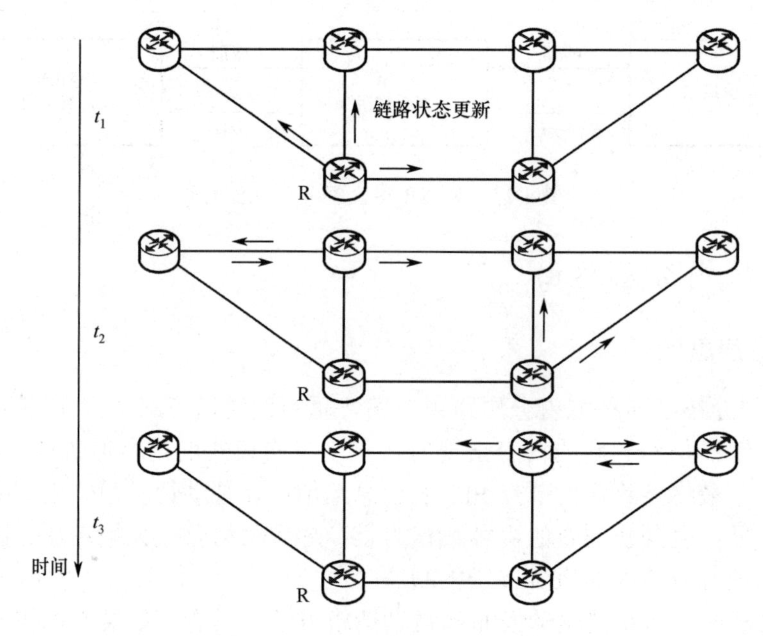

图 4-17　域内路由分层协议示意图

为了对路由节点进行区分，每个路由节点都必须分配唯一的设备标识 ID，设备标识 ID 具备分层聚合特性，以增强路由可扩展性。另外，设备名称和内容前缀名字解耦，使两者相互独立，无一一映射关系。如果 CCN 网络承载于 IP 之上，TM 层可完全采用 OSPF 路由协议，设备 ID 即为路由器 IP 地址，最优路径对应为最短路径。

（2）内容前缀通告层（PA 层）。

PA 层采用主动发布模式进行内容前缀通告。在主动发布模式中，每个内容发布者都广播其可提供的内容前缀，广播路径不再是任意式洪泛，而是根据 TM 层计算得到的最短路径树，每个路由器都根据收到的内容通告构建 FIB 转发信息表。如图 4-18 所示，内

容发布者通过 R_1 广播前缀 com/google/maps，并通过 TM 层计算得到的最短路径 $R_1 \to R_3 \to R_4 \to R_5$ 通告给 R_5，到其他路由节点的通告过程类似。用户请求发送的兴趣包则根据构建的 FIB 进行转发。

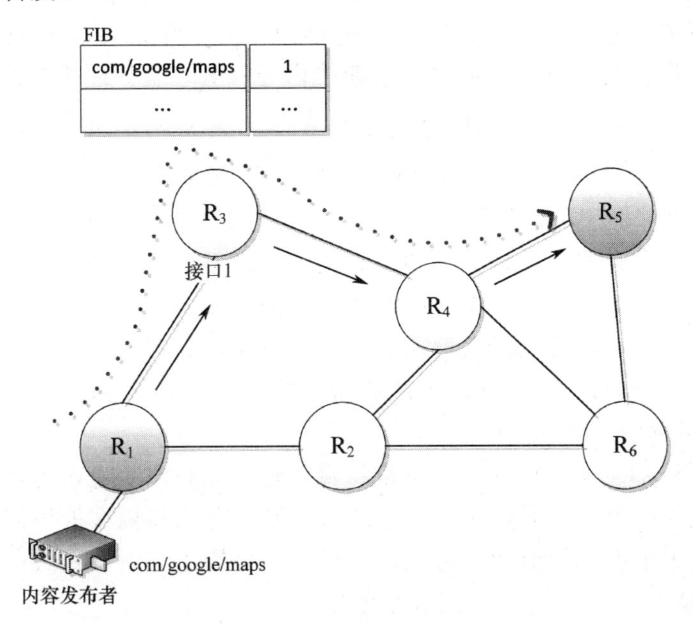

图 4-18　PA 构建 FIB 示意图

每个内容通告报文都包括内容前缀名、源路由节点 ID 和其他属性信息（比如内容流行度、安全性等），详细格式如图 4-19 所示。

源路由节点ID	
内容前缀1	属性信息（流行度、安全性）
内容前缀2	属性信息（流行度、安全性）
内容前缀3	属性信息（流行度、安全性）
…	…

图 4-19　内容通告数据格式示意图

3. 可扩展性考虑

（1）被动服务模式与主动发布模式。

被动服务模式是 CCN 通信的传统经典模式，内容请求者以向网络中发送兴趣包的方式请求内容，路由器记录收到兴趣包的接口，并通过查找 FIB 转发兴趣包。若请求内容是新出现的或未被匹配的，则由于 FIB 表中没有对应的路由信息，兴趣包会向所有端口广播转发。兴趣包到达服务提供者后，内容数据包会沿兴趣包请求路径原路返回。因此，被动服务模式会产生大量的洪泛流量，导致路由转发效能下降。

文献[23]中具体对比了主动发布和被动服务两种模式的性能。假设在一个包含有 N 个节点的网络域中，每个节点的度数均为 d_i（i=1～N），节点 1 是内容提供者，节点 N 是内容请求者，节点 N 向节点 1 请求一个新的内容。被动服务模式在请求过程中触发的兴趣包数量为 $P_{\text{passive}}=d_N+\sum_{i=2}^{N-1}(d_i-1)=\sum_{i=2}^{N}d_i-N+2$；主动模式则基于构建的最短路径进行内容请求，产生的兴趣包数量为 $P_{\text{active}}=L_{N\to1}$，其中 $L_{N\to1}$ 表示从节点 N 到节点 1 最短路径的边数。当多个节点向节点 1 请求内容时，P_{passive} 的值将变得更大，而 P_{active} 仅增加了最短路径所包含的边个数。因此，基于主动发布模式的通信效率更高。

但是，完全基于主动发布模式进行内容通告会导致 FIB 容量膨胀。同样地，仅基于被动模式进行内容请求，会产生大量冗余的洪泛流量，大幅增加了网络负担。因此，需要找到一种更加有效的方式，增强 CCN 的路由转发的可扩展性。

（2）基于内容流行度的主动发布。

大量研究表明，CCN 网络的内容请求符合重尾分布，即少量内容是网络中频繁访问的热点，而大量的内容却是低频次请求的冷区。基于此，将内容的访问频次定义为流行度，对于流行度大于设定阈值 W 的内容（热点），采用主动发布模式；相反，对于流行度小于 W 的内容（冷区），则采用被动服务模式。

如图 4-20 所示，路由器可通过增大阈值 W 值压缩 FIB 容量：当路由器收到主动发送的内容通告 a 时，它首先比较 a 的流行度 p 是否大于阈值 W，只有满足 $p>W$，才能根据最短路径构建对应路由表项，否则将 a 丢弃。每个路由器都可根据自身的内存和计算资源确定阈值大小，以便控制 FIB 容量。

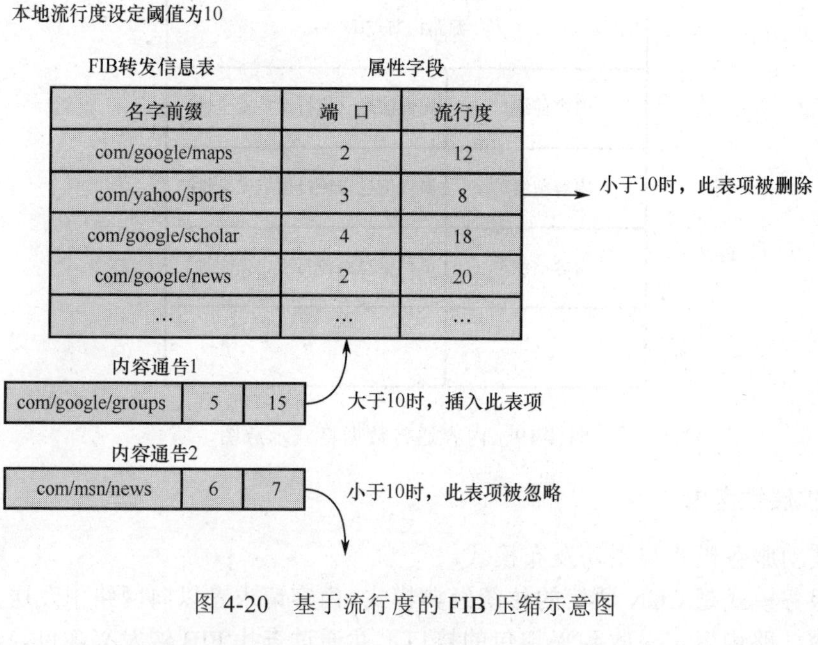

本地流行度设定阈值为10

FIB转发信息表　　属性字段

名字前缀	端　口	流行度
com/google/maps	2	12
com/yahoo/sports	3	8
com/google/scholar	4	18
com/google/news	2	20
…	…	…

小于10时，此表项被删除

内容通告1

com/google/groups	5	15

大于10时，插入此表项

内容通告2

com/msn/news	6	7

小于10时，此表项被忽略

图 4-20　基于流行度的 FIB 压缩示意图

（3）层次化命名前缀聚合技术。

针对 FIB 路由转发表规模庞大的问题，文献[23]中也介绍了一种基于命名前缀聚合的通用方法。如图 4-21 所示，层次化命名前缀聚合技术将具有相同前缀和下一跳接口的条目合并。

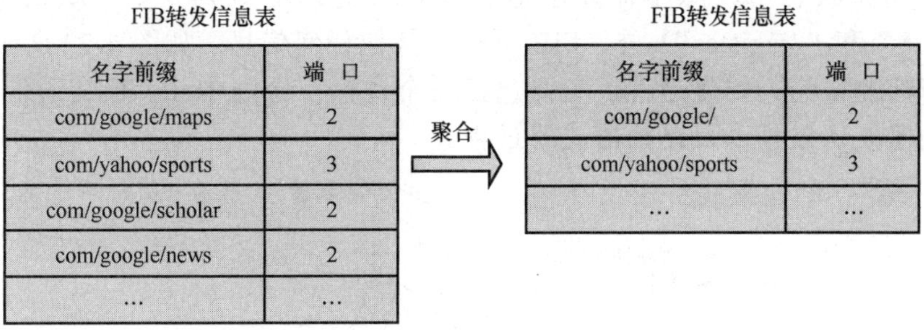

FIB转发信息表

名字前缀	端　口
com/google/maps	2
com/yahoo/sports	3
com/google/scholar	2
com/google/news	2
…	…

聚合

FIB转发信息表

名字前缀	端　口
com/google/	2
com/yahoo/sports	3
…	…

图 4-21　层次化命名前缀合并示意图

4.4.3　面向控制器的路由

1. 核心思想概述

文献[24]中认为，CCN 路由转发机制本质上没有摆脱传统 TCP/IP 的固有束缚，仍然是面向内容节点位置，仍然要基于最短路径算法（OSPFN 等）构建 FIB；路由控制和数据转发紧耦合，命名数据和非聚合前缀大量增加，路由器将存储和交换更多的路由信息，导致控制开销和转发信息库中的路由条目剧增。针对这些问题，文献[24]中将路由控制独立出来，提出一种基于控制器的路由机制（Controller-Based Routing Scheme，CRoS）。CRoS 引进特殊控制器具备三大功能：维护拓扑结构、计算最优路径以及获得命名数据的存储位置。其具体优势表现如下。

（1）命名数据位置登记在控制器上，一旦路由器收到未知前缀的兴趣包，路由器就请求控制器为其安装新的路由条目，以实现对未知前缀的匹配转发。

（2）CRoS 继承了 CCN 的典型路由转发特性，除了使用内容缓存表（Content Store，CS）、未决兴趣表（Pending Interest Table）和转发信息表（Forwarding Information，FIB）等，还构造了具有特殊语义特征的兴趣包来降低控制端负载。

（3）在不同控制器之间，采用分布式哈希表（Distribution Hash Table，DHT）交互命名数据的位置，以进一步减少控制器的存储压力。

（4）基于控制器的集中路由控制能够进行路径规划和拥塞控制，还能有效减缓路由节点的存储和计算开销。

CRoS 将网络元素抽象为路由器和控制器，并用唯一性标识进行区分。路由控制消息包括以下几种。

（1）“/*”：标识网络中的任意节点，当路由器收到含有此标识信息时，路由器将向其所有邻居转发。

（2）“/router”：字段后面常常跟随 Router ID，表示报文转发的目的路由器。

（3）“/route”：标识路由器和控制器要处理的路由信息。

（4）“/controller”：字段后面常常跟随 Controller ID，表示报文转发的目的控制器。

（5）“/register”：用于新出现内容数据的注册。

2. 路由初始化

路由器初始状态中，除了需要本地数据转发处理的规则（如“/router/routerID”、“/route”、“/*”和“/register”）外，FIB 不包含其他任何信息。如图 4-22 所示，CRoS 启动路由器和控制器的初始化过程，主要包括三个过程：通过 Hello 报文通告邻居的连接关系、控制器发现过程以及路由器注册过程。

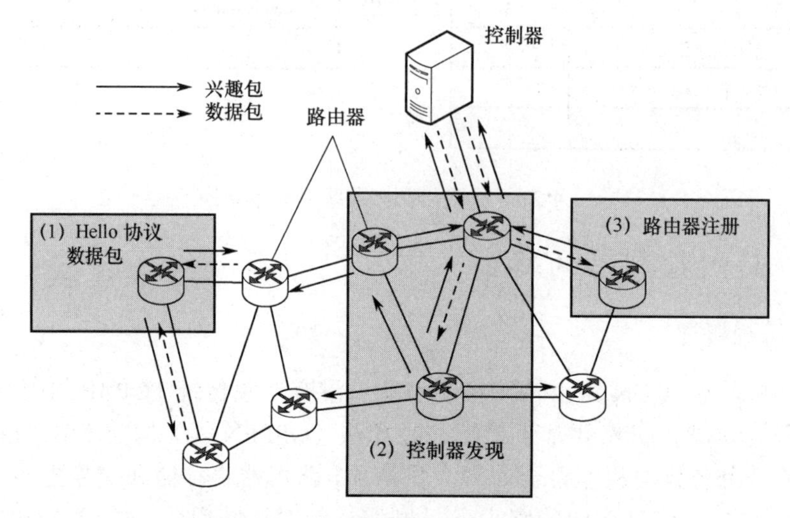

图 4-22　路由器初始化过程示意图

（1）Hello 协议。

路由器向邻居节点广播 Hello 报文通告连接关系，报文格式如下：Interest（“/*”，nonce）。邻居路由器收到此 Hello 兴趣报文时，回复数据报文：

```
Data("/*",
ID：routerID
SEQ：sequenceNumber)
```

其中，SEQ 序列号和网络拓扑紧密相关，当网络链路或节点出现故障时，序列号值会更新。路由器收到此数据报文创建关于“/router/routerID”的 FIB 条目，FIB 条目的信息包括数据报文的到达接口、邻居路由器标识、链路度量信息（往返时延等）。通过 Hello 报文的通过，所有节点都能够获取对应邻居的最新列表。

（2）控制器发现。

域内路由器只有先向控制器通告，控制器才能完成拓扑生成和路由计算。在初始状态，由于路由器没有任何可转发至控制器的路由信息，所以路由器只能通过洪泛方式以确保能够使注册消息到达控制器。控制器发现过程如下：①由路由器向其所有接口发起兴趣包 Interest（“/controller”，nonce）；②一旦中间路由器收到该兴趣包，创建 PIT 表项，并继续洪泛转发；③控制器收到此兴趣包后，存储 routerID 和 SEQ 信息，并回应如下数据包：

```
Data("/controller",
ID: controllerID
SEQ: sequenceNumber)
```

④路由器收到该数据包后，创建对应前缀“/controller”和“/controller/controllerID”的 FIB 表项，直至所有路由器收到数据包，完成到控制器的注册过程；⑤路由器周期性发送控制器注册的兴趣包（路由器和控制器的心跳保活），若路由器新收到的数据包序列号的值小于等于原序列号值（此数据包过时），则 FIB 表项放弃更新；否则，FIB 重新创建。

（3）路由器注册。

路由器发现控制器后，便向控制器发送兴趣包进行注册，格式如下：

```
Interest("/controller/controllerID
/registerRouter/routerID
/seq/sequenceNumber", nonce)
```

其中，registerRouter 表示向 controllerID 注册的路由器，中间经过的路由器根据兴趣包到达的接口构建 FIB 转发表。控制器收到兴趣包后，发送确认响应报文、创建对应路由表项，并发送兴趣包获取路由器的邻居节点：

```
Interest("/router/routerID
/seq/sequenceNumber", nonce)
```

根据已建立的转发路径，该兴趣包可直接路由给路由器。路由器接收到该兴趣包后，便回复包含邻居列表的数据包：

```
Data("/router/routerID
/seq/sequenceNumber",
ID: routerID
SEQ: sequenceNumber
NEIGHBORS: [
[routerID, sequenceNumber,
metric, interface],
...])
```

上述过程的序列号用于判断兴趣包和数据包是否最新，最新的信息将被更新，过时的信息将被丢弃。

3. 路由构建过程

路由初始化后，控制器获取最新的网络拓扑，并基于 Dijkstra 算法构建任意两点的最短路径。但是，控制器并不知道命名数据的存储位置，因此，命名数据也需要向控制器进行注册。图 4-23 给出了路由表构建的示意图，主要包括命名数据注册、路由请求和路由安装等过程。

（1）命名数据注册。

当服务提供者有一个未注册的命名数据时，它需要向控制器发送如下兴趣包进行注册：Interest（“/register/myprefix”，nonce），myprefix 即代表要注册的前缀。当连接服务提供者的第一跳路由器收到此兴趣包，第一跳路由器根据兴趣包到达的接口创建 PIT 表项。之后，不是对兴趣包进行转发，而是第一跳路由器根据自身的 routerID 和所属的 controllerID 构建新的兴趣包：

Interest (“/controller/controllerID
/registerNamedData/routerID
/myprefix”, nonce)

控制器收到此兴趣包后，存储 myprefix 对应的 routerID 位置信息，并向 routerID 回复一条确认消息。

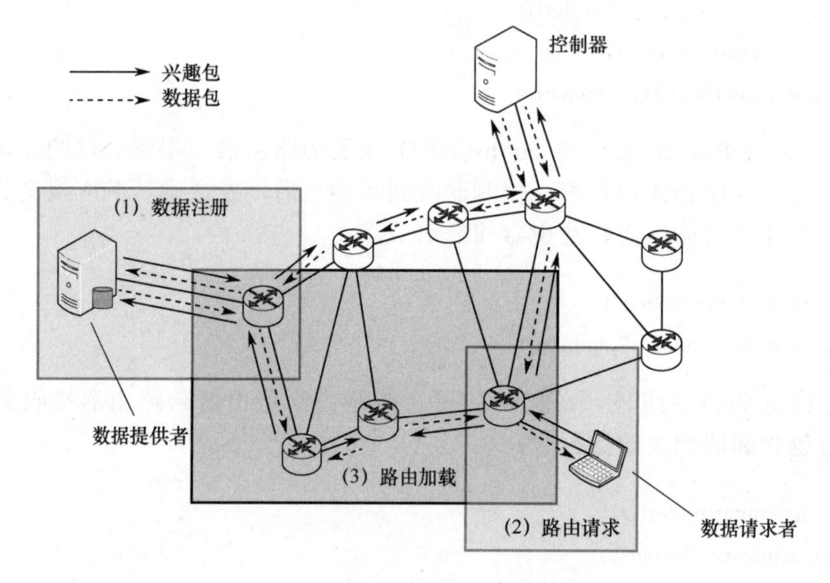

图 4-23　路由表构建示意图

（2）路由请求。

任何用户发起数据服务请求时，都发送兴趣包 Interest（“/wantedprefix”，nonce）。第一跳路由器收到兴趣包后，创建对应的 FIB 表项，并产生新的兴趣包向控制器转发：

Interest (“/controller/controllerID
/routeFrom/sourceRouterID
/wantedprefix”, nonce)

其中，/routeFrom/sourceRouterID 表示内容请求的第一跳路由器，wantedprefix 表示请求的数据前缀。

（3）路由加载。

由于 wantedprefix 已经在控制器中注册，并计算完成了到目的地的最佳路径，因此控制器一旦收到该兴趣包，就回应路由构建数据包：

Data(“/controller/controllerID
/routeFrom/sourceRouterID
/wantedprefix”,
ROUTE:

```
"/route/installRouteAndForwardInterest
/sourceRouterID/routerID2
/destinationRouterID/endroute
/routingPreference/1
/toprefix/wantedprefix"
ALTERNATIVE_ROUTES : [
"/route/installRoute
/sourceRouterID/routerID3
/destinationRouterID/endroute
/routingPreference/2
/toprefix/wantedprefix",
...])
```

其中，installRouteAndForwardInterest 和 installRoute 表示路由开始，endroute 表示路由结束，routingPreference 表示路由优先级。源路由器收到数据包后，构造并发送包含上述路由信息的特殊兴趣包，中间路由器匹配自己的路由 ID，并获取下一跳接口，创建转发表项。在执行路由安装过程中，installRouteAndForwardInterest 和 installRoute 分别代表在 PIT 表和 FIB 表中创建路由。

4.5　面向缓存优化的路由

4.5.1　内容缓存势能路由

基于势能的路由（Potential-Field Based Routing，PBR）[25]方法最初是由 Chalermek 等人提出的，已经被不同网络应用所采用。在 ICN 体系架构设计中，针对同一个缓存对象分布在不同节点的情况，SuyongEum 在文献[16]中采用势能路由机制选择合适的下一跳路由，提出了 CATT（Cache Aware Target IdenTification）的机构，其设计思路从以下几个方面进行考虑。

（1）可用性：CCN 内容资源广泛分布在网络的节点中，内容可用性不仅是向原始发布者请求资源，而且更要对提供服务质量高的缓存节点存储的副本进行获取。

（2）自适应性：满足缓存节点内容的时变特性，即缓存对象的频繁删除、增加、替换等操作。

（3）多样性：在内容路由决策时，基于不同的优化策略提供最佳下一条，如最短路径、节点处理能力、链路带宽等。

（4）健壮性：提供多径路由应用，当某链路出现故障时，能够实时进行路由切换。

图 4-24 展示了 CATT 架构在当前互联网上的过渡阶段部署，一个或多个 CATT 节点（CATN）被部署在 AS 边缘，CATT 节点的部署数量由 AS 的大小决定。CATN 可被看作 AS 之间的流量缓存点。任何请求都首先被转发到其 AS 内的本地 CATN 上，由 CATN 初始化路由请求过程。收到请求的 CATN 首先查找其本地缓存空间有无缓存命中，如果存在，则直接转发至本地进行内容获取；如果不存在，CATN 则将依据 PBR 规则路由请求到相邻的 CATN。

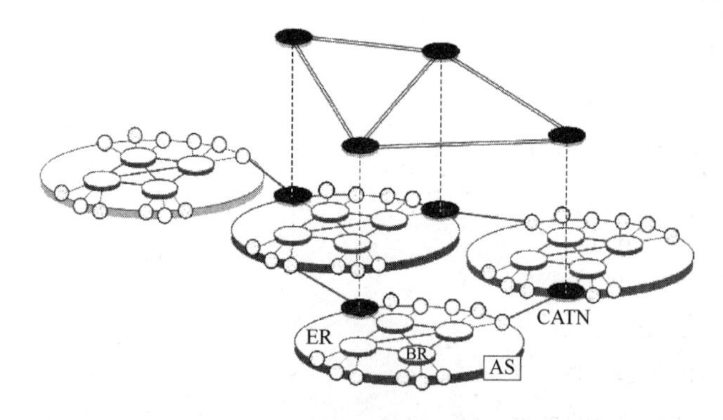

图 4-24　CATT 现阶段部署示意图

将网络抽象为一个无向连接图，与任意节点 n 的邻近节点为集合 $B(n)$，网络节点被分为缓存类型节点 n_c 和非缓存类型节点 n_{nc}，T 为缓存相同内容副本的节点数量（n_c^1，n_c^2，…，n_c^T）。遵循由简入繁的原则，假设网络中仅有一个缓存节点（T=1），则节点 n 的势能值 φ_n 定义为

$$\varphi_n=\begin{cases}-Q_{n_c} & n=n_c\\ -\dfrac{Q_{n_c}}{D_{n_c\leftrightarrow n}+1} & n\neq n_c\end{cases} \tag{4-1}$$

式中，节点 n_c 的路由势能值定义为 $-Q_{n_c}$，$\left|Q_{n_c}\right|$ 可解释为请求内容的服务质量，如链路带宽、节点处理能力等；$D_{n_c\leftrightarrow n}$ 表示节点 n_c 和节点 n 的距离。明显地，内容请求质量随着距离的增加而下降。关于距离的含义包括物理位置近远、跳数、传输延迟、链路成本等。另外，式（4-1）中，$-Q_{n_c}$ 的负号确保了路由势能由高而低运行。

如图 4-25 所示，当网络中有多个缓存节点时，某个节点的潜在势能值等于域内其他缓存节点对这个节点的共同影响的线性叠加，由下式定义：

$$\varphi_n=\begin{cases}-Q_{n_c^i}-\sum\limits_{n_c\neq n_c^i}\dfrac{Q_{n_c}}{D_{n_c\leftrightarrow n}+1} & n=n_c^i\in n_c\\ -\sum\limits_{i=1}^{T}\dfrac{Q_{n_c^i}}{D_{n_c^i\leftrightarrow n}+1} & n\notin n_c\end{cases} \tag{4-2}$$

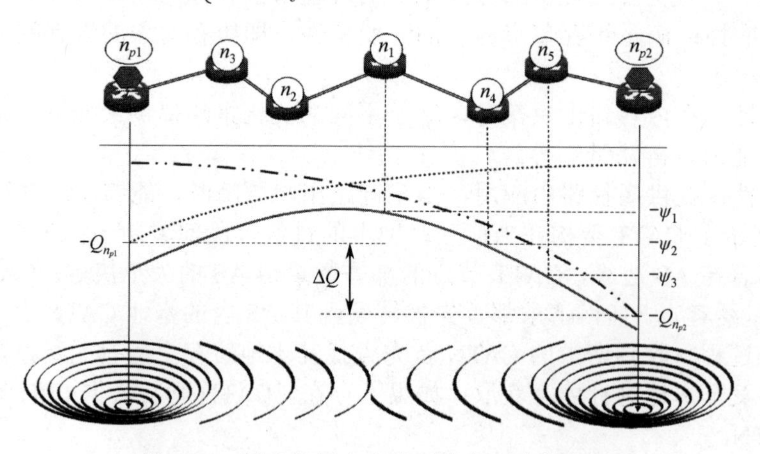

图 4-25　缓存相同内容的两端点形成的势场

当节点 n 收到内容请求时，节点 n 转发该请求至其邻近缓存节点，其中下一跳路由接口 b_{next} 的转发策略根据如下势能差计算：

$$b_{\text{next}} = \left[\text{Max } F_{n \to b} = \varphi_n - \varphi_b \middle| b \in B(n) \right] \tag{4-3}$$

根据式（4-3），选择势能差最大的下一跳节点进行路由。以图 4-25 为例，假设节点 n_{p1} 和 n_{p2} 缓存了相同的内容副本，且 n_{p2} 节点势能值要好于 n_{p1}，即 $\left|Q_{n_{p2}}\right| > \left|Q_{n_{p1}}\right|$。图中的实线为两个节点的势能叠加曲线，虚线和双点画线分别为 n_{p1} 和 n_{p2} 的势能曲线。若用户在 n_1 点进行请求，则比较邻近节点 n_2 和 n_4 的势能值，由于 n_1 和 n_4 的势能差值最大，所以选择下一跳节点 n_4 进行路由。

图 4-26 给出了多缓存节点的潜在可能性叠加的示意图，包括内容服务器和缓存各自的势场以及叠加势场。CATT 采用了将内容服务节点的初始文件和网内缓存节点的所有副本整合进路由转发过程，以达到网内节点缓存的可用性。该研究不仅提供了一种自适应缓存频繁替换的查找机制，还提供了弹性化的路由机制，包括内容的临近程度、基于内容或副本质量、路由节点的处理能力和链路带宽等。更重要的是，它属于分布式路由计算方法，对于单点故障具有较强的健壮性，能够获得近似最佳的路由性能。

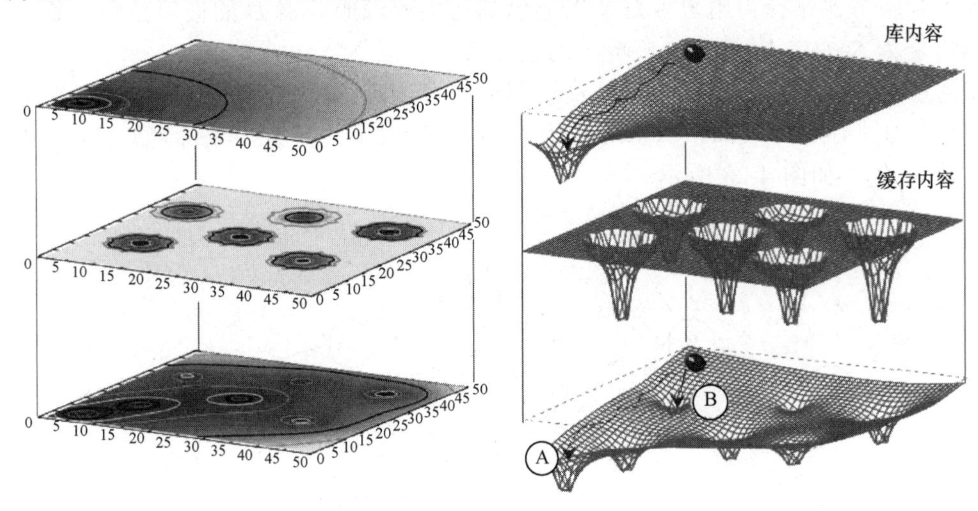

图 4-26　PBR 势能场叠加示意图

4.5.2　内容缓存便捷路由

CCN 现有的路由机制将内容请求直接面向源服务器进行转发，能够对转发路径上的缓存内容进行有效探测和利用，但是无法有效获取不在此路径上邻近的缓存资源。盲目式的原始路由机制未充分考虑邻近节点的暂态资源，内容请求无法通告至内容的最近缓存点，面向源服务器的长路径会导致内容请求时延的增加。如图 4-27，用户周围的路由节点存储着相应的数据，但不能得到有效利用，这种现象导致访问数据路径过长。

文献[26]和[27]中提出了面向邻近缓存的引导式便捷路由（Fast Content Routing，FCR）的方法，其主要思路是：利用用户兴趣的局域相似性建立兴趣社区；通过导向性的缓存副本通告，即集群节点只在内部通告热度较高的缓存内容，不属于同一集群的节点之间不进行缓存通告，以较小的通信代价实现捷径路由。

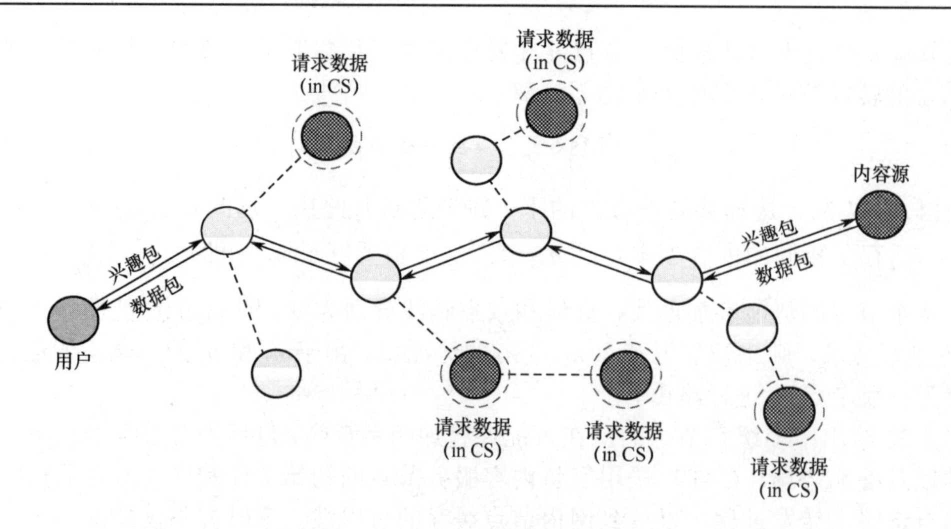

图 4-27　CCN 中内容获取过程示意图

1. 便捷路由思想

内容源服务器路径为用户 S 发送兴趣包到达内容源服务器 D 的最短路径，期间经过的节点集合为 $S=\{N_a, N_b,\cdots,N_m\}$，响应跳数为 H_1。

将用户节点 S 到存储所需内容的最近邻近缓存节点 $N(N \notin S)$ 的最短路径定义为用户 S 的便捷路由路径 FCP（Fast Content Path），期间转发节点集合为 $S_{\mathrm{FCP}}=\{N_A,N_B,\cdots,N_M\}$，响应跳数为 H_2，如图 4-28 所示。

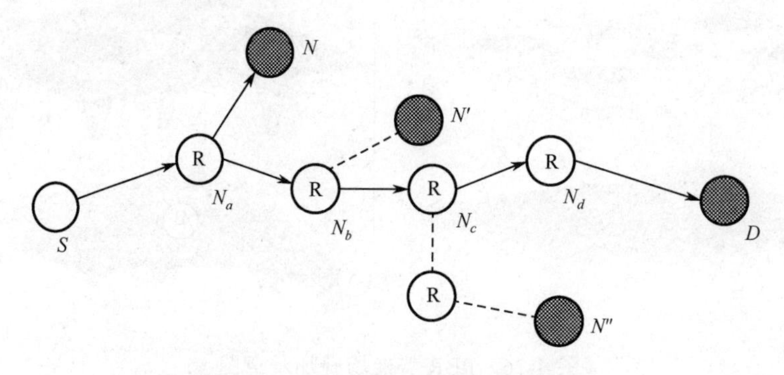

图 4-28　请求节点的便捷路由路径

命题：路由节点 N 作为到用户节点 S 最近的缓存节点，必然使得 $H_2 \leqslant H_1$，否则内容源作为最近缓存与定义相矛盾。若用户节点 S 存在便捷路由路径 FCP，则 $S_{\mathrm{FCP}} \cap S \neq \varnothing$。

证明：用反证法。假设 $S_{\mathrm{FCP}} \cap S \neq \varnothing$，接入网络的路由节点为 N_0。由网络中内容源路径必然存在，则 $N_0 \in S$ 且 $N_0 \notin S_{\mathrm{FCP}}$，则 S 的接入点 N_0 与路由节点 N 不连通，FCP 不存在，与已知矛盾，故而假设不成立。

根据便捷路由路径与服务器路径至少具有一个相交点的原理，为了寻找构建 FCP，只需由 $S=\{N_a,N_b,\cdots,N_m\}$ 获知近邻节点 N 对应内容 C 的存储内容，且计算相应路由。节点周围的缓存分布情况主要可以由探测与主动通告两种方式获得。探测虽然可以精确定位对应内容副本，但是产生的流量是双向的，网络代价太高，难以大规模部署。相较于探测的方式，主动通告方式的流量是单向的。在合理控制通告范围的情况下，批量分发自身的缓存内容条目可以将网络代价降至最低。

设网络拓扑由 $G=\{V,E\}$表示，V 是节点的集合，E 为链路的集合，网络中的节点个数为$|V|$。通告数据包大小为 B，节点平均连接度为 m，命名数据网络节点的缓存根据内容热度不断发生变化，间隔为 T。在网络 G 中 T 时间内至少产生$|V|$次缓存变化，需要通过 N（N 为不小于 $\log_m|V|$ 的整数）次通告，才能将一次缓存内容更新发送至网络中所有节点。那么产生的流量代价为

$$\begin{aligned} C &= (m+m^2+\cdots+m^N)B|V| \\ &> m^N B|V| \\ &\geqslant |V|^2 B \end{aligned} \tag{4-4}$$

内容节点缓存更新时间最短的只有数秒，单位时间内的流量代价为 $C/T \geqslant |V|^2 B/T$。

为了减少缓存内容通告代价，文献[26]中提出的引导式便捷内容路由机制主要包含以下两个方面。

（1）设定面向邻近缓存内容的合理通告范围$|V|$：互联网体系具备小世界特性，距离相近的区域对内容的请求具有一定的相似性。同一个集群节点对同一类内容感兴趣的概率很大，因此提出基于兴趣关联度的标准来构建节点兴趣集群。在整个网络中通告节点缓存消息是烦琐而且没有必要的，将通告范围缩小在兴趣集群内可以提高通告内容利用率。基于此推论，设计了一种引导式的便捷内容路由通告机制，克服了洪泛通告产生的巨大流量代价。

（2）选取热度较高的内容延长通告时间间隔 T：CCN 网络中的内容路由查找伴随着节点缓存的频繁更新，具有动态性与挥发性。节点内更替频繁的缓存条目对于捷径路由没有指导意义，可能会造成路由振荡，故只通告节点缓存中热度较高，即长期处于稳态的部分存储数据。由于节点内更替频繁的缓存信息不向外通告，使得通告时间间隔延长，也确保了网络中的节点缓存内容的稳定性。

2. 兴趣集群构建

在 CCN 网络中，给定内容需求节点 i 与 j，兴趣内容集合分别为 $C_{\text{interest}}(i)$、$C_{\text{interest}}(j)$，则它们共同的兴趣集合为 $P_C = C_{\text{interest}}(i) \cap C_{\text{interest}}(j)$。若节点 i 在过去的时间段 T 内对内容的需求次数为 $M_{C,i}$，那么节点 i 与节点 j 的兴趣关联系数（Interest Relevancy Coefficient）定义为

$$\theta(i,j) = \frac{\sum\limits_{C \in P_C} [M_{C,i}^2 + M_{C,j}^2 - M_{C,j}M_{C,i}]}{T(\sum M_{C,i}M_{C,j} + d)} \quad (d>0) \tag{4-5}$$

式中，$M_{C,i}$ 与 $M_{C,j}$ 分别表示节点 i、j 对内容 C 的在过去时间段 T 内的需求次数。$M_{C,i}$ 与 $M_{C,j}$ 的值越接近，则对 $\theta(i,j)$的影响越大，说明节点 i、j 对内容 C 的兴趣关联度越大；反之，关联度越小。由于 $M_{C,i}$ 与 $M_{C,j}$ 不排除为 0 的可能性，正数 d 确保除数不为 0。

（1）核心节点的选取。

节点兴趣集群的构建不是无序的，选取兴趣相关度最高的核心节点（Leader Node）构建兴趣集群，可以使得集群的收益提高。定义节点 i 的关联度 η_i 为该节点与其邻居节点的兴趣关联系数之和 $\eta_i = \sum\limits_{j \in \text{Neighbour}(i)} \theta(i,j)$，并作为选取核节点的标准。选取的核节点关联度

越高，该集群收益越大。

在兴趣集群中，对兴趣节点进行统计比较，可以将节点的关联系数 η_i 作为该节点选取优先值。兴趣节点对邻近节点进行范围通告。为了减少核节点选取导致的流量冗余，兴趣节点的 η_i 越大，则等待的时间越短。节点收到比自身优先值大的通告时，不再通告自身的 η_i，而是将具备较大优先值节点信息通告出去。

（2）兴趣集群范围确定。

为了体现邻近节点缓存的优势，提高便捷路由的效率，命名数据网络中的请求节点所在集群的范围设定不宜过大（即 $H_2 \leqslant H_1$）。文献[26]中对内容网络的范围通告进行了详细的研究，指出 Scope 为 2 的网络集群平均时延仅仅比 Scope 为 1 的网络集群缩短了 3%。对于具备缓存能力的内容网络，绝大多数内容需求都可以在请求节点的邻近 1～2 的节点范围内（即 3 跳范围）得到满足。

（3）构建步骤。

根据兴趣关联度的集群构建需要考虑缓存内容及其热度，只通告部分长期处于稳态的缓存数据。构建流程如下。

步骤①：内容缓存节点根据当前缓存表中的内容及其热度，计算该节点的兴趣关联度 η_i，构造某种或某些内容的通告报文。

步骤②：在等待 T 时间之后，将该节点的内容关联度通告给邻近节点，设定需要通告的范围 Scope 和 Hop 值，并向所有接口进行转发。

步骤③：在时间 T 内，对节点接收到的报文进行比较，计算比较节点优先值，将具备较大优先值的信息通告出去。

步骤④：当前节点在收到内容通告报文后，将收到的 η_i 和自身的 η_i 做比较，若收到的节点通告兴趣关联度较大，则节点更新集群的范围，并将该通告节点设定为集群的核心节点，将 Scope 减 1，同时将该节点通告出去；否则，丢弃该通告报文。

步骤⑤：将集群范围内的具备最大 η_i 的节点设定为集群核心节点，它在集群内发送确认消息，完成集群的构建。

步骤⑥：当缓存节点的所有内容经过时间间隔 T 后，重新进行内容通告。

3. 邻近缓存通告

（1）通告报文设计。

为了实现邻近缓存的内容通告，在网络中设计引导式缓存通告报文，如图 4-29 所示。

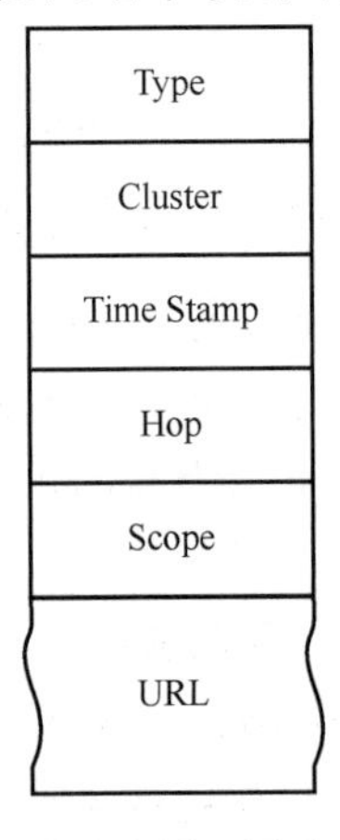

图 4-29　引导式缓存通告报文格式

报文中，Type 字段用来表示报文的类型；Cluster 字段用来记录当前节点所在集群的编号；TimeStamp 字段用来记录报文的发送时间，判别通告内容的最新版本；Hop 字段用来记录内容通告节点到当前节点的跳数，作为通告的路由代价，用于便捷路由计算的依据；URL 与 Scope 分别为需要通告的内容名字（CCN 网络中的命名机制采用 URL 形式）和通告范围（跳数）。

为了避免缓存内频繁的内容更替造成的通告消息膨胀，通告内容只选择缓存中部分相对稳定的（也就是热度值较高的）内容进行通告。首先节点缓存按照 ACA 缓存策略排序，选择热度较高的前 x%个副本条目进行通告。如节点内采用 LRU（Least Recent Used）策略，则把新近压入缓存队列的 x%通告邻居节点，如图 4-30 所示。

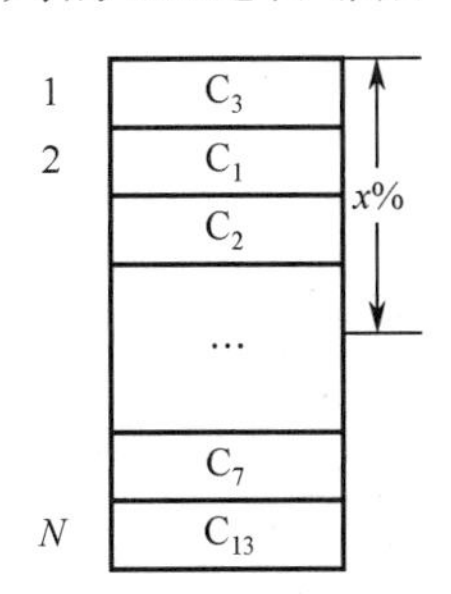

图 4-30　节点缓存的热度列表

过度频繁的更新可能会造成路由时内容条目缺失，如果当前通告的副本条目中有任意个被节点删除，则触发新一次的缓存通告，将当前时刻排序在前 x%的节点缓存信息发送给兴趣集群内所有节点。

（2）具体通告操作。

完成节点集群建立后，节点都已划分在各个集群中。集群中的缓存节点进行通告之前进行初始化操作，节点 i 设定自身所属的集群 Cluster 数值和通告内容时间戳 TS_{new} 以及通告范围 Scope，根据内容热度构造缓存内容前 x%的缓存内容条目并向所有接口转发。设定邻居节点 j 在接收通告之前的通告结果为 $<Name_C, Face, TS_{old}, Hop_{old}>$，没有内容 C 的记录时，时间戳 $TS_{old}=0$。当节点 j 接收到来自节点 i 的通告后，执行下述引导式缓存通告步骤。

步骤①：节点 j 判断与节点 i 是否属于相同的集群，如果是，则执行步骤②；否则丢弃该通告报文，执行步骤⑧。

步骤②：判断当前收到的内容通告报文是否为最新，若 $TS_{new}<TS_{old}$，则该通告消息为陈旧信息并丢弃该报文，执行步骤⑤；否则执行步骤③。

步骤③：若 $TS_{new} \geqslant TS_{old}$，该内容通告为最新条目。接收通告报文，并计算接收报文的 Hop 值作为路由代价；$Hop_{new} \leftarrow Hop_0+Hop(i,j)$。若 $Hop_{new} \geqslant Hop_{old}$，则说明路由代价过高，丢弃报文，执行步骤⑤；否则执行步骤④。

步骤④：查询便捷路由表 FCT，更新 URL 对应表项信息，将 Hop_{new} 填入转发信息表中的路由代价域，然后根据 Scope 值的大小决定是否转发此内容通告转发给下一节点。

步骤⑤：通告结束。

便捷路由表构建完成后，节点收到内容请求即兴趣包后，对比当前便捷路由代价与转发信息表中的服务器路径代价，若便捷路由代价较小，则在便捷路由表中处理该条目并创建转发信息表。兴趣包在节点内的转发过程如图 4-31 所示。

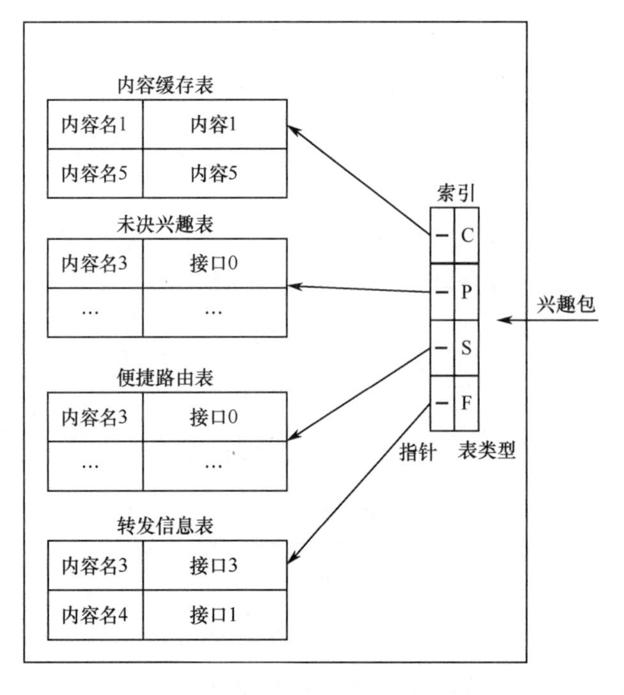

图 4-31　节点内兴趣包转发过程

（3）便捷内容路由。

节点 j 在收到邻居 i 关于内容 C 的通告后，记录内容名字、到达接口和到达此缓存内容的代价，执行便捷内容路由机制：对比当前便捷路由的 Hop 与转发信息表中到内容源服务器的代价，若便捷路由 Hop 较小，则在便捷路由表中创建该条目；否则删除该路由内容条目对应的便捷路由。同一个内容存在多个便捷路由转发接口时，优先选择最小代价的接口作为下一跳。创建的便捷路由表（Fast Content Table）格式如表 4-5 所示。

表 4-5　便捷内容路由表

Content Name	Face	Hop
/example.com/a	1	1
/example.com/b	2	3
/example.com/c	3	2

4.5.3　内容缓存循迹路由

除了 CCN 中已有的 CS、PIT 和 FIB 外，增加数据包轨迹表（Data Trace Table，DTT）这种新的数据结构来引导请求向边缘节点路由，充分利用转发过的数据包历史信息。如图 4-32 所示，在 C 向 Content Server 请求过 Data 之后，根据缓存策略将之存储在路由器 C 的 CS 中，之后 D 也请求该数据。依照原有路由规则，因为 B 本地未存储 Data 副本，只能将兴趣包沿 Path1 路由。然而引入数据包寻迹路由策略后，每个节点都保留了已转发过的数据信息，B 可将该请求沿 Path2 转发至 C 处。为防止缓存替换引起的缓存命中失效，在 DTT 表项中引入生存时间参数，超过生存时间的数据包轨迹将不再保留。

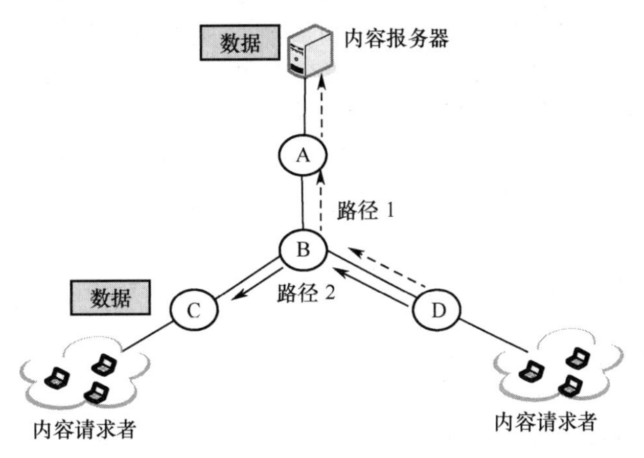

图 4-32　数据包循迹路由策略

每个 DTT 条目都包含四个表项：Name（命名内容的前缀）；To（转发的数据包的去向端口，也作为后续相同内容请求的转发端口）；From（数据包的来向，用于撤销无效路由时的端口比对和路由回溯）；Lifetime（该条目的生存时间）。DTT 表项的建立和利用过程如图 4-33 所示，本策略区别于原有策略的处理方式为图中虚线框内部分。当数据包到达后，查询 PIT 条目根据相应端口转发数据包，并建立 DTT 的表项。当兴趣包到达时，在查询 PIT 条目失败后，首先查询 DTT 表，如果命中，则根据 DTT 条目的 To 端口转发内容；如果失败，则查询 FIB 并据此路由。需要指出的是，由于 PIT 表项的汇聚作用，数据包会转发至多个端口，并在 To 表项中留下多个端口的轨迹记录，在利用 DTT 转发时，只依据端口繁忙程度选择最轻闲的端口转发。定义端口繁忙程度为节点在 PIT

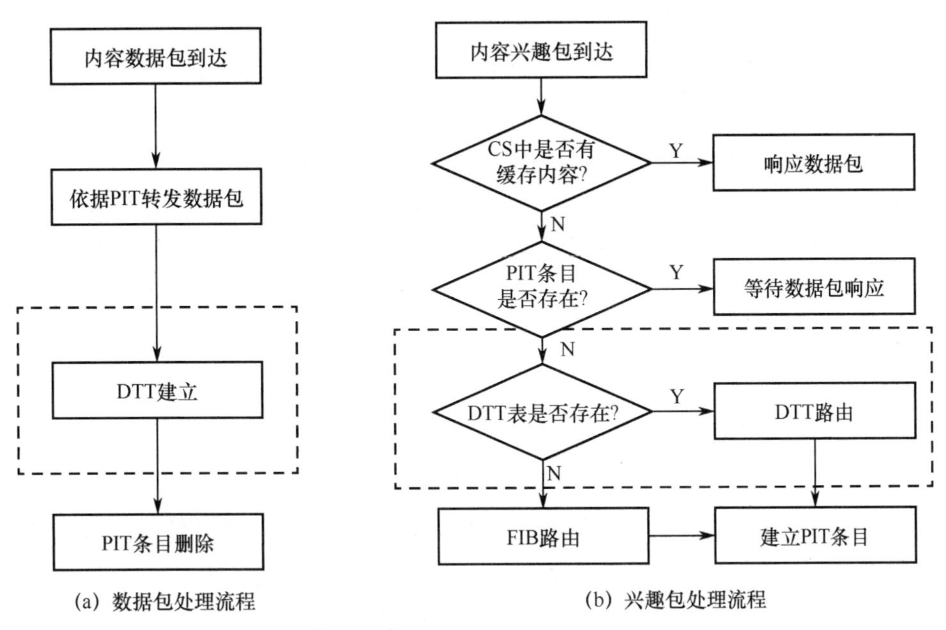

图 4-33　数据包转发流程

所有条目中出现的总和，以 S_k 表示。如果一个 PIT 条目包含端口 k，则 S_k 的值将被加 1；如果一个 PIT 条目被删除，则其所属的端口的值将被减 1。单径转发可避免多径引起的流量冗余，选择最轻闲端口作为下一跳，也可避免后续路径中的节点缓存命中失效。如果某端口在不同的 PIT 条目中频繁出现，则说明与此端口相关联的下一个节点将有更多的内容返回，导致更多的机会来触发缓存替换，缓存的变化将会较其他节点频繁。所以，转发端口应选择对应 PIT 条目中值最小的端口，其关联节点的缓存替换概率相对较低。

4.6 面向服务质量的路由

4.6.1 服务质量路由建模

CCN 为了保障视频类和即时类等业务的性能，可将服务质量（时延、带宽、丢包率等）作为衡量要素进行路由转发。CCN 网络用无向赋权图 $G=(V,E)$表示。其中，V 为网络节点集合；E 为链路集合；$F=\{F_1,\cdots,F_N\}$ 为网络中的内容集合。对于内容请求者节点 C 和内容 $f\in F$，存在 m_f 个内容提供节点（content provider），其节点集合为 $P=\left\{p_1,p_2,\ \dots\ ,p_{m_f}\right\}$。$p(C,P_f)$ 表示从 consumer 至 provider 的传输路径，$C(p)$、$D(p)$、$BW(p)$、$L(P_f)$ 分别表示路径 p 的花费代价、路径时延、路径带宽和路径丢包率。

将时延、带宽、丢包率作为服务质量约束，计算最短路径 $p(C,P_f)$。给定网络 $G=(V,E)$、时延上限 $\varDelta_d$、带宽下限 $\varDelta_{BW}$、丢包率上限 $\varDelta_L$，则路径 $p(C,P_f)$ 满足

$$C(p)=\min\sum_{e\in p(C,P_f)}C(e) \tag{4-6}$$

$$\text{s.t.}\begin{cases} D[p(C,P_f)]=\{\sum\limits_{e\in p(C,P_f)}D(e)\}\leqslant \varDelta_d,\forall P_f\in P \\ BW[p(C,P_f)]=\min\{BW(e),e\in p(C,P_f)\}\geqslant \varDelta_{BW},\forall P_f\in P \\ L[p(C,P_f)]=\{1-\prod\limits_{e\in p(C,P_f)}[1-L(e)]\}\leqslant \varDelta_L,\forall P_f\in P \end{cases} \tag{4-7}$$

以上多约束条件的 QoS 路由问题属于“NP–完全”问题，典型求解方法是利用蚁群优化算法来提高求解速度。蚁群优化算法[28]（Ant Conley Optimal，ACO）是一种智能启发式算法，通过模拟自然界中蚁群协同合作觅食的行为，实现多约束满足问题的最短路径求解。其基本原理是通过不断迭代计算从当前节点 i 到邻居节点 j 的状态转移概率实现下一跳端口选择，其计算公式为

$$p_{ij}^k(t)=\begin{cases} \dfrac{[\tau_{ij}(t)]^\alpha\times[\eta_{ij}(t)]^\beta}{\sum\limits_{s\in \text{allowed}_k}[\tau_{is}(t)]^\alpha\times[\eta_{is}(t)]^\beta} & j\in \text{allowed}_k \\ 0 & \text{其他} \end{cases} \tag{4-8}$$

式中，allowed_k 为蚂蚁 k 可选的节点集合；$\tau_{ij}(t)$ 为路径<i,j>上的信息素强度，初始值默认每条路径上的信息素强度相同；$\eta_{ij}(t)$ 为启发式因子，在经典算法中它设置为路径长度的倒数；参数 α 和 β 分别表示信息素因子和启发式因子对选择概率的权重影响。经典蚁群算法的信息素更新规则为

$$\begin{cases}\tau_{ij}(t+n)=(1-\rho)\tau_{ij}(t)+\Delta\tau_{ij}(t)\\ \Delta\tau_{ij}(t)=\sum_{k=1}^{m}\Delta\tau_{ij}^{k}(t)\end{cases} \tag{4-9}$$

式中，$\rho\in(0,1)$ 为信息素保留系数；$\Delta\tau_{ij}(t)$ 为路径 (i,j) 上新增加的信息素总和。从蚁群优化算法的基本原理可以看出，这种模拟进化算法的正反馈机制使其具有许多优良性质，然而算法仍存在一些缺陷，如初期收敛速度慢和容易陷入局部最优值等。

4.6.2　SoCCeR 蚁群路由策略

文献[29]中根据 CCN 和 SCN（Service-Centric Network）的特征提出了基于蚁群优化算法的路由策略 SoCCeR，通过在 CCN 层上加入一个控制层来操作 FIB，研究的主要贡献是可由集成分布式命名路由的服务选择实现，算法使用 CCN 基本协议作为网络层协议，在网络层上增加了一个探测层（SoCCeR layer）实现该算法。

SoCCeR 基于蚁群优化算法来辅助路由决策，是一种分布式的概率优化和启发式的自适应算法，目的是在网络中检索到各种服务的信息以及内容副本。ACO 算法模拟了蚂蚁觅食的过程，利用每次觅食寻路时留下的信息素，最终把不同方向觅食的蚂蚁收敛到一条路径上。SoCCeR 利用这一特性，扩展了 CCN 网络中请求路由选择，即 CCN 中的 FIB 条目将内容前缀和可提供服务的端口相关联，服务选择的问题是根据时延、带宽、丢包率等因素选出一个最佳的端口完成这次服务。SoCCeR 算法以服务负载 L 和路径延时 D 作为计算信息素的变量参数，以式（4-10）计算出信息素的值，其中 α 的值为两个参数权重值，不同的服务可以有不同的权重值。

$$p_{ij}^{S}=\frac{(1-\alpha)\tau_{ij}^{S}(D)+\alpha\tau_{ij}^{S}(L)}{\sum_{j\in N_i}(1-\alpha)\tau_{ij}^{S}(D)+\alpha\tau_{ij}^{S}(L)} \tag{4-10}$$

信息素的更新原则是在当前信息素的基础上累加信息素的增量值，且信息素增量应与服务负载 L 和路径延时 D 成反比。图 4-34 和图 4-35 分别给出了基于 ACO 自适应优化的示意图和 SoCCeR 数据包通信流程示意图详细步骤如下。

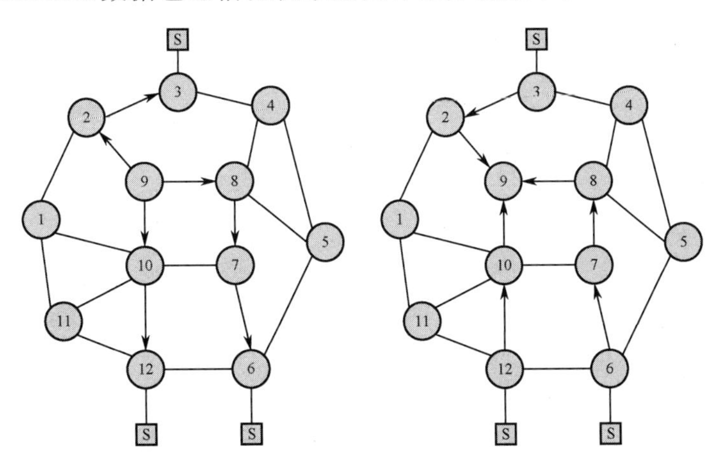

图 4-34　基于 ACO 的自适应优化示意图

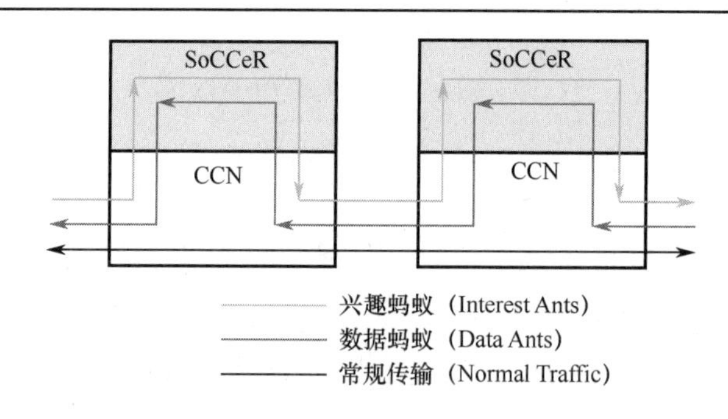

图 4-35　SoCCeR 数据包通信流程示意图

步骤①：SoCCeR 请求节点（如节点 9）生产兴趣蚂蚁，根据 FIB 表随机选择内容名称周期发送兴趣蚂蚁（Interest Ant），Interest Ant 报文中包含有转发时间（Forwarding Time，F_{time}）信息，请求节点向与内容名称匹配的所有接口进行转发。

步骤②：中间 SoCCeR 节点收到该兴趣蚂蚁，根据接口列表的每个接口对应的概率值随机选择接口转发，同时将本次转发时间写入兴趣蚂蚁，直至找到内容服务节点（即图中的节点 S）。

步骤③：服务节点收到兴趣报文后，生成数据蚂蚁（Data Ant）并沿原路径回应，数据蚂蚁报文中包含有原 Interest Ant 报文的转发时间 F_{time} 和服务节点的负载 L（如计算资源、存储资源）等信息。

步骤④：中间节点接口 i 收到 Data Ant 报文，记录接收时间 R_{time}，计算往返时延 $D=R_{time}-F_{time}$（往返时延长短反映出链路拥塞情况）。

步骤⑤：将往返时延和服务性能信息作为参数，基于式（4-9）和式（4-10）计算信息素值和对应接口 i 的转发概率。

步骤⑥：若兴趣蚂蚁经过某节点特定接口转发后，接收到上游节点发送的 NACK 兴趣分组，则说明该接口对应的链路无数据蚂蚁，快速结束本次探测，并对所有经过路由节点的关联接口信息素进行挥发性操作。另外，若选择的接口 j 已经到达最大数据速率 L_{max}，则放弃转发接口，并向下游接口发送 NACK 兴趣分组。

以上过程在网络的每个节点上都运行，节点的信息表不但根据自身请求获得的数据蚂蚁进行更新，还要叠加其他节点经过的数据蚂蚁。正常的 CCN 兴趣分组只根据 ACO 形成的最佳接口进行转发，不对节点的信息表进行操作。

SoCCeR 层内置了新的信息素表，信息素表中关联了服务命名、关联的接口列表、端口信息素值和对应的接口转发概率。对于每个内容名称条目，都通过运行蚁群算法计算每个接口信息素的值，并根据信息素值计算每个接口的转发概率，最后将转发概率最高的接口赋值到 CCN 的 FIB 中。如图 4-36 所示，假设内容名称为 S，对应 3 个转发接口，其中接口 0 的转发概率最大，故 FIB 表中对应内容名称 S 的最佳转发接口为 0；内容名称 T 接口列表中接口 2 的转发概率值最大，对应 FIB 表中内容 T 的最佳转发接口为 2。

4.6.3　RED-ACO 蚁群路由策略

文献[30]中提出了基于分布均匀度的蚁群算法 RED-ACO，该算法根据蚁群在路径上的分布均匀情况动态调整信息素的更新策略和可选路径的数目及概率，通过这种动态调整来加快收敛速度和防止出现停滞现象，实现两者之间的合理折中。

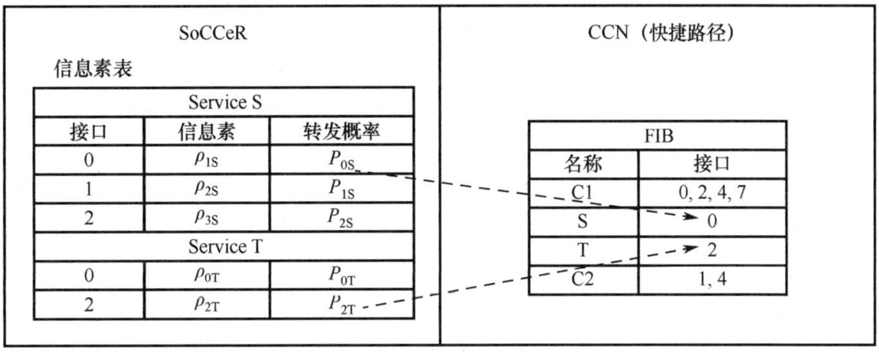

SoCCeR

信息素表

接口	信息素	转发概率
Service S		
0	ρ_{1S}	P_{0S}
1	ρ_{2S}	P_{1S}
2	ρ_{3S}	P_{2S}
Service T		
0	ρ_{0T}	P_{0T}
2	ρ_{2T}	P_{2T}

CCN（快捷路径）

名称	接口
FIB	
C1	0, 2, 4, 7
S	0
T	2
C2	1, 4

图 4-36　SoCCeR 节点设计模型

首先定义"聚度"的概念，若节点 i 的 FIB 表中存在内容名称对应的转发接口列表，假设内容 c 对应的转发接口个数为 N_i^c，每个接口 j 对应信息素值为 $\tau_{i,j}^c(x)$，通过归一化使每个接口信息素的总和为 1，即满足 $\sum_{j=1}^{N_i^c}\tau_{i,j}^c(x)=1$。$E_i^c(x)$ 表示匹配内容 c 所有接口信息素值的期望值，$S_i^c(x)$ 表示节点 i 中内容为 c 的聚度值，则 $E_i^c(x)$ 和 $S_i^c(x)$ 满足。

$$E_i^c(x)=\frac{\sum_{j=1}^{N_i^c}\tau_{i,j}^c(x)}{N_i^c},\quad S_i^c(x)=\sqrt{\sum_{j=1}^{N_i^c}\left[E_i^c(x)-\tau_{i,j}^c(x)\right]^2} \tag{4-11}$$

引入聚度的概念是为了衡量蚁群在路径上的分布均匀度。当路径上的蚂蚁分布比较分散时，聚度比较小；当蚂蚁集中在若干条路径上时，聚度比较大。聚度值较小时，表明蚁群还没有形成最优路径，需要加快收敛速度，使较优的路径以较大概率被选择；聚度值较大时，容易出现早熟和停滞现象，为了探测出更优路径，应增加可选择路径数目。通过动态信息素调节机有效平衡收敛速度和避免早熟现象。有三种特殊情况如下。

（1）当节点 i 中内容名称 c 对应的转发接口信息素值均相等时，即对于任意接口 j 信息素值 $\tau_{i,j}^c(x)$ 等于常数 C，则 $S_i^c(x)=\sqrt{\sum_{j=1}^{N_i^c}(C-C)^2}=0$。

（2）当节点 i 中内容名称 c 对应的转发接口除了接口 j，其他接口值均为 0 时，聚度值 $S_i^c(x)=\sqrt{\sum_{j=1}^{N_i^c}\left[E_i^c(x)-\tau_{i,j}^c(x)\right]^2}=\sqrt{\sum_{j=1}^{N_i^c-1}\left(\frac{1}{N_i^c}-0\right)^2+\left(\frac{1}{N_i^c}-1\right)^2}=\sqrt{1-\frac{1}{N_i^c}}$，该值为聚度最大的可能值 $S_{\max}^c(i)$。

（3）对于节点 i 中内容 c 当且仅有一个转发接口时，$E_i^c(x)=\tau_{i,j}^c(x)$，则 $S_i^c(x)=0$。

基于分布均匀度的蚁群算法 RED-ACO 详细步骤如下：计算整体信息素 $\tau_{i,j}^c(x)$；计算最多可转发的接口数 $W_i^c=\left\lfloor\frac{S_i^c}{S_{\max}^c}\left(N_i^c-1\right)+0.5\right\rfloor+1$；将内容 c 相关联的转发接口列表的信息素值按降序排列；确定信息素更新策略并更新信息素；挥发策略与操作。

4.7　转发信息表聚合机制

4.7.1　可选下一跳聚合

正如 4.3 节所述，CCN 网络中内容节点的频繁更新以及节点缓存的多态性和差异性使得内容路由表项急剧膨胀，节点处理条目数量的巨大导致了网络转发时延的增加。正是由于 CCN 网络直接面向内容命名的特殊形式，数据规模成为影响节点处理时延不可忽视的因素之一。

文献[31]中提出的一种可选下一跳 FIB 聚合有效地解决了 IP 网络路由表剧增问题，但并不适用于 CCN 网络。基于多可选下一跳路由的思想，从“减少节点处理数量”的角度出发，引入动态规划的思想对 CCN 原有的聚合方式改进，通过在同一源节点和目的节点间找出多条路径同时参与数据传输，文献[32]中提出可选下一跳 FIB 聚合方法（Nexthop-Selectable FIB，NS-FIB），有效地压缩了路由节点查询的数量，缩短了节点的处理时延。该方法最大的特点就是针对每个聚合的前缀都有对应多个可选下一跳，使得具有公共路径的前缀进行聚合用以提高路由表项的压缩率。

CCN 架构中 FIB 表前缀聚合只需满足两个条件：（1）层次化命名结构中，转发的内容名字具有共同的前缀；（2）它们具有共同的下一跳。举例说明，首先假设两个路由条目</examples/video，*a*>、</examples/movie，*b*>，它们没有共同的下一跳，因此无法聚合。再假设下一跳 *a*、*b* 都可以将数据包“/examples/video”传送到目的地；*b*、*c* 都可以将/examples/movie 发送到目的地。取代针对每个前缀只有单一下一跳的方式，采用选择两个路由条目</examples/video，{*a*，*b*}>，</examples/movie，{*b*，*c*}>。这两个数据名就可以聚合为</examples，*b*>。

CCN 网络架构中，针对层次化的命名方式，可选下一跳 FIB 仍然是一个二元组集合 $F=\{<p,A_p>|p\in P\}$。其中，P 为可选下一跳 FIB 的前缀集合；而 A_P 为前缀 p 的可选下一跳集合。聚合后同样为一个二元组集合 $F_{\text{aggr}}=\{<p',a_{p'}>|p'\in P',P'\subseteq P\}$。$F_{\text{aggr}}$ 是一个可行聚合，当且仅当 $\forall p\in P$ 和 p 在 F_{aggr} 中的最长匹配前缀为 p'，$a_{p'}\in A_p$。也就是说，对任意前缀 p，在 F_{aggr} 中得到的下一跳是 F 中的可选下一跳。可选下一跳 FIB 聚合问题即给定任意聚合单元 F，找到最优可行聚合 F_{aggr}，使得$|F_{\text{aggr}}|$最小。

采用压缩的多叉树来存储 FIB，如图 4-37 所示。给出上述可选下一跳 FIB 的属性结构，其中每个根节点都对应该子树的共同前缀[33]。如果某个子树的每个节点都拥有某个公共下一跳，那么该子树可以聚合到其根节点对应的前缀。p_0、p_1、p_2、p_3 和 p_8 都拥有可选下一跳 a，它们可以聚合为$<p_0,a>$，称这样的子树为一个聚合单元。CCN 网络运用可选下一跳 FIB 聚合算法可以找到互不相交的聚合单元进行最优聚合，利用动态规划计算出对应公共前缀的长度。

令 $G(T)$为聚合单元 T 的最优聚合大小，$G_x(T)$表示聚合单元 T 以 x 为下一跳的最优聚合大小，显然有

$$G(T)\leqslant G_x(T)\rightarrow G(T)=\min_{x\in A_{R_T}} G_x(T) \tag{4-12}$$

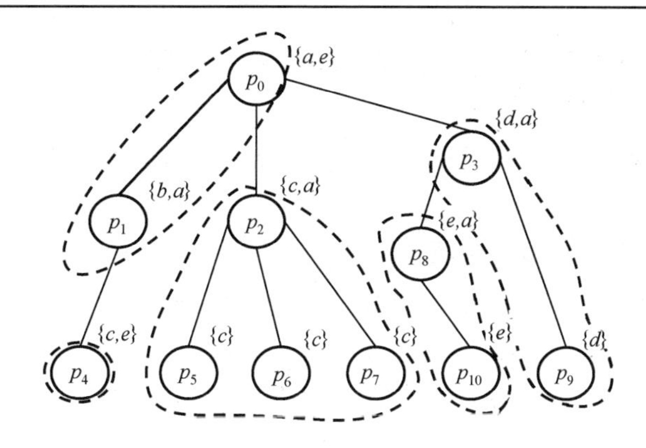

图 4-37　树形式的可选下一跳 FIB

一个树形结构聚合单元 T 包括一个根节点和它所连接的所有子孙。S_p 表示以 p 为根节点的一个分支，即包括节点 p 和其所连接的所有子孙。$C_{T'}$ 则表示聚合的父亲节点集合 T' 的所有孩子节点。$U_x(p)$表示以 p 为根，为 x 为下一跳的整个聚合树集合，其中 $x \in A_p$ 。

4.7.2　具体聚合算法

将可选下一跳 FIB 聚合单元 T 分解为一个以 R_T 为根，以 x 为下一跳的聚合集合 T'，和以 T' 孩子节点为根的分支集合。T' 可以被聚合为一个条目，在此基础上的最优聚合大小为 $1+\sum_{p \in C_{T'}} G(S_p)$ 。T' 可以是任意形式的组合，只要它是以 R_T 为根以 x 为下一跳的集合。其中，$G_x(T)$取所有不同形式中最小值，即满足

$$G_x(T) = 1 + \min_{T' \in U_x(R_T)} \sum_{p \in C_{T'}} G(S_p) \tag{4-13}$$

例如，假设 $x=a$，一种可能性聚合为 $T' = (p_0, p_1)$， $S_{p_4} = (P_4)$， $S_{p_2} = (P_2, P_5, P_6, P_7)$ 和 $S_{p_3} = (P_3, P_8, P_9, P_{10})(G(S_{p_3}) = 2)$ 。另一种可能性为 $T' = (p_0, p_1, p_2, p_3, p_8)$，$S_{p_4} = (P_4)$，$S_{p_5} = (P_5)$，$S_{p_6} = (P_6)$， $S_{p_7} = (P_7)$， $S_{p_9} = (P_9)$， $S_{p_{10}} = (P_{10})$ 。可以发现，基于第一种方法的聚合大小为 4，基于第二种方法的聚合大小为 6。实际上，第一种方法获得了以 a 为下一跳、以 R_T 为共同前缀的最优聚合，如图 4-38 所示。

Aggr.1: $\{<p_0, a><p_2, c><p_3, d><p_4, c><p_8, e>\}$

Aggr.2: $\{<p_0, a><p_4, c><p_5, c><p_{10}, e><p_6, c><p_7, c><p_9, d>\}$

图 4-38　两种聚合结果比较

用特殊值初始化 $G(T)$和 $G_x(T)$：当$|T|=1$ 时，$G(T)=1$ 表示单一节点树的最优聚合大小为 1；当 $x \notin A_{R_T}$ 时，$G_x(T)=\infty$表示选择此不可用的下一跳是不允许的。考虑到$|U_x(R_T)|$的大小是指数级的，会造成算法的复杂度增加，采用动态规划的思想首先要考虑一个聚合树中的一个分支 T，让 T_x^* 来代表以 R_T 为根以 x 为下一跳的最优聚合小单元，使其满足 $\sum_{p \in C_{T_x^*}} G(S_p) = G_x(T) - 1$ 。Aggre-cell(x,T)算法可以得到以 x 为下一跳、以 R_T 为根的最优聚合单元 T_x^* 及 $G_x(T)$，以简化查询 $U_x(R_T)$的过程。Aggre-cell(x,T)算法能够估算 R_T 的每个孩

子节点，将以孩子节点为根的聚合单元连接在一起。因此，Aggre-cell(x,T)算法的复杂度为$\theta|C_{(R_T)}|$，仅与孩子节点的数目有关系。

以x为下一跳的聚合单元T聚合算法Aggre-cell(x,T)步骤如下。

条件：$x \in A_{R_T}$。

步骤①：初始化聚合单元$T' = \{R_T\}$，$G_p = \infty$。

步骤②：对R_T的孩子节点p逐个查询，判断是否满足$x \in A_p$且$G_x(S_p) = G(S_p)$：若满足，则执行步骤③；否则，继续下一查询。若都不满足，则执行步骤⑤。

步骤③：若$G_p > \sum_{p' \in C_{R_T} \& p' \neq p} G(S_{p'})$，则令$G_p = \sum_{p' \in C_{R_T} \& p' \neq p} G(S_{p'})$且$p^* = p$；否则，继续下一查询。

步骤④：结束循环，令$T' = T' \cup (S_{p^*})_x^*$ {$(S_p)_x^*$是以p^*为根的最优化聚合单元}。

步骤⑤：令$T_x^* = T'$，$G_x(T) = 1 + \sum_{p \in C_{T'}} G(S_p)$。

步骤⑥：结束算法。

上述算法针对以P_T为公共前缀的聚合单元，搜索对应孩子节点的所有可选下一跳的最优聚合方案。将查询的孩子节点与根P_T结合，形成关于T的所有以x为下一跳的最优聚合。

聚合单元T最优算法Aggre-NS-FIB(T)步骤如下。

步骤①：对于所有$T \in V_T$，初始化$G(T)=\infty$。

步骤②：对于所有的可选下一跳$x \in A_{R_T}$，利用Aggre-cell(x,T)计算得到T_x^*与$G_x(T)$，如果$G(T)>G_x(T)$，则执行步骤③；否则，继续下一循环。

步骤③：令$G(T)=G_x(T)$，当前x作为R_T的最优可选下一跳，R_T的直接子类作为$C_{(S_p)_x^*}$。

上述算法是将Aggre-NS-FIB(x,T)得到的所有聚合方式进行迭代比较，得出具有最优可行性聚合单元（主要是最优下一跳选择与最大聚合数的折中考虑）。CCN网络采用LFA方法[34]构造多条可选路径，即多个下一跳，因为LFA和域内路由协议OSPF具有很好的兼容性，适合于内容网络NDN的数据传输。LFA机制中存在两个条件来选择备选路径LFC（Loop Free Condition）和DSC（Downstream Condition）。

（1）LFC：对路由器R而言，如果一个邻居N到目的地址不经过R，那么N是一个LFC下一跳。如果多个路由器同时采用LFC条件构造可选下一跳FIB，那么可能会出现转发环路。因此，如果要大规模部署NS-FIB聚合方案，则需采用另一种方法。

（2）DSC：对路由器R而言，如果一个邻居N到目的地址的距离小于R，那么N是一个DSC下一跳。由于这个条件满足了单调性原则，因此即使大量路由器部署该聚合方法也可以保证转发无环。

4.8　小结

TCP/IP网络路由基于IP技术实现，通过路由协议计算节点之间的最优路径，建立IP转发表。内容中心网络的核心是以数据内容为中心，具备基于名字对内容进行定位的能力，即基于名字的路由，因此，内容中心网络的路由转发策略影响着其体系架构的性能和效率。针对网络路由的一些基本问题，内容中心网络体系架构重新设计了网络层次，摆脱了当前路由对地址的依赖，重新设计了基于命名的路由寻址。

内容中心网络的路由转发问题可以看作是在缓存普遍存在的情况下，面向内容的寻址问题。无论路径的终点指向是内容源节点还是缓存节点，都需要新的路由机制来的适应这一转变。首先，对内容路由转发的基本原理、传统路由转发和内容路由转发的兼容依赖关系进行了剖析。其次，凝练出内容路由转发面临的三大问题，即路由表表项规模膨胀、路由查找复杂度高、路由转发的盲目性。最后，归纳总结了面向内容前缀、面向缓存优化、面向服务质量以及转发信息表聚合等路由转发机制、模型和算法。

本章参考文献

[1] 科默. 用 TCP/IP 进行网际互联（第一卷）：原理、协议与结构[M]. 5 版. 北京：电子工业出版社, 2007.

[2] Jacobson V, Smetters D K, Thronton J D, et al. networking named content[J]. Communications of the ACM, 2012, 55(1)：117-124.

[3] Zhang L X, Estrin D, Burke J, et al. Named Data Networking(NDN) project[R]. RARC Technical Report NDN-0001, 2010.

[4] 谢高岗, 张玉军, 李振宇, 等. 未来互联网体系结构研究综述[J]. 计算机学报, 2012, 35(6)：1109-1119.

[5] 杨柳, 马少武, 王晓湘. 以内容为中心的互联网体系架构研究[J]. 信息通信技术, 2011, 5(6)：66-70.

[6] Feng Y H, Huang N F, Chen C H. an efficient caching mechanism for network-based url filtering by multi-level counting bloom filters [C]. Communications (ICC), 2011 IEEE International Conference on. IEEE, 2011：1-6.

[7] Ghodsi A, Shenker S, Koponen T, et al. information-centric networking：seeing the forest for the trees [C]. Proceedings of the 10th ACM Workshop on Hot Topics in Networks. ACM, 2011.

[8] Yuan H, Song T, Crowley P. scalable NDN forwarding：Concepts, issues and principles[C]. Computer Communications and Networks (ICCCN), 2012 21st International Conference on. IEEE, 2012：1-9.

[9] Cheng Yi, Alexander Afanasyev, Lan Wang. adaptive forwarding in Named Data Networking [C]. Proceedings of ACM SIGCOMM, 2012：1-7.

[10] Li Q, Wang D, Xu M, et al. on the scalability of router forwarding tables：Nexthop-selectable FIB aggregation[C]. IEEE INFOCOM, 2011：321-325.

[11] Michel B S, Nikoloudakis K, Reiher P, et al. URL forwarding and compression in adaptive web caching[C]. IEEE INFOCOM 2000. Nineteenth Annual Joint Conference of the IEEE Computer and Communications Societies, 2000(2)：670-678.

[12] Prodanoff Z G, Christensen K J. managing routing tables for URL routers in content distribution networks[J]. International Journal of Network Management, 2004, 14(3)：177-192.

[13] Xiao-Ming L I, Wang-Sen F. two effective functions on hashing URL[J]. Journal of Software, 2004, 15(2)：179-184.

[14] Y Yu, D Gu. the resource efficient forwarding in the content centric network[C]. Proceedings of the 10th international IFIP TC 6 Conference on Networking, 2011 (6640)：66–77.

[15] Jain S, Chen Y, Zhang Z L. viro：a scalable, robust and namespace independent virtual id routing for future networks[C]. IEEE INFOCOM, 2011：2381-2389.

[16] Eum S, Nakauchi K, Murata M, et al. CATT：potential based routing with content caching for ICN [C]. Proceedings of the second edition of the ICN workshop on Information-centric networking. ACM, 2012：49-54.

[17] Ye R, Xu M. neighbor cache explore routing strategy in named data network[J]. Jisuanji Kexue yu Tansuo, 2012, 6(7)：593-601.

[18] Shanbhag S, Schwan N, Rimac I, et al. SoCCeR：Services over content-centric routing[C]. Proceedings of the ACM SIGCOMM workshop on Information-centric networking. ACM, 2011：62-67.

[19] Chiocchetti R, Rossi D, Rossini G, et al. exploit the known or explore the unknown?：hamlet-like doubts in ICN[C]. Proceedings of the second edition of the ICN workshop on Information-centric networking. ACM, 2012：7-12.

[20] Wang L, Hoque A, Yi C, et al. OSPFN：an OSPF based routing protocol for Named Data Networking [J]. University of Memphis and University of Arizona, Tech. Rep, 2012.

[21] Hoque A, Amin S O, Alyyan A, et al. Nisr：named-data link state routing protocol[C]. Proceedings of the 3rd ACM SIGCOMM workshop on Information-centric networking, 2013：15-20.

[22] PARC. CCNx open source platform, http：//www.ccnx.org.

[23] Dai H, Lu J, Wang Y, et al. a two-layer intra-domain routing scheme for Named Data Networking[C]. Global Communication Conference, 2012 IEEE, 2012：2815-2820.

[24] Torres J, Ferraz L, Duarte O. controller-based routing scheme for Named Data Network[J]. Electrical Engineering Program, COPPE/UFRJ, Tech. Rep, 2012.

[25] R G C Intanagonwiwat, D Estrin. directed diffusion：a scalable and robust communication paradigm for sensor networks[C]. Proc. of Mobile computing and networking, Boston, USA, Aug. 2000.

[26] Sripanidkulchai K, Maggs B, Zhang H. efficient content location using interest-based locality in peer-to-peer systems[C]. Twenty-second Annual Joint Conference of the IEEE Computer and Communications. IEEE Societies. IEEE, 2003 (3)：2166-2176.

[27] Pireddu L, Nascimento M A. taxonomy-based routing indices for peer-to-peer networks [C]. Workshop on Peer-to-Peer Information Retrieval, 2004.

[28] Dorigo M, Maniezzo V, Colorni A. ant system：optimization by a colony cooperating agents [J]. IEEE Transactions on Systems, Man, and Cybernetics-bart B：Cybernetics, 1996, 26(1)：2941.

[29] Shanbhag S, Schwan N, Rimac I, et al. SoCCeR：services over content-centric routing [C]. Proceedings of the ACM SIGCOMM workshop on Information-centric networking, 2011：62-67.

[30] 张国印，唐滨，孙建国，等. 面向内容中心网络基于分布均匀度的蚁群路由策略[J]. 通信学报，2015, 36(5)：126.

[31] Li Q, Wang D, Xu M, et al. on the scalability of router forwarding tables：Nexthop-selectable FIB aggregation[C]. IEEE INFOCOM, 2011：321-325.

[32] 杜传震，田铭，兰巨龙. 基于后缀摘要的可选下一跳转发信息表聚合方法[J]. 计算机应用研究，2014, 31(1)：261-268.

[33] Ghodsi A, Shenker S, Koponen T, et al. information-centric networking：seeing the forest for the trees [C]. Proceedings of the 10th ACM Workshop on Hot Topics in Networks. ACM, 2011：1.

[34] Atlas A K, Zinin A. basic specification for IP fast-reroute：loop-free alternates[J]. 2008.

第 5 章　CCN 移动性技术

随着移动通信技术的迅猛发展，智能手机、笔记本电脑和平板电脑等拥有无线连接的移动设备日渐普及，移动计算平台和移动终端（子网）正在取代传统固定的终端/服务器的通信模式。据 *Cisco VNI Mobile Forecast* 预测[1]，到 2021 年，Wi-Fi 和移动联网设备生成的流量将占到互联网流量的 20%。CCN 作为面向未来的新型网络体系结构，必然要把移动性作为重点考虑的方面。

5.1　CCN 移动性问题概述

5.1.1　现有网络体系的移动性技术

长期以来，移动性问题一直是当前 TCP/IP 互联网架构面临的重要挑战。在过去的二十多年中，研究者们花费了大量精力考虑全球互联网的移动性支持问题，并提出了一系列解决方案，表 5-1 给出了现有的主要移动性支持协议[2]。

表 5-1　现有的主要移动性支持协议

协　议	年　份	协　议	年　份
Columbia	1991	TIMIP	2001
VIP	1991	M-SCTP	2002
LSP	1993	HIP	2003
Mobile IP	1996	MOBIKE	2003
MSM-IP	1997	Connexion	2004
Cellular IP	1998	ILNPv6	2005
HMIP	1998	Global HAHA	2006
FMIP	1998	PMIP	2006
HAWAII	1999	BTMM	2007
NEMO	2000	WINMO	2008
E2E	2000	LISP-Mobility	2009

现有的移动性支持机制多数都属于在原有 Internet 上的增补型、附加型解决方案，都是针对特定场合和应用场景提供相应的移动性支持功能，常常就某种移动性目标的某个局部侧面寻求解决方案，缺乏对于移动性目标和业务需求的全面理解和把握，没有从网络体系结构的内在属性重新审视和解决移动性问题。未来的移动性支持系统是异构的，应存在多种移动性支持方案。在不同的移动性支持方案中，终端对移动性支持的程度不同，对信令的理解就不同，因此它们之间无法互通，限制了移动性支持方案的应用。另外，移动性方案需要移动终端和网络实体运行新的协议，没有保持向下兼容，不利于网络的演进和部署。此外，安全问题在移动性支持方案中十分重要，而现有的解决方案和相关安全机制缺乏统一的安全架构，割裂了上下层之间在安全方面的联系，在安全性、

复杂度和切换性能等方面往往顾此失彼。

目前互联网对于移动性支持不足体现在以下方面。

（1）IP 地址的语义双重性：IP 既代表节点的身份，在传输层以及上层表示节点和会话；又代表节点的网络地址，用于网络层的寻址和路由转发。所以当节点移动时，IP 地址需要动态改变，这会导致上层会话的中断。

（2）DNS：一些移动性解决方案基于 DNS 来提供动态的映射关系，但是随着移动节点的日益剧增，移动速度的加快，DNS 不能提供标识到地址的快速映射更新，时延过长；具有中心化的特性，存在唯一控制的根信任关系（ICANN），导致某些结构的滥用。

（3）现有的 Interne 认为通信的节点都是长久的相对固定、静止的，所以在此假设条件下，在 TCP/IP 中，路由协议一般要计算确定一条端到端（End-to-End）的路由，传输层 TCP 通过此路径进行反馈控制（拥塞、丢包等）。但是，在无线环境下，伴随着移动终端（子网、车载网络）的大量接入，在通信中，由于移动性导致链路质量的多变和临时的中断，原有路由的失效，不一定随时存在端到端的可用通信路径，这样就会导致数据的重传和递交的失败，引入额外的控制信令开销，通信效率低下。

（4）现有的 Internet 设计之初针对的是固定节点之间的通信，所以移动性被认为是少量终端节点的一种临时性、偶尔的网络行为，这导致设计的移动性支持方案都是作为 Internet 一种附加的弥补性路由解决方案，需要附加的网络结构支持，效率低下，缺乏通用性，没有从网络的体系结构上设计相应的解决方案，没有把移动性作为网络的一种内在、天然的属性。

5.1.2　CCN 支持移动性的潜在优势

移动性问题的根源在于如何命名。IP 根据主机的网络拓扑位置命名直接将名称和地址绑定在一起，从而 IP 地址具有身份和位置的二义性。因此，移动主机改变物理位置的时候，需要改变它的名字，从而产生很多问题。

以信息为中心的网络体系结构，使用内容标识而不是 IP 地址进行数据传递，让内容本身成为因特网架构中的核心要素，改变了当前互联网主机-主机通信范例，使互联网直接提供面向内容的功能，网络通信模式从关注“在哪里”（如地址、服务器、端系统）变为关注“是什么”。凭借这种关键的范式变化，CCN 变成了以给用户提供唯一标识的内容为中心任务的基础结构，而不是对设备之间的数据进行路由。通过去除以主机为中心的命名方式，希望能够无缝改变主机的物理和拓扑位置，而不需要执行主机中心网络中所必需的复杂网络管理（如在家乡地址和外地地址之间转发数据）。因此，在 CCN 中，节点位置的变化不需要改变相关的网络信息（如路由状态）。这种高层次的概念带来很多潜在的优势。主要包括以下方面。

（1）主机多家乡（Multi-Homing）。

支持移动终端通过多个接口（如蓝牙、UMTS、Wi-Fi 等）获取网络服务，一直是以主机为中心的网络面临的挑战。这是因为大多数协议分别根据每个终端的地址建立独立的连接。但是，由于终端地址与网络接口绑定，使得这些连接很难轻易在不同的网络接口之间无缝迁移。例如，HTTP GET 请求总是通过特定的 TCP 连接从唯一的源地址获取数据。因此，移动终端在使用 HTTP 时发生切换，其他潜在的网络接口难以被有效利用。

而 CCN 不再使用端到端的连接，而使用请求/响应模式，从而请求消息可以复用多个接口。这意味着运行在多家乡 CCN 节点的应用可以无缝地利用这些不同的接口，而不需要获知当前它究竟使用的是哪个接口。

（2）网络地址一致性。

当前许多移动性机制试图维护节点网络地址的一致性。特别是对于那些长期使用 IP 地址的应用。例如，BitTorrent 将 IP 地址注册到 Tracker 来进行内容发现。

在移动 IP 中，引入家乡代理维护不变的公有地址和变化的物理地址之间的绑定关系，但是，由于这种方案需要在家乡代理和移动节点之间使用隧道进行传输，带来了不必要的额外开销。如果试图避免这些开销，则需要更加智能、感知移动的复杂方案。

CCN 的概念并不强制应用程序处理以主机为中心的信息，相反，它使得应用程序不再需要考虑这些主机信息。这允许应用程序抽象地发布或消费内容，而不需要存储（甚至不知道）自己的网络层地址。从本质上讲，内容是一个明确的应用层元素，同时成为明确的网络层实体。因此，使得应用程序只需维持那些不超越自己责任范围的信息。

（3）改变了面向连接的会话。

在以主机为中心的网络中，移动性的一个关键问题是它们经常依赖于面向连接的协议（如 TCP）。因此，这要求移动后通信双方都知道最新的网络地址以及所有相关的参数，在此基础上，重建面向连接的会话。在以主机为中心的网络中，TCP 会话建立可靠的参数（如序列号），并配置流量/拥塞控制机制（如窗口大小）。这是十分必要的，因为网络协议栈不能明确地理解它所发送/接收的数据，所以需要通信双方的合作，以确保接收者能够以适当的速度获得正确的数据。

与此相反，在 CCN 中，通信内容在网络协议栈中得到了明确，通信模型变成接收者驱动，而无须与发送方合作，即可实现报文保序和通信可靠性，而且可以通过修改请求频率进行流量/拥塞控制。因此，在信息交互方之间建立会话变得不再必要。

（4）缓存副本提供了信息获取的多样性。

以主机为中心的网络信息交换通常是基于位置的一些概念（如一个 URL）。因此，如果在 URL 中确定的主机发生故障，或者任何中间路由器失败，则内容将变得不可用（特别多见于无线自组网）。

相反，CCN 中内容是寻址的关键实体，内容和其存储位置完全解耦。这使得内容被允许存储在任何地方，从而内容可以拥有多个缓存副本。一方面，缓存可以提高内容性能；另一方面，也可以减小节点移动和网络故障的影响。CCN 缓存可以提高每个请求潜在服务点的数量，从而增加冗余。

5.1.3　CCN 在支持移动性方面存在的挑战

目前，CCN 在移动管理体制及通信机制设计等问题上的基础理论还不健全，很多技术细节需要进一步研究和完善，在支持移动性方面仍然存在一些挑战，主要包括内容源移动性、响应路由、本地缓存内容发现和实时切换延迟等问题。

1. 内容源移动性

从一般意义上讲，由于大多数 CCN 中的通信过程设计为请求者驱动，请求者移动性是一个相对比较好处理的问题。然而，内容源移动时保持路由的一致性成为 CCN 面临的更严峻的挑战。这是因为，如果内容源的拓扑位置发生改变，网络就需要更新其位置信息（这些信息可能全局的）。由于内容对象的数量远多于主机数量，使得网络的维护管理负担急剧增加。

上述影响也许可以通过高速缓存和内容副本来减轻，但如果内容源无法实现快速切换，则不流行的内容仍可能受到很大的影响。这一挑战的具体表现随内容命名和发现技术的不同而相异。

例如，CCN 为了提高可扩展性，采用分层命名和路由聚合。但是，因为名称也被用于路由的位置标识，它们必须被有效地映射到拓扑位置。当内容源改变拓扑位置时，重定位这些内容源会存在严重的挑战，因为它显然损害了地址空间的层次结构。事实上，使用路径外（Off-Path）的缓存内容存在类似的挑战。不幸的是，线速转发主要依赖于路由聚合，这意味着内容源移动性将带来严重的可扩展性问题。除此之外，内容源移动时需要通告路由信息，会带来路由收敛延迟。

使用解析方法同样面临挑战，如 NetInf 或 Juno。这是因为，任何请求者发生移动，都必须向解析映射系统报告。显然，高频率的移动可能带来难以承受的负载。同样地，所有相关的请求者将需要获知这些变化，并通过解析服务重新绑定到新内容源。

2. 响应路由

为了在 CCN 中（试图）除去位置的概念，许多方法利用预定义成对逐跳信息（如面包屑），在缺少主机为中心路由的情况下，确保数据可以按照一定的路径返回到请求者。然而不幸的是，路径可能频繁地改变，这在移动网络中具有挑战性。

例如，CCN 中的数据分组总是沿兴趣分组的反向路径回传，因此，如果主机改变位置，则响应路径将改变，从而带来一个窗口，在这个窗口内，许多潜在的数据分组被路由到已经失效的原位置（例如，TCP 中允许窗口能够容纳约 1GB 的数据）。有趣的是，专门处理这种网络动态性的一些协议仍然依靠反向路径路由。

由于使用逐跳源路由，PURSUIT 也存在相关的情况。例如，如果由于移动，计算路线发生变化，这种逐跳信息将过时。编码冗余虚拟链路可以缓解这点，但由于移动性，即使这样也可能无效。显然，如果 CCN 网络被部署在移动环境中，则处理这些物理路径变化是一个极其重要的研究课题。

3. 本地缓存内容发现

CCN 的一个主要优势是部署普遍缓存的能力。然而，在移动环境中，特别是无线自组网和 DTNs，由于管理缓存副本的潜在开销，存在严峻挑战。

这种挑战的具体细节将随所采用具体方法的不同而变化。采用诸如 CCN 的方法，由于维护缓存的内容源路由信息的增加，可能会产生巨大开销。

实际上，为了减缓这种情况，近来的一些移动路由算法（如 CHANET1）不需要移动节点通告其缓存内容，而是只允许随机路径缓存。

与此相反，如 DONA 和 Juno 等人利用解析服务的方法，也将需要为每个缓存实例进行解析更新（这类似于极高水平的内容源移动性）。此外，考虑到 Ad Hoc 环境中情况可能会更糟糕，如果发生移动就意味着这些服务可能由于各种原因变得不可实现。

4. 实时切换延迟

在对时间不敏感的网络交互中，对切换延迟没有真正的限制，移动性问题相对容易处理；而在实时通信（如视频会议）过程中，移动性问题是比较难处理的，因为切换时延必须在毫秒量级。

通常情况下，使用 CCN 对移动性的主要优点是内容的缓存副本可能缩短切换延迟。然而，许多实时通信（如语音呼叫）中数据被缓存的概率并不大。此外，由于一些实时通信是多方向的，各方都表现为请求者和内容源，从而增加了处理移动性的负担。

5.1.4　CCN 移动主体划分

CCN 使用“发布-请求-响应”的模式来发现和检索所需的内容，并且可以利用网络缓存的副本更好地实现内容的有效分发。如图 5-1 所示，当 CCN 中的 Provider 产生数据内容后，首先进行内容的全网通告，以建立 CCN 路由器的 FIB 出口信息。当 Consumer N 请求数据内容时，将向其接入路由器 C 发送带有内容名字的兴趣包，路由器 C 将按照 FIB 信息进行兴趣包的转发，直至 Provider。Provider 收到兴趣包后，将 Data Packet 遵照 PIT 表项信息，沿着兴趣包建立的反向路径传递给 Consumer N，并按照一定的策略在 CCN 路由器 C 处进行内容缓存。当 Consumer M 请求同样的数据内容时，由于路由器 C 缓存有数据内容，将直接为 Consumer M 提供内容服务，而不用从 Provider 处获取内容。从图 5-1 可以看出，在 CCN 用户请求数据内容的通信过程中，只涉及 Consumer 和 Provider 两种不同的通信终端类型。因此，可以将 CCN 的移动主体分为两类，即请求者移动性（Consumer Mobility）和数据源移动性（Provider Mobility）。

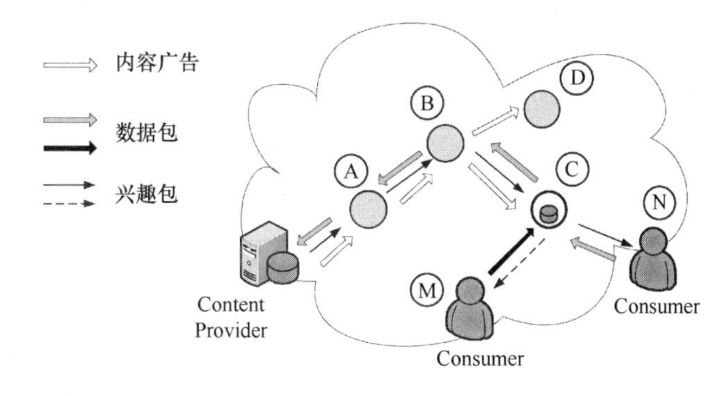

图 5-1　CCN 移动主体划分

另外，随着智能终端的普及和互联网技术的发展，越来越多的用户需要在移动的环境中通过固定或移动设备上的无线接入点和便携移动终端来获取网络丰富的资源。由于 CCN 由无固定的拓扑结构的节点构成，使其内在地支持动态拓扑环境下内容的分发。为扩展 CCN 网络应用范围，CCN 同样被寄希望应用于无线 Ad Hoc 环境等移动环境中，如车载通信，部署在飞机、轮船、公交车、火车上的传感器网络等。CCN 所蕴涵的全新设计理念对于移动环境下内容的获取和高效分发具有极大的优势，但同时也带来了移动 CCN 环境下的移动性问题。

在所有的 ICN 研究实例中，最有影响力的当属 CCN。由于 CCN 代表了 ICN 的研究前沿，下面以 CCN 的基本模型为框架进行说明和分析。

5.2　请求者移动性支持技术

5.2.1　请求者移动性问题分析

请求者移动性问题是 CCN 的主机移动性中一个非常重要的研究方向。根据 CCN 设计的两种协议包：兴趣包和数据包，可以将网络移动主体分为 Consumer 和 Provider。网络中的 Provider 可视作网络中产生内容的服务器，Consumer 则可看作网络中数量日趋庞大的移动用户。随着网络中大量用户移动的事件日趋常态化、频繁化，请求者移动性问题的解决关系到网络的整体性能。

在 CCN 中，内容请求者发出兴趣包后，若未收到应答包前发生了移动，即改变了网络的接入点，则将使得按照 PIT 状态信息传递回来的数据包不可达，导致内容请求者接收不到兴趣包请求的内容。尽管内容请求者在移动后或中断连接的情况下，可以通过重新发送兴趣包来获得在原内容请求者接入位置所需的数据包，但是当终端移动后，在重新发送兴趣包之前，应答数据包是无法进行接收的，因此会引入额外的时延，对于实时应用业务来说是不可取的。另外，在移动的环境中，大量请求过的数据包需要重新进行请求，将导致兴趣包的额外重传与发送，给网络带来过多的负担和冗余。

为请求者提供移动性支持最重要的目的在于减少终端因移动带来的通信时延，避免通信中断，提供无缝移动。如图 5-2 所示，由于请求者 Consumer 在发送兴趣包后至未收到数据包之前发生了移动，进而改变了中间路由器未决兴趣表 PIT 中的 Face 入口信息。当中间路由器收到数据包后，由于 PIT 表项中的 Face 状态信息没有随 Consumer 的移动而改变，导致通过反向路径传输的数据包不可达，所以 Consumer 接收不到兴趣包请求的内容。

针对请求者移动性问题，利用缓存加速切换后用户的内容获取速度成为一种可行和有效的方法。目前利用缓存缓解请求者移动性问题的解决方案可以分为两类，一类是基于缓存发现的方法，主要关注切换后如何快速发现已经在网络中缓存的内容，但是用户切换后请求的内容并不一定存储在邻近的节点，切换性能难以保证；另一类是基于主动缓存的方法，当移动用户移动到新接入点前，根据用户移动信息，新接入点预先缓存用户需要的内容对象，从而可以立即响应用户的请求，相比从数据源获取内容，可以大幅缩短内容获取时延。

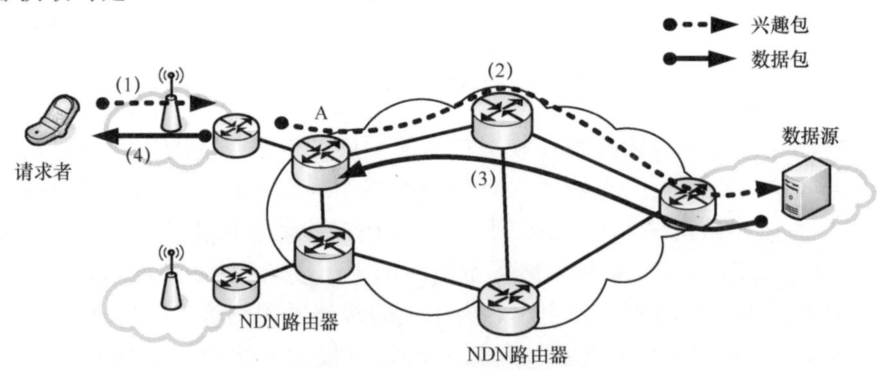

(a) 请求者向数据源请求数据内容

图 5-2　请求者移动性问题

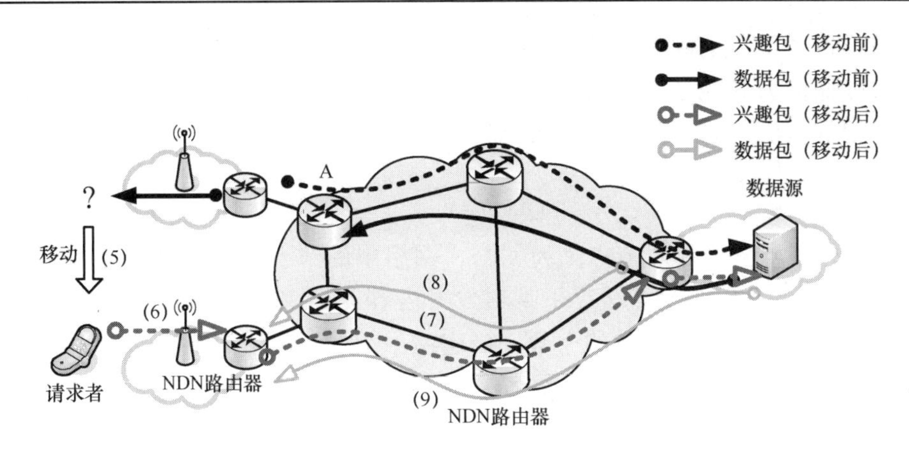

(b) 请求者移动后需要重新发送兴趣包到数据源处

图 5-2　请求者移动性问题（续）

5.2.2　基于缓存发现的请求者移动性解决方案

本节介绍一种基于拓扑势的请求者移动性机制 TPB NDN[3]，它在减少传输路径迂回和缩短通信时延的基础上实现对请求者移动性的支持。

1. 拓扑势的引入

现有的缓存策略都是在兴趣包传输的路径（On-Path）上进行节点缓存，这样只能为此路径上的请求提供服务。如果不在此路径（Off-Path）上的兴趣包要请求相同的内容，即使该兴趣包距离缓存内容副本的节点非常近，如图 5-2（a）中路由器 A 中缓存数据内容，因为路由器 A 不在请求传递的路径上，也不能选择最优的数据源为之提供服务，使传输路径迂回，不仅增加了额外网络开销，而且增加了时延和丢包率。为使不在路径上的内容副本被后继网络中产生的兴趣包利用，引入了拓扑势的概念用于扩散网络缓存副本的内容通告，以帮助请求者选取最优的数据源，提供高质量的通信服务。

考虑建场开销及网络整体性能，对网络缓存副本的通告应限制其通告范围，每个缓存节点中某项内容的势能值会随着网络距离的增长而快速衰减。根据数据场的相关讨论[4, 5]，TBP NDN 采用具有良好数学性质的高斯势函数描述节点势能值的大小，并称相应的场为拓扑势场。

给定网络 $G=(V,E)$，其中 $V=\{v_1,v_2,\cdots,v_N\}$ 为节点的非空有限集，$E=\{e_1,e_2,\cdots,e_M\}\subseteq V\times V$ 为节点偶对或边集合。定义 $F=\{f_1,f_2,\cdots,f_R\}$ 为系统中内容的流行度，$S=\{s_1,s_2,\cdots,s_P\}$ 为一系列内容服务器，每个内容服务器中内容个数为 R，且每个内容都永久地存在一个服务器中，即数据源。根据拓扑势函数的定义，任意节点 $v_i\in V$ 对于特定节点 $v_j\in V$ 的拓扑势可表示为

$$Q(v_i^j)=m_i\times \mathrm{e}^{-(\frac{d_{ij}}{\sigma})^2} \tag{5-1}$$

式中，d_{ij} 表示节点 v_i 与 v_j 间的网络距离，TPB NDN 采用 v_i 与 v_j 之间的跳数衡量网络间距离；影响因子 σ 用于控制每个节点的影响范围；$m_i\geqslant 0$ 表示节点 $v_i\ (i=1,\cdots,n)$ 的质量，

可以用来描述每个节点的固有属性。在真实网络环境中，节点的固有属性因节点本身的计算能力、存储能力和能量消耗而改变。这里忽略节点间固有属性的差异，假定每个节点的质量都相等且满足归一化条件，可以得到式（5-1）简化的拓扑势公式为

$$Q(v_i^j)=\mathrm{e}^{-(\frac{d_{ij}}{\sigma})^2} \tag{5-2}$$

定义网络中节点 v_i 的邻居节点集为 $B(v_i)$。网络中的节点根据是否缓存数据内容分为两类：v_c 和 v_nc。v_c 代表该节点缓存了某项数据内容，v_nc 则代表没有缓存内容。定义 T 为网络中缓存该项数据内容节点的个数，而网络中内容副本集合可表示为 $(v_\mathrm{c}^1,v_\mathrm{c}^2,\cdots,v_\mathrm{c}^T)$。

当网络初始化时，假设在网络中只有一个缓存内容的节点，即 T=1。此时网络中节点的势能为：

$$\varphi(v_i^j)=\begin{cases}-Q(v_i^i) & v_i=v_j=v_\mathrm{c}\\ -Q(v_i^j)\big|_{i\neq j} & v_i=v_\mathrm{nc}\mathrm{U}v_j=v_\mathrm{c}\end{cases} \tag{5-3}$$

在复杂的网络环境中，同一个数据内容可能存在多份副本缓存，此时将每个节点在多个拓扑势场下的势能值进行叠加，式（5-3）转化为

$$\varphi(v_i)=\begin{cases}-\left[Q(v_\mathrm{c}^i)+\sum_{(v_\mathrm{c}\neq v_\mathrm{c}^i)}Q(v_i^j)\big|_{i\neq j}\right] & v_i=v_\mathrm{c}^i\in v_\mathrm{c},v_\mathrm{c}^j\in v_\mathrm{c}\\ -\sum_{j=1}^{T}Q(v_i^j) & v_i\notin v_\mathrm{c},v_\mathrm{c}^j\in v_\mathrm{c}\end{cases} \tag{5-4}$$

式中，$\left|Q(v_i^j)\right|$ 代表该节点缓存内容的质量。缓存内容输出链路容量越高，节点相对于该内容副本的 $\left|Q(v_i^j)\right|$ 就越大。

参照上述拓扑势函数，可以得到根据网络拓扑中内容副本缓存建立的拓扑势场，如图 5-3 所示（σ=1）。当网络中只有数据源而没有进行内容副本缓存时，兴趣包将必须发送至位于坐标原点的数据源处才能得到数据内容。而根据缓存策略并建立了三个内容副本拓扑势场后，兴趣包将根据网络中的势能差值选择最优的缓存节点来获取数据。其中，当一个兴趣包进入势能场到达节点 v_n 后，它将被转发给 $v_\mathrm{next}\in B(v_i)$。其中，$v_\mathrm{next}$ 的选择由下式决定：

$$v_\mathrm{next}=\left[\mathrm{Max}\ Q_{n\to\mathrm{next}}=\varphi(v_n)-\varphi(v_\mathrm{next})\middle|\mathrm{next}\in B(v_n)\right] \tag{5-5}$$

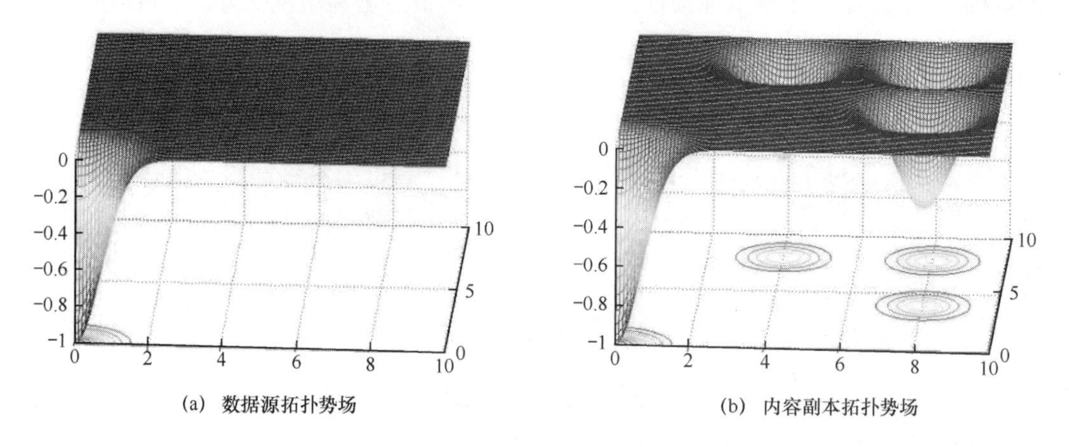

(a) 数据源拓扑势场　(b) 内容副本拓扑势场

图 5-3　基于内容建立的拓扑势场

2. 基于拓扑势的缓存策略及路由方案描述

在对内容副本缓存构建拓扑势场的基础上，为了尽可能地利用缓存的优势，需要合理选择缓存位置。为此，以缩短请求者移动带来的通信时延为目标，设计了兴趣包的转发策略及数据应答过程中内容缓存及势能场的建立算法。

（1）网络模型：给定网络 $G=(V,E)$ 中，$V=\{v_1,v_2,\cdots,v_N\}$ 为节点的非空有限集，$E\subseteq V\times V$。令 $D=\{d_1,d_2,\cdots,d_H\}$ 为请求者发出兴趣包至 Provider 处沿路依次记录的 On-Path 路径中节点的度，$\bar{D}=\left\lfloor \sum_{i=1}^{H}(d_i)/H \right\rfloor$，其中 H 为该路径总跳数。令 $F=\{f_1,f_2,\cdots,f_R\}$，其中 $f_i,i\in[1,R]$ 为单位时间内请求内容 $S_i,i\in[1,p]$ 的次数 $\mathrm{Num}(S_i)$ 与单位时间内请求总数的比值，即 $f_i=\mathrm{Num}(S_i)/\sum_{i=1}^{p}\mathrm{Num}(S_i)$，$f_i\in(0,1)$。

（2）兴趣包转发过程：在兴趣包传递过程中，当兴趣包到达每个 NDN 路由器时，都将记录本条路径上的 $D=\{d_1,d_2,\cdots,d_H\}$。当兴趣包到达 Provider 后，可以通过每条不同路径记录的信息 D 计算出 $\bar{D}$，以此根据不同的链路状态来自适应地选择适合本条路径上的位置进行缓存，具体流程如图 5-4 所示。

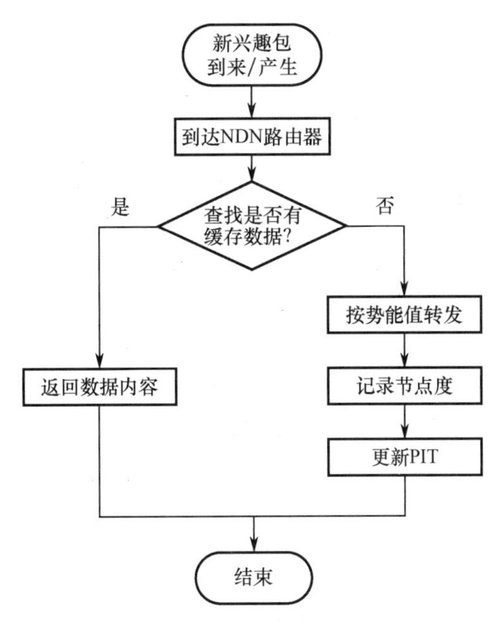

图 5-4　TPB NDN 的兴趣包转发流程

（3）内容缓存及势能场的建立：当 Provider 收到兴趣包后，首先计算更新该项被请求内容的 f_i，f_i 值的大小反映了用户对不同内容请求频率的大小。在进行拓扑势的建立时，将根据内容的流行度分别采取不同的策略进行处理：对于流行度非常低的内容只是在沿途路径上随机进行缓存，而不采取基于势能的内容副本通告，以在保证缓存特性的前提下有效地降低网络开销；对于流行度较高的内容，则根据 $\bar{D}$ 和 H 的值选择内容副本合适的缓存位置，根据 f_i 确定该缓存势能场的通告范围，具体流程如图 5-5 所示。

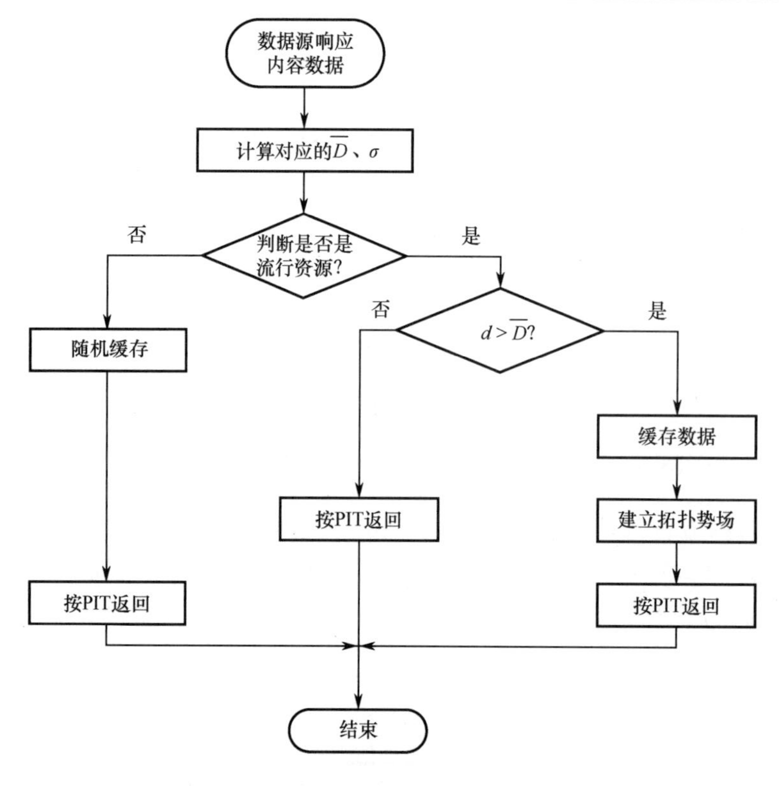

图 5-5　TPB NDN 的数据包传递流程

5.2.3　基于主动缓存的请求者移动性解决方案

为了在保障切换性能的同时减少缓存资源占用，下面介绍一种利用细粒度缓存特性的协作主动缓存（Collaborative Proactive Caching Scheme，CPCS）机制。所谓细粒度缓存是指 ICN 将内容文件划分成细粒度的内容块（Chunk）作为缓存和传输单元。这种特性使得同一个内容文件的内容块可以缓存在不同节点中，为缓存资源的精细化管理和集约利用提供了良好支撑。CPCS 根据切换过程中内容块的请求次序得到缓存位置需求，引入节点协作机制共享缓存空间，从而有些内容块可以存储在特定节点，同时满足多个潜在接入点的需求，避免了同一个内容块被缓存多次。

1. 缓存需求分析

为了在保障切换性能的同时降低缓存资源开销，引入协作主动缓存机制，将这些需要缓存的内容分为两部分，一部分是请求者切换后首先需要获取的内容块，存储在每个潜在的目标接入点，从而可以就近响应请求者；另一部分则存储在其他协作缓存节点上，当请求者确定目标接入点后，由新接入点从这些节点获取，在不影响用户尽快得到内容的前提下，同时能够满足其他潜在接入点的缓存需求，降低缓存空间使用。下面分析发生切换时，在不影响用户切换后快速内容获取的前提下，请求序列中不同内容块的缓存位置限定范围。

假定内容块的大小相同，每个内容块都由一个数据包传输，从而内容块和数据包一一对应。图 5-6 给出了切换未发生和发生时用户报文消息传输时序的对比。上半部分是切换未发生报文消息的传输时序，兴趣包和数据包按照相对稳定的速率 λ_s 依次发送和到达。在发出兴趣包一段时间后，用户收到网络返回的对应数据包，从开始发送兴趣包到数据包接收完成之间的时间间隔为内容获取延迟，记此时的内容获取延迟为 d_s。

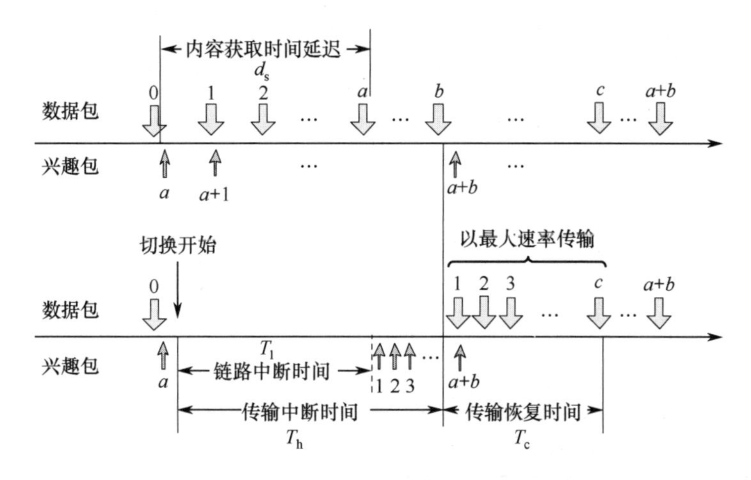

图 5-6　报文发送和到达时序对比

下半部分是有切换发生时报文消息的传输时序，当用户收到数据包 0 和发出兴趣包 a 后，切换开始。当与新接入点的链路重新建立时，用户立即开始请求在切换过程中没有获取到的数据包，为了尽快获取到这些数据包，用户以最大的速率发出这些兴趣包，直到兴趣包 $a+b$ 被发送，从而赶上正常（未发生切换的情况）的兴趣包发送进度，而后按照正常速率继续发送兴趣包。同样，为了使得切换对内容获取的影响降到最低，一方面，链路恢复后，内容获取延迟要尽可能短，即数据包 1 能够尽快回传；另一方面，数据包按照尽可能高的速率 λ_n 传输，以便尽快赶上正常数据包的发送进度。这里将以最大速率传输数据包的时间定义为传输恢复时间，并记为 T_r，期间收到数据包的数量为 c。记传输中断时间为 T_h，从而有

$$c = \lambda_n T_r = \lambda_s (T_h + T_r) \tag{5-6}$$

主动缓存的任务就是通过预先缓存内容块，加速内容回传，使 T_h 和 T_r 都能达到最小。为了实现上述目标，新的接入点需要在数据包开始向用户传输前，获取到相应的内容块。假定数据包 1 开始传输的时刻为 t_1，则数据包 i 开始传输的时刻为

$$t_i = \begin{cases} t_1 + \dfrac{(i-1)}{\lambda_n} & i \leqslant c \\ t_1 + \dfrac{c}{\lambda_n} + \dfrac{(i-c-1)}{\lambda_s} & i > c \end{cases} \tag{5-7}$$

新接入点在时刻 t_1 开始从协作缓存节点请求数据包，则兴趣包 i 开始传输的时刻为

$$t_i' = t_1 + \frac{(i-1)}{\lambda_r} \tag{5-8}$$

若内容块 i 缓存在节点 v，则新接入点 n 从节点 v 处获取内容的延迟需要满足

$$d_{nv} \leqslant t_i - t_i' \tag{5-9}$$

表 5-2 列出了面向用户移动的缓存符号说明。

表 5-2　面向用户移动的缓存符号说明

符　号	含　义
N	缓存节点集合
V	用户可能移动至的邻居接入点的集合
I	需要主动缓存的内容块集合
λ_s	正常状态下内容块的传输速率
λ_r	切换后内容块的最大传输速率
d_{vn}	接入点 v 从缓存节点 n 获取内容块的时间延迟，包括链路的传输时延与节点的处理时延
d_s	用户从内容源获取内容块的时间延迟
a	用户移动切换前请求但未能获取的内容块的数量
b	用户移动切换过程中由于传输中断未能获取的内容块的数量
N_c	节点需要主动缓存的内容块数量
N_v	用户可能移动至的邻居接入点的数量
$\varphi_{i,n}$	表示缓存节点 n 处存储内容块 i
$\delta_{i,n,v}$	新接入点 v 从缓存节点 n 处获取内容块 i

2. 缓存资源优化模型

下面根据缓存需求得到缓存资源优化模型。假定 N 为用户可能移动至的邻居接入点的集合，V 为包括接入点在内的缓存节点集合。定义决策变量集合 $\varDelta=[\delta_{i,n,v}]\in\{0,1\}$ 和 $\varGamma=[\varphi_{i,v}]\in\{0,1\}$，$\delta_{i,n,v}=1$ 表示新接入点 n 从缓存节点 v 处获取内容块 i，$\varphi_{i,v}=1$ 表示缓存节点 v 处的缓存内容块 i。以最少缓存占用为目标，可以得到优化模型

$$\min\ D(\varGamma)=\sum_{i\in C}\sum_{v\in V}\varphi_{i,v} \tag{5-10}$$

$$\text{s.t.}\quad \varphi_{i,v}\geqslant\delta_{i,n,v},\forall i<a+b,\forall n\in\boldsymbol{N},\forall v\in\boldsymbol{V} \tag{5-11}$$

$$d_{nv}/(\delta_{i,n,v}+\varepsilon)\leqslant t_i-t_i',\forall i<a+b,\forall n\in\boldsymbol{N},\forall v\in\boldsymbol{V} \tag{5-12}$$

式中 ε 为一个接近于 0 的正整数。上述协作主动缓存问题为背包问题（NP-Hard 问题），由于待缓存的内容块数量较多，求解复杂度较高。

3. 优化模型变换与求解

定义 y_j 为被缓存 j 份的内容块数量，v_{jk} 为缓存 j 份的内容块的第 k 个节点。

若节点 v 能够为接入点 n 缓存的最小标号的内容块为 x_{nv}，则

$$x_{nv}=\begin{cases}\lceil\lambda_n d_{nv}+1\rceil & d_{nv}\leqslant\dfrac{c}{\lambda_n}\\[2ex] \left\lceil\lambda_s(d_{nv}-\dfrac{c}{\lambda_n})+c+1\right\rceil & d_{nv}>\dfrac{c}{\lambda_n}\end{cases} \tag{5-13}$$

以最少缓存占用为目标，可以得到优化模型

$$\min\ D(Y)=\sum_{j=1}^{N_n}j\times y_j \tag{5-14}$$

$$\text{s.t.}\quad \sum_{j=1}^{N_n}y_j=N_c \tag{5-15}$$

$$x_{nv_{jk}} \geqslant N_{\mathrm{c}} - \sum_{i=j+1}^{N_n} y_j, \exists N_m, \forall N_j \in N_m, \forall n \in N_j, j < N_n, \forall k \tag{5-16}$$

式中，N_m 为由 m 个非空子集组成的邻居接入点集合 N 的一个划分。

假定 x_j 为被缓存 j 份的内容块的最小标号。当缓存空间占用最少时，所有标号大于 x_j 的内容块缓存份数都不大于 j，即不存在标号大于 x_j 的内容块缓存份数小于 j。因为标号越大的内容块获取延迟要求越宽松，所有标号大于 x_j 的内容块存储在相同的 j 个缓存节点上，即可满足需求。

缓存 j 份内容块的节点负责存储内容块 $[x_j, x_{j-1}-1]$，则有 $x_j = x_{j+1} + y_{j+1}, y_{j+1} = x_j - x_{j+1}$。

优化目标可以变为

$$\min \ D(X) = N_{\mathrm{c}} - N_n + 1 + \sum_{j=1}^{N_n - 1} x_j \tag{5-17}$$

由于各个 x_j 取值相互不影响，上述优化问题可以转换为 N_n−1 个独立的子问题，即

$$\min \ x_j \ , j \in [1, N_n - 1] \tag{5-18}$$

$$\text{s.t.} \quad \sum_n x_{nv} \gamma_{nv} \leqslant x_j, \forall v \in V \tag{5-19}$$

$$\sum_{n \in N} \gamma_{nv} = 1, \forall v \in V \tag{5-20}$$

$$\gamma_{nv} \leqslant \eta_v, \forall n \in N, v \in V \tag{5-21}$$

$$\sum_{v \in V} \eta_v \leqslant j \tag{5-22}$$

式中，$\gamma_{nv} \in \{0,1\}$，表示新接入点 n 是否从缓存节点 v 处获取内容；$\eta_v \in \{0,1\}$，表示节点是否负责存储被缓存 j 份的内容块。从而转换为 N−1 个子优化问题，每个子优化问题都是 p 中心选址问题，其中 p=j。p 中心问题是设备选址问题中的一类，在规划领域得到了广泛的研究[6,7]，具有一批较为成熟的算法。由于优化问题，即式（5-12）～式（5-16）是无权设施选址问题，这里选择使用文献[8]中的复杂度为 $O(N)$的算法进行求解，从而总算法复杂度为 $O(N^2)$，则算法复杂度不再与内容块数量有关，仅与潜在接入点数量有关，而一般用户可能切换到的目标接入点不会太多，所以这种解法是可行的。

如果拥有集中式缓存管理控制器，则可根据网络的状态，在用户即将切换时，找到最优的缓存位置。如果不存在集中式服务器，则各个邻居接入点，将相关状态信息，传送到当前接入点，由当前接入点计算出最优的内容放置位置，再将计算结果返回给各邻居接入点。

4. 消息流程与实例分析

为实现协作主动缓存，对兴趣包进行扩展，共扩展三个类型，分别在不同的切换阶段协调缓存节点的动作，并使其能够携带协作主动缓存所需要的必要信息。下面以图 5-7 所示的场景为例，给出协作主动缓存的具体消息流程。

步骤①：AP_0 利用物理链路信息或路由通告消息，检测当前网络状态的变化，判断用户移动切换即将开始。同时，AP_0 根据用户移动行为，确定用户可能切换至的邻居接入点为 AP_1～AP_3，根据链路状态计算缓存 j 份内容块的节点负责存储内容块 $[x_j, x_{j-1}-1]$。

网络中的内容路由器（Content Router，CR）为接入点协作缓存，内容块 1 和 2 在每个潜在接入点缓存，而内容块 3 和 4 由 CR_1 和 CR_2 同时负责缓存，内容块 5~7 只存储在 CR_2 处。

步骤②：AP_0 向这些节点发送扩展兴趣包（类型 0），其中指明当前用户请求的内容块标识和传输速率，指示这些接入点将要有切换发生。

步骤③：缓存节点收到扩展兴趣包后，开始主动请求与缓存用户未能获取的内容，记当前时刻为 t_0，第 i 个内容块的预期请求时刻为 $t_0+\frac{i}{\lambda_s}$，缓存可以被替换的时刻为 $t_0+\frac{i}{\lambda_s}+d_s$。

步骤④：用户开始切换时，AP_0 向所有的缓存节点发送扩展兴趣包（类型 1），通知缓存节点用户切换前最后获取的内容块为 y，从而缓存 j 份内容块的节点确定负责存储的内容块为 $[y+x_j, y+x_{j-1}-1]$。

步骤⑤：移动切换后，新接入点发送扩展兴趣包（类型 2）至所有缓存节点，停止相关的主动请求与缓存进程。

步骤⑥：用户移动切换完成后，新接入点开始从协作缓存节点获取内容，用户发送兴趣包到新接入点，即可快速取回该用户移动切换过程中未能获取的内容块。

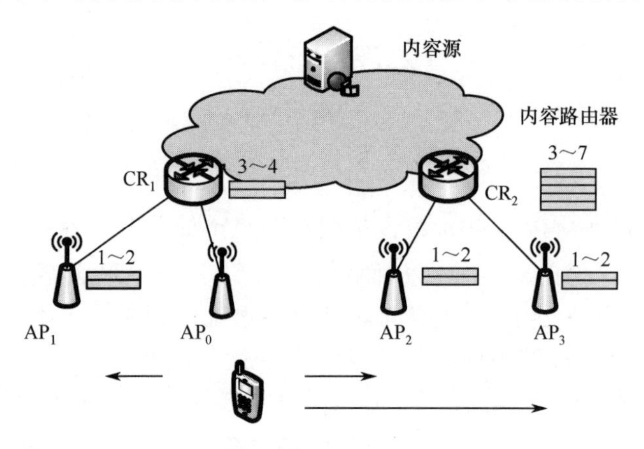

图 5-7　协作主动缓存实例分析

5.3　数据源移动性支持技术

5.3.1　数据源移动性问题分析

在 IP 网络中，一个移动节点（Mobile Node，MN）时常有从一个供应商网络断开链接，随后接入另一个供应商网络的情况。MN 连接到新的接入点时，需要获取新的 IP 地址，这样会中断与旧 IP 地址绑定的传输层会话（如 TCP 会话）。另外，远端的主机也无法再根据该 MN 旧的 IP 地址连接到这个移动的 MN。

在 CCN 中，当数据源移动后，依据内容标识建立的 FIB 转发表项就不能正确引导兴趣包到达数据源移动后的最新位置获取内容，而依据原有的 FIB 表项则无法检索到对应的数据源内容。由于 CCN 使用分层的命名机制和路由聚合来提升可扩展性，当数据源移动到另一个网络拓扑位置时将会破坏原来的命名空间，破坏路由表的聚合特性，使得路由表规模膨胀。

在 CCN 中，每次通信都是由内容的请求者发起（Consumer-Initiated），网络中的路由器被配置成将具有前缀/X 的兴趣包发往域 X 的路由模式。如图 5-8 所示，一个移动源（Mobile Source，MS）一般连接在其家乡域 A（Home Domain A），其所服务的内容就具有前缀/A/ms。当 MS 离开家乡域 A，移动后连接至域 B 时，内容的请求者就不会检索到 MS 任何的内容，因为兴趣包/A/ms 会被路由到家乡域 A，但它没有存储 MS 的内容。解决该问题必须保证无论 MS 如何移动，即当前的网络接入点在哪里，都必须支持内容的请求者能检索到 MS 上的内容，也就是要保证 MS 上内容的可用性。

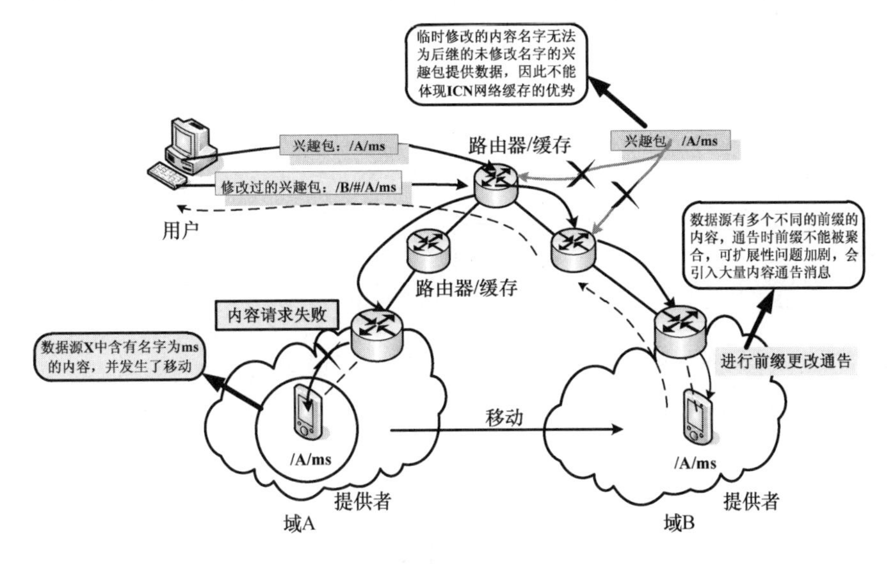

图 5-8　数据源移动性问题

针对数据源移动性问题，目前的解决方案可以分为基于位置管理和路由更新的解决方案和基于缓存的解决方案两类，前者主要关注如何在内容源移动后进行寻址和路由，后者则利用缓存资源降低数据源移动对内容服务的影响。

5.3.2　基于位置管理和路由更新的数据源移动性解决方案

基于位置管理和路由更新的移动性解决方案可以分为以下几类：（1）基于传统路由表更新的移动性支持机制[9,10]；（2）基于代理的移动性支持机制[11,12]；（3）引入位置管理及映射关系的移动性支持机制[13,14]；（4）基于封装思想的移动性支持机制[15,16]。

1. 基于传统路由表更新的移动性支持机制

此类移动性支持机制的基本设计思想是：依据传统的路由表更新思想，当 CCN 网络中通信终端发生移动后，重新发送相应协议包以更新在网络中的“位置信息”，即有内容请求的 Consumer 通过重新发送兴趣包，更新接入路由器中 PIT 的入口信息，维护正确的通联关系；Provider 移动后则通过重新发送内容通告，更新网络中 CCN 路由器 FIB 出口信息，保持路由的正确性。

以请求者移动为例，如图 5-9 所示，当 Consumer 在未收到数据内容前发生移动，为了更新 R05 的 PIT 入口信息，Consumer 需要重新发送兴趣包，并直至 Provider 处才能获取数据内容。此种方式可以从一定程度上解决通信终端移动带来的移动性问题，但对于Consumer 而言，重新发送兴趣包等待内容响应会引入请求时延，并带来额外的兴趣包传递开销，即使 R01 已经接收到数据内容，也仍然无法利用；对于 Provider 而言，由于CCN 采取分层的命名结构对数据进行命名，传统路由表更新的方式将给网络带来巨大的更新开销，使网络面临严峻的可扩展性问题[17]。

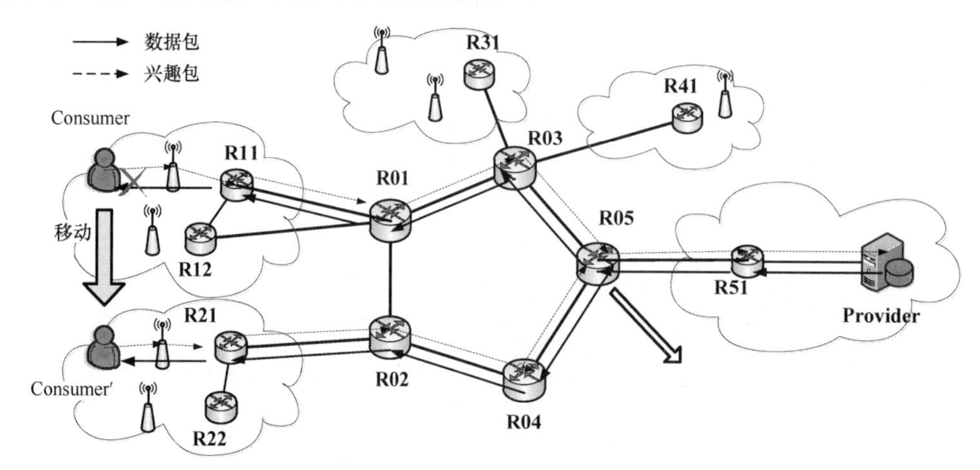

图 5-9　基于传统路由表更新的移动性支持机制

2. 基于代理的移动性支持机制

此类移动性支持机制的其基本设计思想如图 5-10 所示，Consumer 和 Provider 在发生移动后不用在全网中进行更新处理，而是向对应的代理（Proxy）发送注册更新消息。以请求者移动为例，当 Consumer 向 CCN 路由器 R11 发出兴趣包后，在未收到数据内容前发生了移动，在即将开始移动前，接入点利用物理链路信息或路由通告消息提前将Consumer 移动事件告知 Proxy1。Proxy1 在接收到 Consumer 移动事件后，将主动缓存移动切换过程中用户未能获取到的内容。当 Consumer 移动后，连接至新的接入点，完成至 Proxy2 的切换过程，将重新发送兴趣包至 Proxy2，从代理处直接获取请求内容，而无须将兴趣包传递至 Provider 处获取数据。

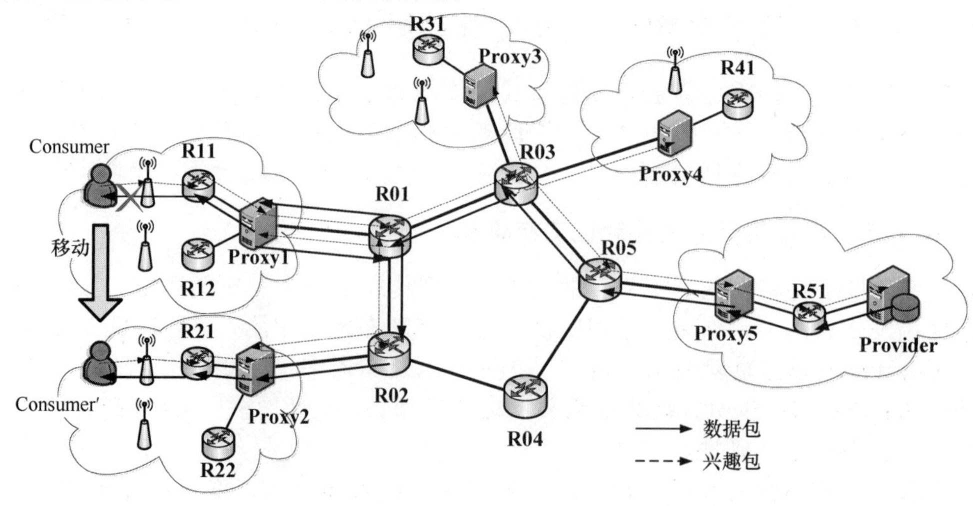

图 5-10　基于代理的移动性支持机制

基于代理的移动性支持机制免去了通信终端在全网中更新自己的“位置信息”的过程，与基于传统路由表更新的移动性支持机制相比，信令开销小，在通信终端和代理间提供透明的数据传输。但此类移动性支持协议直接套用了传统网络中移动 IP 中心化锚点的解决方案，不仅会引入 MIP 固有的负载均衡、单点失效、负担过重等问题，还会引入非必要的流量，且增加了通信路径的长度，同时掩盖了内容中心网络中对资源在多个缓存中进行副本存储的优势。

3. 引入位置管理及映射关系的移动性支持机制

此类移动性支持机制的基本设计思想如图 5-11 所示，在 CCN 核心网中加入 HR（Home Repository）对通信终端的移动性进行管理。对经过 HR 的 Provider 的通告消息和兴趣包的包头部中依次插入位置字段（Location Name），以此来反映子网内拓扑结构及其变化。当 Consumer 请求数据内容时，将兴趣包发送至 HR1 后，通过协作机制，HR1 将把带有移动源 MS 最新位置的绑定信息（Binding Information）发送至 Consumer。Consumer 收到后，将直接把带有 MS 位置信息的兴趣包发送至 Provider，获取数据内容。

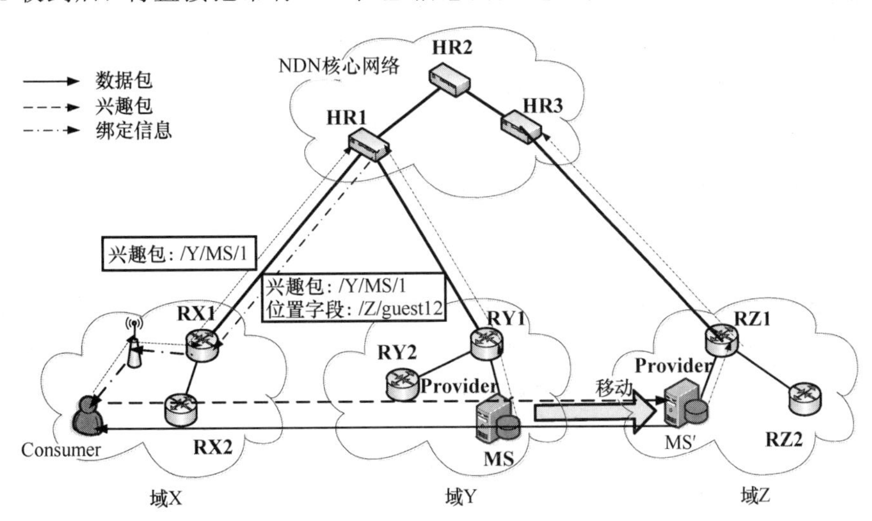

图 5-11 引入位置管理及映射关系的移动性支持机制

引入位置管理及映射关系的移动性支持机制为 Consumer 和 Provider 之间的通信提供了优化的数据传输路径，但在这个过程中需要引入通信终端的位置信息，牺牲了移动终端位置的隐蔽性。与此同时，HR 需要实时维护和动态更新 Provider 的位置信息，信令开销较大；HR 需要对网络中的兴趣包进行处理，增加了繁复的处理过程。特别地，当数据源数目较大时，此种方法将对解析映射关系的存储及处理提出严峻的挑战。

4. 基于封装思想的移动性支持机制

此类移动性支持机制的基本设计思想如图 5-12 所示，当 Provider 发生移动前，首先向接入路由器 R1 发送切换通告消息，R1 在收到该项通告消息后，将对接收到的兴趣包做缓存处理。待 Provider 连接至新的接入路由器 R3 后，将发送封装后的前缀为 /Kaist/News/的虚拟兴趣包，以改变中间路由器 R2 的 FIB 信息。R1 在收到虚拟兴趣包后，将缓存的兴趣包重新发送，依据更新过的 FIB 表将其传递至 Provider 处获取数据内容。

最后，Provider 按照 PIT 将数据包返回给 Consumer。

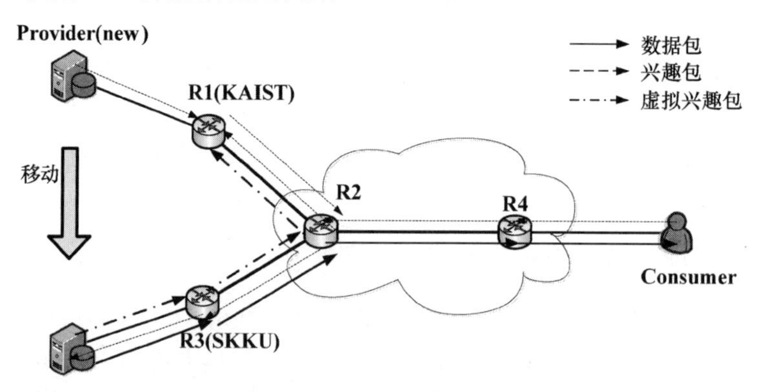

图 5-12　基于封装思想的移动性支持机制

基于封装思想的移动性支持机制通过发送封装后的虚拟兴趣包以临时修改 FIB 信息，为请求者提供正确的路由信息，没有扩展新的网络实体进行移动性管理。Provider 位置的改变对于 Consumer 透明，保护了终端位置的隐蔽性。但是，当 Provider 快速移动、频繁进行子网切换时，此类方案容易引起信令风暴；另外，基于封装的思想不利于内容数据缓存的利用，没有充分发挥网络的内在优势提供移动性支持。

5.3.3　基于缓存的数据源移动性解决方案

本节介绍一种基于多代理的动态数据源移动性管理机制（A Dynamic Provider Mobility Scheme Based on Multi-Mobile Agent in Named Data Network，MMA NDN），该方法将数据源的移动更新同时在多个代理间进行，同时根据数据源移动特点进行划分，并合理进行内容缓存，充分利用网络特性减小数据源移动带来的切换时延，优化命名数据网络性能，实现对数据源移动性的支持。

1. 数据源请求移动率及管理模式

在移动环境中，数据源内容的被请求热度和移动特点动态可变。为实现实时动态地对数据源移动性进行有效管理，定义数据源请求移动率（Provider Request-to-Mobility Ratio，PRMR），用于对数据源内容的请求次数及子网切换特点进行划分。

数据源请求移动率 PRMR 为单位时间内请求到达率与数据源子网切换率的比值，即

$$\text{PRMR}=\frac{T/t_{\text{quest}}}{T/t_{\text{resid}}^{\text{MA}}}=\frac{t_{\text{resid}}^{\text{MA}}}{t_{\text{quest}}} \tag{5-23}$$

式中，假定请求的到达时间 t_{quest} 服从参数为 λ_{q} 的指数分布；数据源在不同网络服务提供商网络间进行移动，假定 MS 在一个 MA 管理域内驻留时间为 $t_{\text{resid}}^{\text{MA}}$，服从 General 分布，均值为 $1/\mu_{\text{MA}}$，则 PRMR 对应的均值为 $\lambda_{\text{q}}/\mu_{\text{MA}}$。

为有效实现 NDN 中数据源的移动性管理，根据数据源请求移动率的大小，可以将内容的移动性管理机制分为以下两种模式。

（1）绑定更新模式：当 PRMR $>\gamma$ 时，表示该项内容单位时间内请求到达率高且数据

源子网切换率低。在数据源移动过程中，请求者会频繁地查询并获取内容。由此，权衡网络切换开销和内容请求切换时延，在这种情况下采用绑定更新模式，通过每次移动后数据源直接向多个代理进行多播组的绑定更新，缩短用户请求内容的等待时间，为求者提供更快捷的内容服务。

（2）缓存处理模式：当 PRMR $\leqslant \gamma$ 时，表示该项内容单位时间请求到达率低且数据源子网切换率高。在数据源移动过程中，该项内容移动频繁但被请求次数较少。由此，权衡切换开销和内容请求时延，在这种情况下采用缓存处理模式，对该项内容选择一处代理进行缓存处理，以减小频繁移动带来的绑定更新开销，利用网络的缓存特性为请求者提供服务。

2. 基于多代理的动态数据源管理机制概述

为有效降低由于数据源移动引入的切换时延，降低网络更新开销，下面介绍基于多代理的动态数据源移动性管理机制。该机制类似于现有 Internet 的移动 IP（Mobile IP）技术。每个网络服务提供商（Internet Service Provider，ISP）都设置一个移动路由代理（Mobile Agent，MA），用来管理移动数据源 MS 的位置更新信息。将各个网络的移动路由代理连接起来，形成一个管理移动数据源位置绑定信息的 CCN 核心网（Core Network，CN），各个 ISP 上移动路由代理记录的移动数据源位置更新信息可以安全、快速地传播。如图 5-13 所示，当一个数据源 MS 发生移动时，它将向核心网中的所有 MA 发送位置更新信息以更新 MA 中的 FIB 表出口信息。当某个请求者需要请求数据内容时，它将同样向核心网中的所有 MA 发送兴趣包，随后选择一个距离最近的 MA（MA3）作为提供路由信息的下一跳，直至将兴趣包传递到数据源处。数据返回时同样按照兴趣包传递的反向路径传回给请求者。将数据源的移动信息向所有代理进行注册更新，使请求者在请求内容时从所有代理中选择最优的服务，提高了路由效率，减小了传输时延，并且在某一服务器故障时可以提供备份处理，从整体上提供了对数据源移动性的支持。

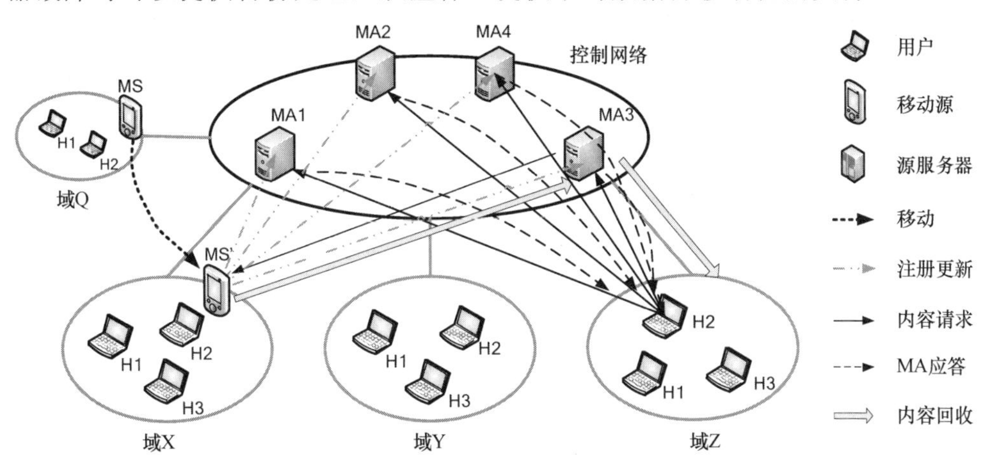

图 5-13　基于多移动代理的解决方案

3. 数据源注册流程

为了对移动数据源进行有效管理，需要数据源在所有代理上进行注册及绑定更新处理。根据数据源请求移动率进行划分，提出了两种数据源移动性管理模式——绑定更新模式及缓存处理模式，同时给出了对移动代理绑定信息表（Binding Information Table，BIT）结构的设计。

绑定更新模式的注册过程（如图 5-14 所示）中，数据源将其包含的内容项向 CCN 核心网中的所有代理进行注册，并依据 BIT 表的内容记录出口信息。当数据源发生移动后，向所有代理发出更新 BIT 表的绑定更新消息，以更新最新时刻的数据源的出口信息，为后继兴趣包提供服务。

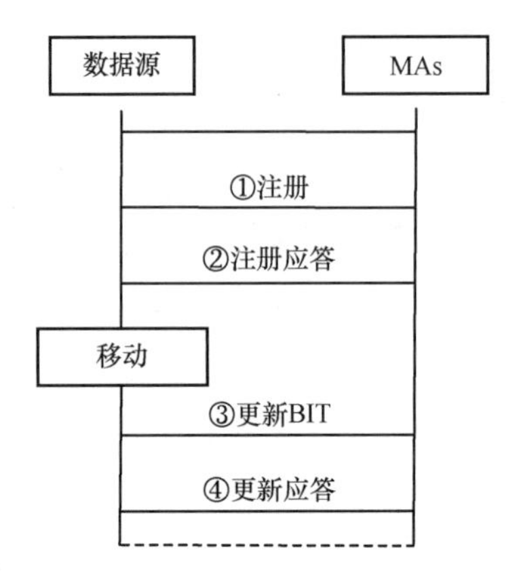

图 5-14　绑定更新模式注册过程

缓存处理模式的注册过程（如图 5-15 所示）中，数据源将其包含的内容在 CCN 核心网中的所有代理进行注册后，数据源通过对注册应答的响应时间 T_{MP} 进行比较，判断出与自己距离最近的 MA。随后，数据源将该项内容数据传递给该 MA，并将其在 MA 处进行缓存。MA 完成缓存后，对 CCN 核心网中其他代理进行绑定更新通告，更新其他代理的 BIT 表项。此后，数据源移动后对此项内容将不再进行绑定更新处理。

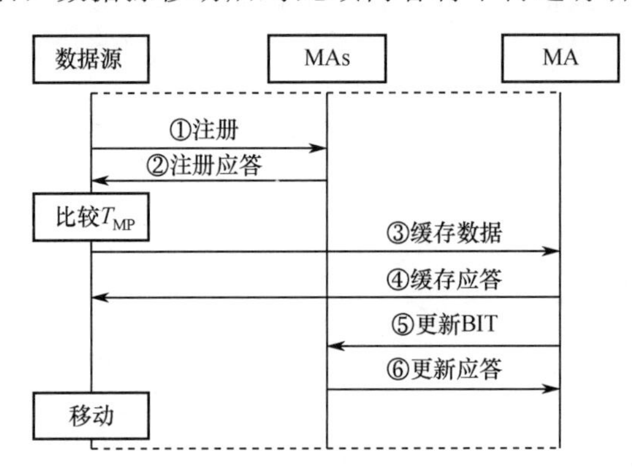

图 5-15　缓存处理模式注册过程

BIT 维护用于通信节点的移动路由代理（MA），是用来管理移动数据源“地址”对照信息的表格。绑定信息表中的每条记录都对应着一项内容条目的绑定信息。每条记录都包含有 5 个字段，分别是移动数据源中内容的名字、前向转发出口信息、接收请求入口信息、该绑定信息的生存期和数据缓存字段。绑定生存期表示某条绑定信息有效的时间，若该字段为 0，则说明这条绑定记录已经过期或无效，在绑定信息表中删除。数据缓存字段为可选字段，根据数据源请求移动率划分的不同移动性管理模式来确定是否对数据进行缓存，将采取缓存策略的内容数据存在该字段。表 5-3 是存储在某移动路由代理上的绑定信息表，其中第三行内容进行了缓存处理。

表 5-3　某移动路由代理上的 BIT

内容名字	出口信息	入口信息	生存期/ms	数据缓存
/CCTV.com/news/s1	1	0	3200	—
/CCTV.com/news/s2	1	0，2	3200	—
/S.com/Video/007.mp4	3	1	7790	0010011100…

4. 缓存策略与动态 MA 发现机制

与现有 IP 网络相比，CCN 最大的区别在于 CCN 路由器可以采取缓存策略进行内容副本的缓存。基于多代理的动态数据源移动性管理机制利用缓存策略进行移动性的动态辅助管理。

考虑到 MA 缓存容量有限，需要挑选出适合的内容进行缓存以达到性能优化的目的。MMA 通过周期性地计算数据源请求移动率 PRMA 将频繁移动的内容划分为两种类型，即热门内容和冷门内容。对于频繁移动的热门内容，MMA 不采用缓存机制，通过动态地多播组的绑定更新为请求者提供更快捷的路由机制来获取数据，以缩短请求时延；对于频繁移动的冷门内容，MMA 通过动态地选择缓存代理并进行内容缓存减少绑定更新的控制开销，同时为请求者提供数据内容服务。因此，MMA 机制可以动态地判断移动数据源内容的类型、进行合理的划分，以采取不同的缓存策略为数据源移动提供支持。

作为多代理数据源管理机制的重要部分，如何发现最近的移动代理十分重要。由于 CCN 是没有固定网络架构的，在无网络架构的 CCN 网络中，路由器获得的信息量很少。MMA CCN 利用 PIT 表有限的路由信息，以请求者发出兴趣包到收到 MA 响应信息的等待时长 T_{MC} 作为判定各 MA 到请求者距离远近的评判标准。在请求者首次发出兴趣包后，将在等待 T_w 后选择 T_{MC} 最小的 MA 作为下一跳节点，重新发送兴趣包继续请求数据内容，从而尽可能提高路由效率，避免了传输路径迂回而额外引入的传输时延和控制开销。

5. 多代理的动态数据源移动性管理机制通信流程

多代理的动态数据源移动性管理机制通信流程如图 5-16 所示，具体步骤如下。

步骤①～②：当网络中有数据内容产生时，Provider 发送含有其内容名字及签名信息的 Register 报告到网络中所有 MAs 处。MAs 在接到 Register 报告后，做响应回复（RegisterRely）。

步骤ⓢb～ⓣb：Provider 首先计算自身所携带内容的 PRMA 值，若 PRMR≤γ，则 Provider 比较各个 MA 接收到 Register 报告后响应的返回时间 T_{MP}，进而选择 T_{MP} 值最小的 MA 作为数据缓存代理。Provider 发生移动前，预先将含有其内容名字、签名信息及数据内容的 Caching Data 消息发送到该 MA。该 MA 做 Caching Reply 响应后，便向网络中其他 MA 发送关于该项数据内容的 Updating BIT 消息，更新所有 MA 路由信息。MA 收到 Updating BIT 后回应 Updating Reply 消息。

步骤ⓢa～ⓣa：Provider 移动后，首先计算自身所携带内容的 PRMA 值，若 PRMR>γ，则 Provider 发送含有其内容名字及签名信息的 Updating BIT 消息到所有 MA 处，进行 MA 的 BIT 表项信息更新。MA 在收到消息后，回复 Updating Reply 消息，将其维护该项内容的出口信息和生存期进行更新，以保证得以维护到该项内容的路由可达性。

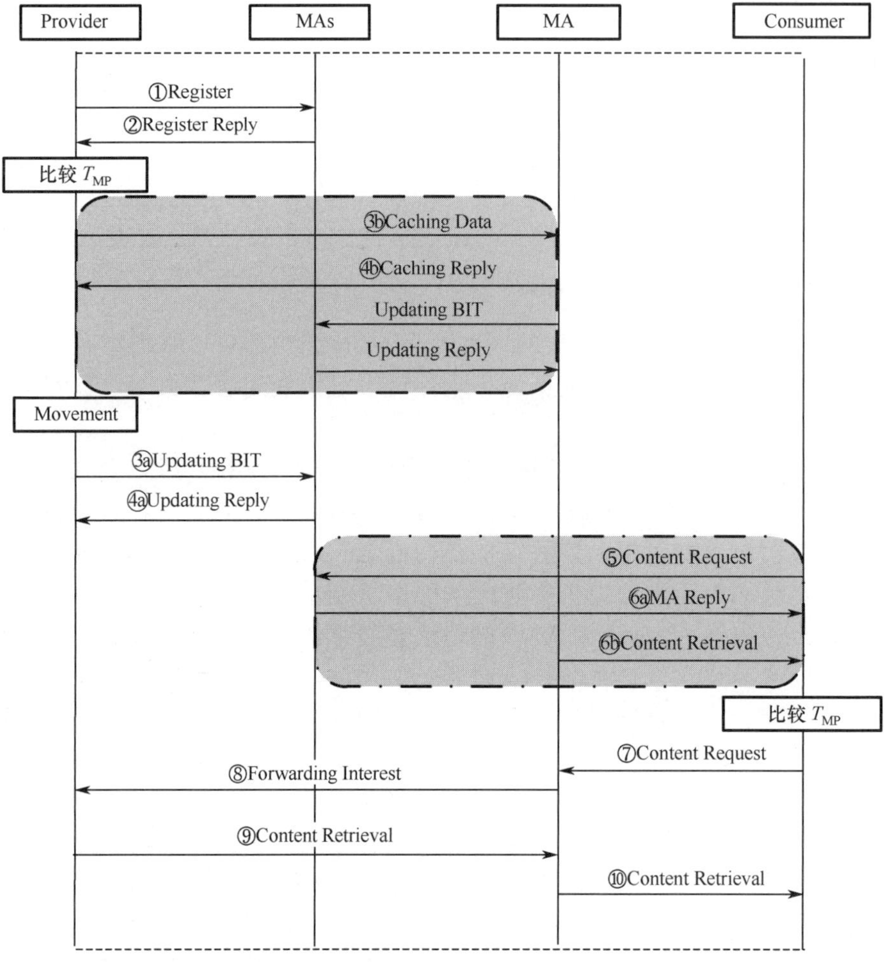

图 5-16　多代理的动态数据源移动性管理机制通信流程

步骤⑤：当网络中有请求者请求数据内容时，Consumer 发送查询位置 0 并且含有所需内容名字及签名信息的 Content Request 消息报告到网络中所有的 MA 处。

步骤⑥a：若网络中 MA 的缓存中都没有该项数据内容，则在收到 Content Request 消息后，MA 将向 Consumer 回复一个 MA Reply 消息。

步骤⑥b：若网络中的某个 MA 在收到 Content Request 后，通过最长前缀匹配查找发现缓存有该项数据内容，则直接完成 Content Retrieval 操作，即将含有内容名字、签名信息和数据内容的数据包发送给 Consumer，完成内容的请求过程。

步骤⑦：Consumer 收到 MA 发送的 MA Reply 消息后，由于没有收到相应的数据包，则比较各个 MA 在收到 Content Request 消息后响应 Reply 消息的返回时间 T_{MC}，进而选择 T_{MC} 值最小的 MA 作为路由查询代理。随后，Consumer 将查询位置 1 后的 Content Request 消息发送给该路由查询代理，以获取路由信息。

步骤⑧：MA 在收到 Content Request 消息后，将按照最长前缀匹配查找相应出口信息，同时将该 Content Request 按照 BIT 表进行转发（完成 Forwarding Interest 操作），并记录该请求的入口信息，以备数据包返回使用。

步骤⑨：Provider 在收到 Content Request 消息后，将带有内容名字、签名信息以及数据内容的数据包按入口信息发还给 MA（完成 Content Retrieval 操作）。

步骤⑩：MA 在收到数据包后，按照最长前缀匹配查询其 BIT 表对应的入口信息，最后将数据包发送给 Consumer，完成内容的请求过程。

5.4　以内容为中心的无线自组织网络

目前，人们的生活方式随着智能终端的普及和互联网技术的发展产生了巨大变化，越来越多的用户需要在移动的环境中通过固定或移动设备上的无线接入点和便携移动终端来获取网络丰富的资源，如车载通信（Vehicle Ad hoc Network，VANET）、部署在飞机、轮船、公交车、火车上传感器网络（Wireless Sensor Network，WSN）等。尽管大部分 CCN 研究工作主要关注有线环境，但 CCN 同样被寄希望于无线 Ad Hoc 环境。由于采用与位置无关的内容名字进行路由，CCN 内在地支持通信终端间的异步数据交换。与此同时，CCN 还可以利用无线信道的广播特性通过监听其他节点的兴趣请求进行聚合，并利用缓存机制使内容存储更接近请求者，以实现内容在移动环境中的高效分发。

5.4.1　无线自组织网络简介

无线 Ad Hoc 网络可以被视为一类无基础设施的自发网络，当节点处于视距内时能够自动激活而不需要任何集中控制。它的特征包括具有不同程度的节点移动性、多跳通信、设备电池供电，并且可能存在多种多样的部署和应用场景。

移动 Ad Hoc 网络（MANET 网络）是在不依赖于任何预先存在的网络基础设施下支持交换信息的自组织多跳网络，应用包括家庭/办公环境、战术网络、应急服务等。无线 Mesh 网络（无线网状网）中固定的路由器形成一个多跳无线骨干网。

Mesh 路由器为移动设备提供无线连接，使得移动设备能够使用网状骨干通过一个或多个网关连接到互联网。Mesh 网络可以受益于节点位置的提前规划，但没有阻止它有机地成长。

Ad Hoc 网络模式也是车载 Ad Hoc 网络的基础。通过实现车辆之间以及车辆到基础设施之间的通信，提高驾驶员和乘客的安全性和舒适性。VANET 移动节点的运动速度高于 MANET 节点，且这种移动是可预测的。较高的节点移动性会带来低连通性和高度动态频繁分割（Frequent Partitions）的网络拓扑。车辆节点自身具备定位功能，并且没有能量、存储和处理限制。

缺乏固定基础设施是无线传感器网络（WSN）的主要特点之一，WSN 由能够自由通信而资源受限的设备构成，这些设备的数量可能达到数千个。这些网络被用于诸如环境监测、物流监控，因此，它们不能孤立地进行操作，需要连接到远程服务器。传感器设备的能量、存储和处理资源都是非常有限的。

（1）无线信道：无线介质上的信号传播由于干扰、路径损耗、多路径衰落和遮蔽效应等不利影响，会导致分组错误和丢失。

（2）分布式控制：广播无线信道一方面可以便于数据共享，另一方面需要特定的信道接入策略，以保持碰撞和分组冗余能够得到控制。大多数无线网络中的分布式信道接入都是基于载波侦听的，可能遭受隐藏和暴露终端问题，从而吞吐量降低，在多跳动态场景下尤其有害。

（3）移动性：由于节点的移动性会使网络拓扑动态变化，移动性程度可以从低到中（如 MANET）到高（如车载的节点）。拓扑变化可能会导致网络分区，并导致较差、间歇性和短暂的连通性，对路由性能产生负面影响。

（4）资源受限：除了基础设施单元和车辆面板上的节点，无线节点通常是具有有限处理能力和存储能力的电池供电设备。这些约束对于传感器尤其重要。

5.4.2　无线自组织网络中 CCN 的优势

无线 Ad Hoc 网络所具有的节点移动性、多跳通信、电池限制、有损广播无线信道、应用类型以及缺乏基础设施等特征，导致传统 TCP/IP 难以支持高效和鲁棒的端到端通信。为此，近年来新型网络解决方案尝试将通信模型从以主机为中心转移到以内容为中心。

首先，CCN 内在地支持内容请求者移动性，当请求者移动时，它可以简单地从新位置重新发送还没有得到满足的兴趣包。支持内容提供者的移动性可能需要路由更新，但 CCN 本身支持内容多源，从而减少提供者重新定位的影响。

其次，在 CCN 中检索信息不需要源节点身份的任何“先验”知识。对于在本质上以信息为中心的移动应用，这是一个明显的好处。上传照片到 Facebook 或 Twitter、从 YouTube 下载视频都是移动用户访问互联网的常见使用方式。MANET 中，其他应用大都涉及交互监测数据、指挥和控制以及软件更新。同样地，在 VANETs，交通、天气和停车信息可以被给定区域的车辆请求，而不需要考虑它们的身份或 IP 地址。在大规模检测传感网络中，各种基于数据收集和传播的民用、科学和军事应用，也可以受益于分层的内容命名和简单的 CCN 兴趣/数据交换。

再次，这些应用大都包括给多个接收者的信息。这样的信息可能在产生时即可明确用于公共传播（如新闻，天气信息），或者涉及范围限制在一定的接收者群体内（如一个视频流），也可以由终端用户不断产生（如社交网络中的一个发布）。CCN 支持多播数据传输，由于 PIT 对兴趣包的聚合效应，当兴趣包还没有被满足时，中间节点可以避免转发对同一数据的多个请求。

最后，CCN 可以较好地应对无线 Ad Hoc 环境中间歇、短暂的连接和动态拓扑。事实上，在节点移动、低功率工作和机会接触的场景下，使用自一致的数据单元并利用网络内置分布式数据缓存/副本，能够充分利用广播无线介质，有效改善通信的质量。

5.4.3　未来发展方向

尽管对 CCN 的加强和改进方案在一定程度上克服了无线 Ad Hoc 网络的挑战和限制，但是这方面的研究尚处于起步阶段，其部署应用仍然存在一些亟待解决的问题。

至于命名方案，虽然 CCN 内容名的长度可变，没有固定的上限，但是在诸如 IEEE 802.15.4 等标准中，有非常有限的有效负载长度，所以应配合较短的内容名称。应强制应用设计人员与 CCN 开发者相互配合，共同制定标准应用程序规范和与接入网络兼容的命名定义。

有关安全的很多问题都是完全开放的。值得注意的是，许多无线节点的资源是受限的，签名和认证操作的时间和能量资源消耗是要计算在内的。

在路由和转发方面，在策略层利用感知能力加强 CCN 转发构造，已经成为广泛共识。然而，每个节点传递和/或保持感知（如内容源和/或邻居节点的附加信息）的开销与在分组递送性能方面实现的好处之间的折中应结合应用需求、节点能力和网络状况仔细考虑。此外，路由设计应紧密结合缓存和传输要求。

在缓存方面，存储器正在变得更小、更便宜，现代智能手机和平板电脑的存储容量往往达到数 GB。因此，缓存空间不是一件大事，除非考虑电池受限的设备和传感器通常配备几 KB 的内存。设计应考虑缓存在哪里、缓存哪些内容以及缓存多长时间。例如，在异构功能节点环境中，数据存储可以分布在比其他更强大的几个节点。在更一般的情况下，内容流行度、优先权和类型的差异决定了缓存数据和时间的不同。

传输层主要关注兴趣包速率控制和重传间隔估计，这些问题在动态拓扑结构和高节点移动性的无线环境中尤为重要。在分布式无线环境中，这两个方面对确保可靠性、流量平衡和拥塞控制都是不可或缺的。

为了在无线环境中全面分析 CCN，还需要考虑部署模式。虽然引进任何新技术都会存在额外的成本和兼容性问题，但值得注意的是，无线接入节点（接入点、无线路由器、路边基础设施单元等）和设备（智能电话、平板电脑、车辆面板单元等）可以容易地添加直接在接入层之上工作的 CCN 协议栈软件，从而建立纯净的、以内容为中心的环境，通过启用具有代理功能的某些节点或实施覆盖层的解决方案，与基于 IP 的骨干网连接。

本章参考文献

[1] Cisco System. Visual Networking Index (VNI) Forecast (2011—2016)：https://www.cisco.com/c/en/us/solutions/collateral/service-provider/visual-networking-index-vni/mobile-white-paper-c11-520862.html [EB/OL], 2017.

[2] Z Zhu, R Wakikawa, L Zhang. A survey of mobility support in the internet [S]. IETF RFC 6301, July 2011.

[3] 陈璐，汤红波，郑林浩. 内容中心网络基于拓扑势的请求者移动性机制[J]. 计算机工程与设计 2014(8)：2685-2690.

[4] 淦文燕，赫南，李德毅，等. 一种基于拓扑势的网络社区发现方法[J]. 软件学报，2009，20(8)：2241-2254.

[5] 淦文燕，李德毅，王建民. 一种基于数据场的层次聚类方法[J]. 电子学报, 2006, 34(2)：258-262.

[6] Calik H, Labbé M, Yaman H. Location Science [M]. Springer International Publishing, 2015：79-92.

[7] 王非，徐渝，李毅学. 离散设施选址问题研究综述[J]. 运筹与管理, 2006, 15(5)：64-69.

[8] Hedetniemi S M, Cockayne E J, Hedetniemi S T. Linear algorithms for finding the Jordan center and path center of a tree [J]. Transportation Science, 1981, 15(2)：98-114.

[9] Luo Y, Eymann J, Angrishi K, et al. Mobility support for Content Centric Networking：case study [M]. Mobile Networks and Management. Springer Berlin Heidelberg, 2012：76-89.

[10] Jacobson V, Smetters D K, Thornton J D, et al. Networking named content [C]. In：Proc. of the 5th international conference on Emerging networking experiments and technologies. Rome, Italy, 2009：

1-12.

[11] 饶迎，高德云，罗洪斌，等. CCN 网络中一种基于代理主动缓存的用户移动性支持方案[J]. 电子与信息学报, 2013, 35(10)：2347-2353.

[12] Lee J, Kim D, Jang M W, et al. Proxy-based mobility management scheme in mobile content centric networking (CCN) environments [C]. Proc. of the IEEE International Conference on Consumer Electronics. Thailand, 2011：595-596.

[13] Hermans F, Ngai E, Gunningberg P. Global source mobility in the content-centric networking architecture [C]. Proc. of the 1st ACM workshop on Emerging Name-Oriented Mobile Networking Design-Architecture, Algorithms, and Applications. New York, USA, 2012：13-18.

[14] Jiang X, Bi J, Wang Y, et al. A content provider mobility solution of named data networking [C]. Proc. of ICNP. Austin, USA, 2012：1-2.

[15] Kim D, Kim J, Kim Y, et al. Mobility support in content centric networks [C]. Proc. of the second edition of the ICN workshop on Information-centric networking. Helsinki, Finland, 2012：13-18.

[16] Li H, Li Y, Zhao Z, et al. A SIP-based real-time traffic mobility support scheme in Named Data Networking [J]. Journal of Networks, 2012, 7(6).

[17] Gareth Tyson, Nishanth Sastry, Ruben Cuevas, Ivica Rimac, Andreas Mauthe. Where is in a name? A survey of mobility in Information-Centric Networks, http：//www.inf.kcl.ac.uk/staff/nrs/pubs/CACM13.pdf. [EB/OL], 2013.

第 6 章　CCN 安全分析

6.1　CCN 安全概述

6.1.1　基于内容的安全

当今互联网在设计之初是没有考虑安全问题的，目前针对网络安全问题的解决方案大致分为两种：（1）对网络协议进行扩展（如 IPSec、SSL/TLS 等），通过加密或者内容认证等手段来保证通信的安全，但会导致网络运行效率急速下降；（2）部署额外的安全设备，其缺点是增加了网络协调的复杂度。更重要的是，这些“打补丁”式的安全方案仅提供了端到端链路上的安全防护，不能保证内容本身的安全。为了构建面向内容的可信网络架构，CCN 在设计之初便考虑了安全性，即基于内容的安全。

CCN 安全主要是针对内容而言的，其方式是针对信息设计密钥或在信息命名方面增加安全机制。相对来说，内容保护与 CCN 网络体系结构设计联系得更紧密[1]。在 IP 网络中，用户可以在自身和服务器之间的通道上建立安全机制，通过这种方式，内容仅被通信双方了解。但是，在 CCN 中，内容对网络中所有节点可见，内容信息无法在网络中隐藏。一般通过对内容进行完整性校验和对数据源进行可靠性验证来直接保证内容的安全。利用发布者的私钥对内容进行签名，接收方利用发布者的公钥验证签名，从而保证内容的完整性和可靠性。CCN 对于数据安全的做法是对所有数据进行签名，接收者通过兴趣包来驱动数据的传输，这样可以避免第三方滥发垃圾数据。得益于 CCN 新的安全机制，诸多传统的攻击方式已经不再适用，但由于 CCN 采用了诸多革命式的设计，某些新的特性也带来了新的安全威胁。

CCN 设计所包含的安全机制主要关注内容与命名之间的关联，采用加密的方式进行内容访问控制，CCN 的数据认证机制是将密文摘要和内容服务商的密钥加入到命名的结构中，每个 CCN 数据包中都有基于内容与命名产生的签名。任何人都可以验证命名与内容是否通过某个密钥相绑定，这样能够保证数据的有效性、合法性和可用性[2]。

对于密钥的管理，首先，CCN 将密钥定义为另一种类型的数据，用户需要验证内容时才获取；其次，在对密钥进行定义的基础上，服务商只在用户需要对内容进行鉴权认证时才发布密钥，将 CCN 命名与密钥通过提供商的签名绑定；最后，CCN 不授权任何通用信任模型，只在不同场景下针对性地应用密钥。如图 6-1 所示，密钥经过两次签名之后，成为数据的一部分，在用户需要对服务服务商进行验证时进行传递。

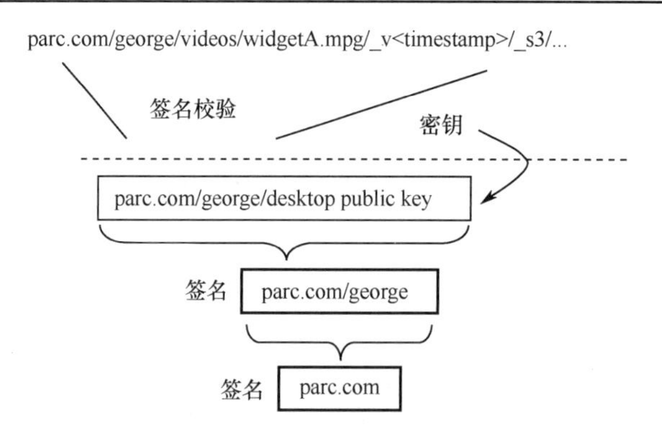

图 6-1 CCN 签名机制

6.1.2 CCN 安全威胁

CCN 作为一种全新的网络体系，具备一些自身独有的属性，其中一些会增加 CCN 被攻击的可能性。通过使用这些属性，攻击者能够发起后果更严重或更难检测和防御的 CCN 攻击。CCN 的这些属性如下所述。

- 位置无关的命名：此属性允许用户从多个未知或不可信位置的获取内容。CCN 需要一个和其位置及描述无关的安全的内容命名系统。
- 状态无关性：CCN 具有两个异步状态，即请求路由和内容交付。CCN 需要这两种状态保持一致。状态一致性故障会导致拒绝服务或不必要的传输问题。
- 网内缓存：缓存是 CCN 结构的突出特点之一，网络的任何节点都可以缓存经过它的任何内容项。内容可以从缓存该内容的节点获取，无须到内容源服务器获取，使得攻击者可以模糊发布/订阅。
- 任意发布/订阅：任何用户都可以从任何地点访问 CCN 网络并充当内容服务商或内容请求者，因此部分用户可能会发布无用的内容或内容请求。
- CCN 架构没有主机标识符，使得它难以适于用户请求的限制。
- 任何用户都可以访问任何地点，使用任何可用的副本，增加了授权接入的难度。
- 网络节点可看到用户的内容请求，使用户更加容易暴露隐私。

综合以上特性，CCN 安全应成为网络结构的有机组成部分，而不是像在以主机为中心的架构中那样作为一个覆盖网出现。

6.1.3 CCN 安全需求

由于 CCN 架构的特性，CCN 网络面临的隐私和可用性风险比当前网络要大得多。设计一个新的能够检测并阻止相应攻击的安全解决方案成为当务之急。CCN 的网络安全解决方案必须实现以下四个安全需求。

（1）机密性：只有符合资格的实体才可以访问受保护的信息。

（2）完整性：是指识别信息的对象和相应的元数据的任何意外或故意变化的能力。

（3）可用性：确保网络中发布内容对授权实体可用和可访问。

（4）保密性：表示对用户和数据的保护。

针对上述需求和 CCN 网络特征，下面从命名、路由与转发和缓存等方面来阐述 CCN 网络的安全问题。

6.2　命名安全

对于 CCN 而言，内容的命名方式与信息安全机制的结合是一个很大的挑战。安全机制的研究方向从 IP 网络中的路径保护转变为直接面向内容的保护，因此内容名称必须具备唯一性、一致性和可验证性。命名机制包括了名称一致性、可认证、拥有者身份验证以及拥有者标识等指标。其中，名称一致性要求命名方式能够保证信息内容、内容所有者或所有组织机构等信息能够持续有效。而将可认证、拥有者身份验证以及拥有者标识分离，使信息拥有者既可以对其他用户隐藏身份，又可以区别于其他的用户。

CCN 架构面临较大隐私威胁，内容请求是网络可见的，很多攻击者试图监控互联网用户。CCN 架构给用户请求提供更多的访问，从而增加袭击者对信息的流动控制能力和阻止用户获取信息的能力。与 CCN 命名相关的攻击中，攻击者试图阻止特定内容的传输，通过阻断这种传递，检测用户请求的相关内容，从而为攻击收集相应的信息[3]。

这类攻击可分为监视列表和嗅探两种类型。用户的内容请求对网络节点来说是可见的，攻击者使用位置独立的属性来执行与命名相关的这一类型的攻击。假设攻击者控制了一个 CCN 节点或路由器，那么他就可以访问和监视内容请求者[4]。在 CCN 中，因为没有主机标识符，攻击者必须控制 CCN 节点，以跟踪请求者并记录用户的内容需求。

（1）监视列表：攻击者基于预定义内容名称列表来过滤或删除监视的内容和用户，通过监视网络链路来执行实时过滤。如果能够和预定义列表中的表项完成匹配，则攻击者可能删除内容请求或记录请求者的信息。此外，攻击者可以删除匹配的内容本身，筛选和记录返回的内容信息，其中包括相关的内容服务商数据。

（2）嗅探：与预定义监视列表攻击不同，攻击者通过监视网络、检测数据和标记指定关键字，以此达到过滤或删除的目的。这些攻击场景的实现和监视列表攻击相同。主要的区别是，攻击者不具有预定义的列表，需要分析内容请求或内容本身。

由以上攻击带来的和命名相关的安全问题主要有以下几个方面。

- 审查：使用命名相关的攻击中，攻击者可以审查监视相关的内容。
- 隐私保护：攻击者使用上述类型的攻击，可以监视大量用户的内容请求，并可获知内容请求者的身份等信息；CCN 网络节点可以读取用户的内容请求，导致隐私更容易泄露。
- 拒绝服务（DoS）：攻击者可以阻止用户的内容请求标记内容，从而导致内容请求无法收到应答。

现有与命名相关的攻击解决方案，如混合网[5]、Tor[6]、Freedoom[7]，Anonymizer[8]、Freenet[9]和可否认加密[10]，并不能在 CCN 中直接应用，因为它们不是针对以内容为主体的网络体系结构而设计的，往往需要满足具体的应用场景。因此，针对 CCN 的安全解决方案应实现对用户隐私保护、入侵检测和合理的拒绝。相应的方案也应方便用户计算和获取内容，从而提高攻击者的计算、检测和获取请求内容的成本。

Arianfar 等人[4]提出了一种与命名相关的攻击通用解决方案，不需要内容提供者和内容请求者之间共享密钥，然而该方案所做的几个假设可能无法在 CCN 中适用。因为该方案并不能提供理想的隐私解决方案，以适用于有大量用户存在的场景。Ion 等人[11]则针对 CCN 设计了基于属性加密和路由隐私的方案，支持数据保密性，其基本思想是采用分布式内容访问控制策略，并针对不同的内容指定相应的策略。该技术策略无须共享密钥，可支持大型网络的应用，但是需要解决所制定策略的扩展性问题。

6.3　路由与转发安全

CCN 架构下的通信流程同传统的 IP 网络相比有着本质的不同，在实施 DoS 攻击时无法通过 IP 地址准确定位攻击目标，因此传统的 DoS 攻击手段在 CCN 架构下已经不再适用。然而，随着新型网络架构中新特性的提出，新的攻击方式也随之产生，每个 CCN 节点上维护的 PIT 表项以及缓存空间成为这些攻击方式的突破点。

CCN 内容交付取决于内容异步发布/订阅，这需要增加机制以确保分布式数据状态的一致性。干扰和攻击的目标是使这种状态的一致性失效，从而导致不必要的流量和拒绝服务。其他攻击，如基础设施和洪泛袭击，通过使内存和处理能力用于支持、保持和交换内容的状态而使系统资源耗尽。此外，对 CCN 基础设施依赖的内容路由完整性和正确性的威胁主要是在路径和内容命名内植入病毒，这类攻击可分为分布式拒绝服务（DDoS）攻击和欺骗攻击，DDoS 攻击可分为基础设施攻击、内容源攻击、移动封锁和洪泛攻击。

（1）基础设施攻击：攻击者发送大量兴趣包请求可用或不可用的内容。CCN 架构试图使用户找到可用位置最接近的副本，这些请求由于不同的转发路径导致网络过载。如果这些请求的数目明显过多，就会导致拒绝服务。普通用户发送一个请求超过指定的时间后会产生重传，这种攻击可能会进一步放大。类似于劫持攻击，CCN 路由机制尝试路由到多个位置，可能导致威胁迁移。因此，如果响应时间超过设定的请求超时周期，则请求可能不被应答，这种情况可能会导致拒绝服务或较长的延迟。

（2）内容源攻击：CCN 中攻击单一内容源，也会导致路由机制过载。攻击者通过发送大量请求到特定内容源来降低其性能，增加了内容来源或它的接入路由器的内容交付的响应时间。另外，攻击可以降低数据返回率，并影响到返回路径的所有节点。攻击场景类似于基础设施攻击的场景。这种攻击不仅影响内容源，而且影响整个网络。

（3）移动封锁攻击：移动攻击者可通过环路路径遍历相邻网络，发送大量的内容请求造成区域流量过载。攻击者旨在使移动接入路由器过载，从而使这一区域接入网络用户访问网络超时。在 CCN 移动网络环境下，请求重传增加了检测这种攻击的难度。

（4）洪泛攻击：现有的限制内容请求数量的解决方案不适合 CCN。由于 CCN 是一个以内容为中心的架构，没有主机标识符，所以很难对每个终端用户请求速率进行限制。攻击者可以发送大量超出此限制的内容请求，从而达到攻击目的。被攻击节点只接受一定数量的请求，然后忽略剩余的请求，因此，攻击者可以成功使整体基础设施过载，进而影响附近用户。所不同的是，该攻击者发送的内容请求数量超过 CCN 节点限制，因此发送到被攻击节点的合法内容请求被 CCN 忽略。CCN 采用兴趣包传输机制，通过发送兴趣包对内容进行请求，未被满足的兴趣包会在节点的 PIT 表项中暂存。如图 6-2 所示，兴趣包洪泛攻击主要针对节点的 PIT 空间以及内容提供者，攻击者发送大量兴趣包占据沿途节点的 PIT 空间，阻塞内容提供者，从而消耗路由资源，导致网络拥塞。

兴趣包洪泛攻击具有以下特点：①请求有同一个前缀的内容，以保证兴趣包向同一个内容提供者处转发；②请求虚假或非流行内容，以保证所发出的请求难以被沿途缓存所响应，使得攻击能够成功影响到目标数据源；③请求大量不同的内容，以最大限度地占据沿途节点 PIT 表项，影响节点的正常工作。由于 CCN 不依赖 IP 进行通信，采用传统的防御手段无法应对兴趣包洪泛攻击，同时 CCN 节点 PIT 表项只保留上一跳接口信息，据此也难以对攻击者进行溯源。

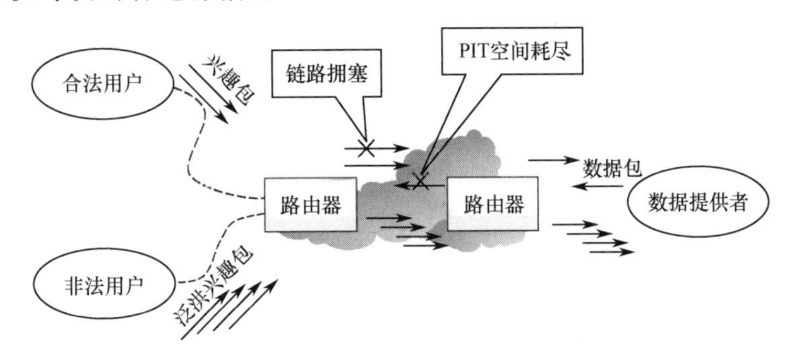

图 6-2　CCN 兴趣包洪泛攻击

CCN 中路由器的计算资源和路由存储空间有限，攻击者发送大量恶意兴趣包就能耗尽路由器的路由表存储空间，使路由器无法新建转发条目来存储合法用户的兴趣包及到达接口，从而造成路由表溢出和网络拥塞。由于内容寻址采用接收者驱动的通信模式，取消了主机地址，用户根据名称获取内容，攻击者很难针对特定路由器或主机发起兴趣包洪泛攻击。然而，攻击者却很容易针对特定的名称前缀发起兴趣包洪泛攻击。当大量攻击者发送相同前缀的恶意兴趣包时，兴趣包洪泛攻击类似于 IP 网络中的 DDoS。IP 网络中的 DDoS 攻击主要影响特定攻击目标，兴趣包洪泛攻击与其不同点在于：主要影响网络中的路由器，因为路由器将在路由表存储恶意兴趣包并为其维护转发状态，消耗大量计算和存储资源；对内容提供者影响较小，因为内容提供者只需根据内容名称返回对应内容，而没有与恶意兴趣包的发送者保持连接状态。

为了确保兴趣包洪泛攻击的效果，更多地占用路由器路由表资源，攻击者通常需要尽量避免与洪泛内容名称相同的兴趣包，并且避免兴趣包所请求的内容被缓存满足。因此，攻击者发送恶意兴趣包请求真实存在的内容时，需要收集大量不流行内容的名称，这就增加了攻击成本，也不能明显提高攻击效果。所以，攻击者更有可能伪造内容名称，发送大量恶意兴趣包请求不存在的内容。路由器无法在接收到兴趣包时就判断其内容名称的真实性，这些伪造内容名称的恶意兴趣包存储在路由器中，不会有对应数据包满足其请求，直到过期才被删除。伪造内容名称的兴趣包洪泛攻击成本低，且对路由器存储资源影响大，更可能在内容寻址中发生。

欺骗攻击可以分为定时、干扰、劫持和拦截等四种攻击方式。

（1）定时：指增加内容请求使 CCN 节点违反异步发布/订阅过程之间的一致性。攻击者发送大量内容请求，以降低一些路由器性能，导致请求路由和数据转发产生更长的延迟。攻击情形也类似于基础设施攻击的情形。所不同的是，攻击者通过一个或多个路由器发送大量的内容请求，增加了合法用户的请求超时时间。

（2）干扰：处于共享链路上的节点发送大量恶意的不必要的内容请求。攻击者伪装成可信任的用户发送恶意请求，进而扰乱系统中的信息流。CCN 网络对这些恶意请求进行响应，同时内容被发送到无人接收的目的地。

（3）劫持：与以主机为中心的架构不同，CCN 的任何节点都可以缓存和发布/订阅内容。攻击者伪装成受信任的发布者，可能会宣布路由对任何内容无效。在攻击者附近区域的用户发出的内容请求对应这些无效路由。因此，这些内容请求将没有应答，从而导致拒绝服务。如果攻击者具有劫持大规模无效路由的能力，则这种攻击的效果可能会加剧。CCN 的多径路由机制会使这种攻击的效果减弱。

（4）拦截：这种攻击类似于常见的“中间人”攻击。不同于劫持攻击，攻击者伪装成受信任的发布者，不仅宣告路由无效，而且保持有效路由到内容的记录，然后内容请求可以被捕获并传送到适当的位置。接收者正常获取内容，然而攻击者获得了他所请求内容的信息。对于用户来说，该方案似乎是正常的，但实际上，攻击者侵犯了用户隐私。

与路由相关的攻击有以下影响。

（1）拒绝服务：发送兴趣包请求不可用的内容或单一内容源会导致 DoS 攻击，其结果是中间定时器删除过期超时的内容请求，导致拒绝服务或长延迟的请求。

（2）资源耗尽：CCN 中有众多基础设施可能被资源耗尽，比如资源误用或无法控制的流量，以及发送大量内容请求和发起洪泛攻击。

（3）路径渗透：CCN 中的内容副本通常分配给许多不受信任的位置，因此难以验证内容的有效来源。劫持和拦截路径渗透的主要源头，是 CCN 攻击者宣布路由无效和声称他们自身可信。

（4）隐私：在拦截攻击中，当攻击者是拓扑靠近用户或在用户的转发路径上时，隐私侵犯使攻击者非法访问用户的内容请求。

现有路由与转发相关的攻击解决方案提出终端用户速率限制策略，这是一个艰巨的任务，因为 CCN 没有主机标识符，攻击者可以很容易地创建大量超出规定限额的请求限制。Gasti 等人[12]提出 DDoS 攻击的高级分类以及在 NDN 架构中的解决方案。Fotiou 等人[13]提出一个基于出版商和用户的 CCN 内容排序算法来打击垃圾电子邮件。Compagno 等人[14]提出了洪泛请求的不可用内容的概念。Afanasyev 等人[15]通过恒定函数限制请求速率解决相同的攻击。文献[16]中分析了内容寻址中路由节点容易受到兴趣包洪泛攻击而使路由表溢出，列举了改进路由表存储和替换机制、设计无状态的路由转发机制等应对方案。文献[17]中则针对已存在内容、动态生成内容和不存在内容的兴趣包洪泛攻击，提出了两种应对措施：第一种是利用路由器的转发状态限制每个接口接收或转发的兴趣包数量；第二种是利用反馈机制溯源并限制兴趣包转发数量。

6.4 缓存安全

6.4.1 缓存安全威胁分析

缓存是 CCN 基础结构的重要组成部分。基于用户驱动的内容缓存，旨在为用户提供距离最近的内容副本。因此，CCN 是容易受到操作污染或破坏的缓存系统，这类攻击可以分为时间分析、虚假声明和缓存污染攻击，而缓存污染攻击又可以进一步分为随机请求和不流行的内容请求攻击[1]。

（1）时间分析：在 CCN 中，任何节点可以缓存任何内容。通过测量内容请求的已缓存内容的响应时间和未缓存内容的响应时间的差值，然后分析这种差异，攻击者可以推测出邻近用户是否请求了和攻击者请求相同的内容。攻击者可以获取有关该接近的用户信息，从而侵犯用户的隐私。

（2）虚假声明：缓存系统是 CCN 架构的重要组成部分，攻击者以超过本地内容请求路由收敛时间的频率发送内容或缓存副本的更新声明，使缓存和路由系统失效，导致 CCN 受网络快速更新的影响，不能满足合法的内容请求。

（3）随机请求：攻击者的目的是破坏 CCN 的缓存系统，并改变内容流行度。攻击者通过随机发送这些不流行的内容请求，使不流行的内容被缓存。不流行的内容是指不经常被请求的内容。而且，攻击者可以请求错误内容，进而使无效内容填充缓存。如果内容被修改或不是来自期望的内容源，或者不是用户请求的内容，该内容就称为伪造的内容。

（4）不流行的内容请求：攻击者只请求不流行的内容，以破坏 CCN 网内缓存和改变内容流行度。这种攻击需要内容流行度的先验知识。攻击场景与随机请求的情况类似。

与缓存相关的攻击会产生以下影响。

（1）隐私泄露：CCN 的缓存机制是统一的、自由的和普遍的，这会产生比 IP 网络架构更大的隐私泄露风险。在时间分析攻击中，攻击者可以知道最近的用户是否先前请求了该内容，从而侵犯用户隐私。通过内容的沿途普遍存储，后续内容请求可以在就近缓存处获取应答，有效缩短了用户的请求时延，减少了网络数据流量传输。但是，请求内容的泛在存储在提升内容分发性能的同时，增大了用户隐私的攻击平面和探测范围，给用户的隐私安全带来严重威胁。由于 CCN 中内容命名语义与数据本身紧密相关，节点缓存内容会泄露大量用户通信痕迹和请求行为信息，攻击者只需获取内容的名字，即可据此请求相应的数据内容，导致了严重的隐私泄露隐患。

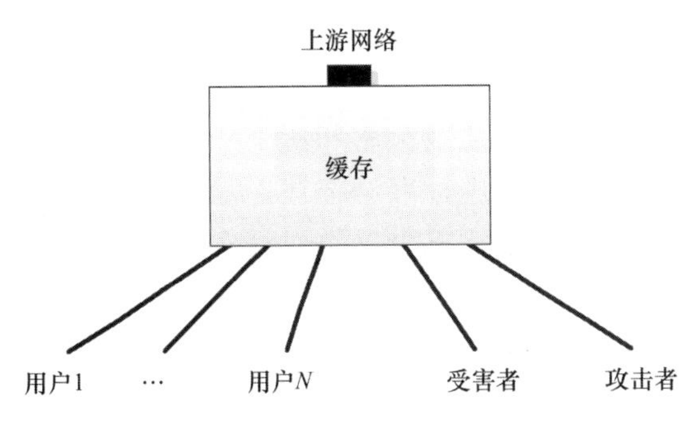

图 6-3　网络边缘节点的隐私泄露问题

（2）拒绝服务：虚假声明会生成许多更新，导致内容不完整或处于错误状态，映射系统无法处理这些更新，于是用户不能获取所需的内容。

（3）缓存污染：在 CCN 中，实现高效内容检索的主要创新之处是采用广泛缓存的做法，然而这在提高网络效率的同时，将网络暴露于缓存污染攻击的威胁之下，因为任何用户都可以发送许多随机或不流行的内容请求，从而导致缓存污染。缓存污染的目标是针对节点的缓存空间，如图 6-4 所示，攻击者按照某种规律持续性地请求某些特定的污染内容，使其长期占据节点的缓存空间，从而降低网络性能。

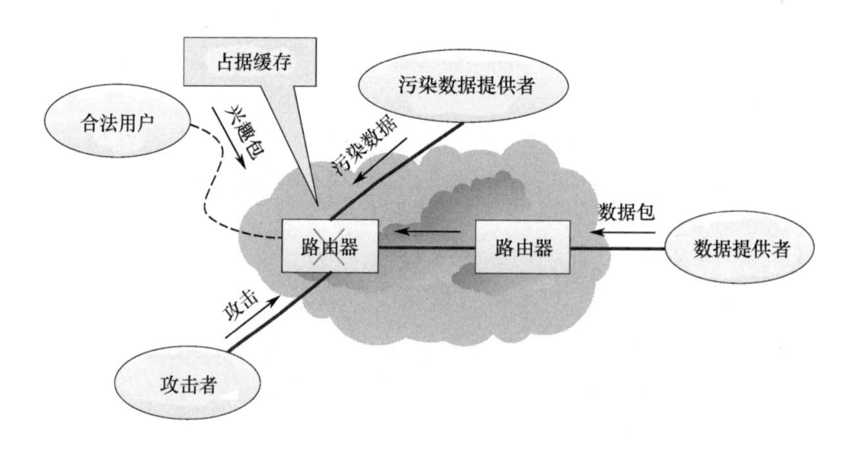

图 6-4　CCN 缓存污染攻击

CCN 中的缓存污染攻击与传统的 DoS 攻击以及兴趣包洪泛攻击相比更加灵活：①具有隐蔽的特点，不需要使用洪泛的方式攻击数据源；②影响了路由节点，会使得内容请求者与内容提供者双方都受到严重的影响，相当于同时对请求者与提供者进行攻击；③使用非流行内容污染缓存而不是大量请求虚假内容，与兴趣包洪泛攻击相比更加难以检测。为了保证网络服务的高效安全，迫切需要对 CCN 网络架构中的缓存污染攻击进行研究。

6.4.2　缓存攻击数学模型

1. 缓存污染攻击定量描述

从 CCN 缓存污染攻击的本质来看，传统的两种攻击分类并没有本质区别，都是通过类似的手段（依照某种策略请求污染内容）实现相同的目的（污染节点缓存空间）。另外，这种分类方式仅仅属于模糊性的概括，并没有给出定量的标准，对攻击进行描述时往往不够精确。若攻击者通过调整攻击请求频率和所请求污染内容的数量来实现不同的攻击状态，则传统分类方式难以对攻击进行准确描述，这也影响了进一步的检测。为了对攻击做出更准确的分析判断，通过以下三个参数对缓存污染攻击进行定量描述。

（1）污染内容数量 L：由恶意内容服务器提供或从正常的冷门资源中选取污染内容的总数。

（2）攻击强度 η：所有攻击请求的总到达率与正常请求到达率之比，反映了攻击强度。

（3）分布状态 $X(L)$：描述如何对 L 份污染内容进行请求，如依照 Zipf 分布或平均分布发送请求。

根据上述三个参数，缓存污染攻击可定义为：攻击者以强度 η，依照 $X(L)$ 的分布状态，对 L 份污染内容进行请求，从而使得污染内容占据路由节点的缓存空间。

该定义描述了缓存污染更具体的特征，它可以包括传统的 locality-disruption 或 false-locality 攻击，当 L 较大、$X(L)$ 为平均分布、η 较小时，可能属于 locality-disruption 攻击；当 L 与 η 大小适中、$X(L)$ 近似 Zipf 分布时，可能属于 false-locality 攻击。

由于攻击的分布状态 $X(L)$ 的情况较多，难以全面考虑，且其并不是影响攻击效果的最主要因素，因此假定攻击依照平均分布，即针对所有污染内容的请求概率相等。

将网络中的缓存节点分为核心节点与边缘节点两类。核心节点位于网络拓扑的中心部分，不直接与用户相连，主要实现数据内容的路由与交换，如图 6-5 中的节点 R_1 与 R_2；边缘节点主要负责用户接入业务，它是连接用户与网络的桥梁，如图 6-5 中的节点 R_3 与 R_4。一个边缘节点下可能有许多用户同时接入网络，同时其只与一个核心节点相连。

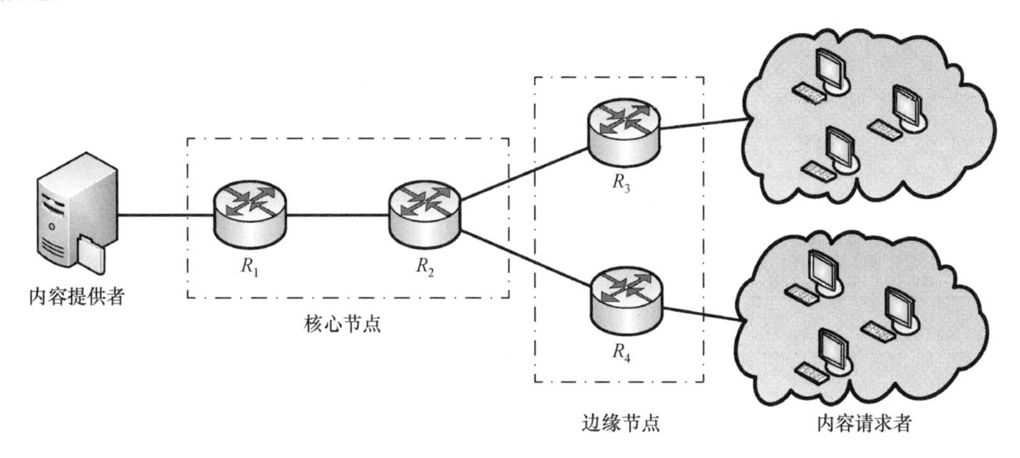

图 6-5　网络节点分类

直观来看，对核心节点的攻击能够覆盖更大的范围，影响到更多的用户[18]。但受到 CCN 请求模式与缓存策略的影响，攻击者难以针对某特定的核心节点实施缓存污染攻击，因为污染内容在转发的过程中会被下游节点缓存，而当攻击者继续发送针对污染内容的请求时，该请求会以更大的概率在网络边缘被命中。

边缘节点与用户直接相连，且其是所有请求包转发的第一跳，故对其实施缓存污染攻击较为简单。近期许多研究指出[19-21]，CCN 中的缓存决策设计应当使得对带宽资源要求较高的流行内容直接向网络边缘推送，从而节省网络带宽并缩短用户请求时延。例如，文献[20]中提出基于 age 的缓存算法，能够使得距离服务器越远，内容缓存概率越大。这类缓存策略大大提高了边缘节点在内容分发时起到的作用，但也潜在提升了对其进行攻击时带来的危害。因此，下面主要针对边缘节点的缓存污染攻击进行分析。

下面针对边缘节点 v 进行建模，变量定义如表 6-1 所示，并做如下假设。

（1）网络中合法的提供者维护 N 份正常内容，分属于 K 级不同的流行度；恶意内容源提供 L 份污染内容用于污染缓存，所有内容大小相等。

（2）节点缓存空间大小为可存储 V 份内容，缓存替换策略采用最近最少使用策略（Least Recently Used，LRU[22]）。

（3）节点 v 处正常请求的到达服从 Zipf 分布（对第 k 级流行度内容的请求概率为 $p(i)=\dfrac{C}{i^{\alpha}}$，$C=(\sum\dfrac{1}{i^{\alpha}})^{-1}$，$\alpha=1.2$[21]，其中分别针对每级流行度内容的请求符合泊松到达并且相互独立[24]，到达率分别为 $\lambda_{k,v}, k=1,2,\cdots,K$，所有正常请求总到达率记为 λ_n。

（4）节点 v 处攻击者针对所有污染内容的请求总到达率为 $\lambda_{a,v}$，分布状态为平均分布。

表 6-1　变量定义

变　量	意　义
K	流行度分级
D_k	第 k 级流行度下内容的数量
N	网络中内容总数
V	节点缓存空间大小
r_v	节点 v 处所有请求的总到达率
$\lambda_{i,v}$	节点 v 处针对第 i 个文件请求的到达率
$\lambda_{a,v}$	在节点 v 处攻击流的到达率
D_a	污染内容的数量
π_k	第 k 级流行度下的内容不在缓存中的概率
m_v	节点 v 处请求的未命中概率
$m_{v,\mathrm{N}}$	节点 v 处正常请求的未命中概率

因此，对于边缘节点 v，该节点上所有请求的总到达率为正常请求与攻击请求之和，记为

$$r_v = \sum_{k=1}^{K} \lambda_{k,v} + \lambda_{a,v} \tag{6-1}$$

对于攻击下的缓存节点状态模型，采用 LRU 替换策略的缓存可视为一个队列，假设某内容 A 位于缓存队列的第 j 个位置，当一份不同的内容 B 到达缓存节点并进行缓存时，对 A 位置的影响有两种情况：若 B 没有在位置 j 之前被缓存，则其进入缓存，A 向后转移一位，直到移出缓存；若 B 在位置 j 之前有缓存，则将 B 更新至队列头部，对 A 没有影响。

因此，A 转移至状态 1 的速率 λ 为定值，即内容 A 的到达率；转移至位置 $j+1$ 的速率 μ 则与 A 当前所处状态 j 有关，内容数据在缓存中的状态变化如图 6-6 所示。由于 μ 的值较难确定，关于进一步的推导有以下两种做法：第一种如文献[22]所述，将 μ 基于上述两种情况进行分解，而后利用欧拉方程进行化简；第二种如文献[21]所述，利用 a-LRU 算法将稳态分布用内容流行度与状态空间大小近似表达。

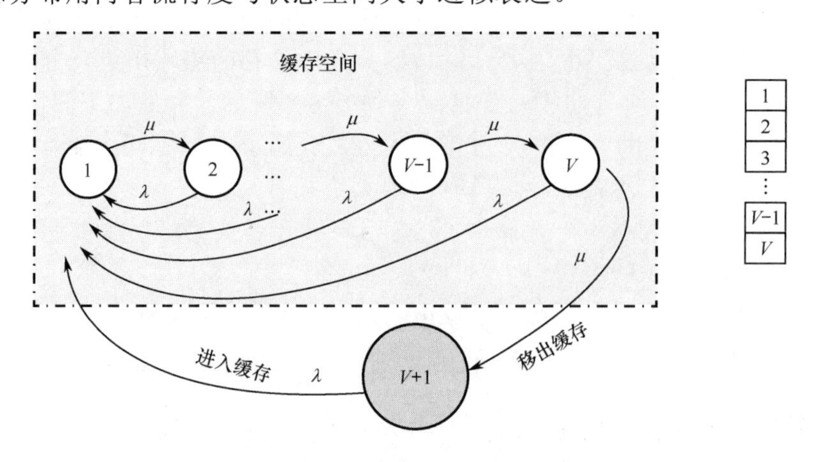

图 6-6　节点缓存空间

这里采用第二种方法，利用替代公式（6-2）和式（6-3）对污染内容在缓存节点中

的驻留概率进行近似推导，即

$$b_k(j)=\sum_{l=1}^{j}p_k(l) \qquad j=1,2,\cdots,V\text{，}\ b_k(0)=0 \tag{6-2}$$

$$p_k(j)=\frac{a_k[1-\dfrac{b_k(j-1)}{D_k}]}{\sum_{i=1}^{K}\left\{a_i[1-\dfrac{b_k(j-1)}{D_k}]\right\}} \qquad j=1,2,\cdots,V\text{；}\ k=1,2,\cdots,K \tag{6-3}$$

其中，$p_k(j)$ 表示第 j 个位置上内容流行度为 k 的概率；$b_k(j)$ 表示缓存空间前 j 个位置中第 k 级流行度内容的平均数量；D_k 表示第 k 级流行度内容的数量；辅助参数 $a_k=\lambda_k/r$。

因此，第 k 级流行度的某份内容不在缓存空间中的稳态概率，即图 6-6 中状态 $V+1$ 的概率可近似为 $\pi_k=1-\dfrac{b_k(V)}{D_k}$。

在节点 v 处，用 π_k 表示第 k 级流行度的某份内容不在缓存中的概率，用 π_a 表示污染内容不在缓存中的概率，则受攻击时的节点状态模型可用式（6-4）～式（6-9）表示。各式依次表示正常内容请求的未命中流、攻击请求的未命中流、正常内容的未命中概率、污染内容的未命中概率、总的未命中请求流以及总未命中概率。

$$m_{v,N}=\sum_{k=1}^{K}\lambda_{k,v}\pi_k \tag{6-4}$$

$$m_{v,a}=\lambda_{a,v}\pi_a \tag{6-5}$$

$$P_{\text{miss},N}=\frac{m_{v,N}}{\sum_{k=1}^{K}\lambda_{k,v}} \tag{6-6}$$

$$P_{\text{miss},a}=\frac{m_{v,a}}{\lambda_{a,v}} \tag{6-7}$$

$$m_v=\sum_{k=1}^{K}\lambda_{k,v}\pi_k+\sum\lambda_a\pi_a \tag{6-8}$$

$$P_{\text{miss}}=\frac{m_v}{\sum_{k=1}^{K}\lambda_{k,v}+\sum\lambda_a} \tag{6-9}$$

从式（6-8）可以看出，一个缓存节点上未命中的请求流包括正常请求和攻击请求两部分，由于攻击的存在，总未命中概率并不与正常请求的未命中概率成简单的正比例关系。因此，如何对缓存污染攻击进行分析和检测仍然是需要仔细考虑的问题。

2. 缓存污染攻击效果分析

下面通过对比不同的模型参数对缓存污染攻击进行分析。假设正常请求流的总到达率为固定值，对攻击强度做出定义：$\eta=\dfrac{\lambda_{a,v}}{r_v-\lambda_{a,v}}$，表示节点 v 单位时间接收的攻击总流量与正常请求总流量的比值。$\eta=0$ 表示没有攻击发生；$\eta=1$ 表示攻击流量与正常请求流量相等；$\eta>1$ 表示攻击流量超过了正常流量。攻击效果会随 η 的增大越来越显著，但此时攻击行为也更容易被检测。考虑若 $\eta>1$，则攻击行为已经十分明显，相对容易检测到，

因此取 $\eta \in [0,1]$。

由于缓存污染攻击的主要目标是占据节点缓存空间，使得正常内容难以被命中，因此选择正常请求的未命中概率来反映攻击的效果。设置网络中内容总数 $N=1000$，节点缓存空间大小 $V=50$，通过改变 η 以及污染内容数量 D_a 等参数，对攻击的效果进行如下对比分析。

（1）攻击对缓存未命中概率的影响。

图 6-7 给出了未命中概率与攻击强度的关系，图 6-7（a）和图 6-7（b）分别设置污染内容数量为 $D_a=60$ 和 $D_a=20$。J、K、L 三条曲线分别表示节点上总未命中概率、正常请求未命中概率以及攻击请求未命中概率。随着攻击请求总量的增加，污染内容位于缓存空间中的概率逐渐增大，K 曲线单调上升，L 曲线单调下降。J 曲线的变化则表现出与污染内容数量 D_a 的相关性：当 D_a 较大时，随着攻击请求的增加，缓存空间很快会被占据，导致大量的未命中的产生，J 曲线呈上升趋势；当 D_a 较小时，曲线 J 的变化首先略呈上升趋势，但由于污染内容无法将缓存完全占据，随着污染请求的增加，节点几乎已缓存所有污染内容，攻击请求的未命中概率随之降低，这导致 J 曲线降低。J 曲线这两种变化趋势的分界点应为 $D_a=V$，即当 $D_a>V$ 时，J 曲线始终呈上升趋势；$D_a<V$ 时，J 曲线先略微上升，而后降低。总之，由于攻击请求的存在，总未命中概率与正常请求未命中概率的变化趋势并不一致。

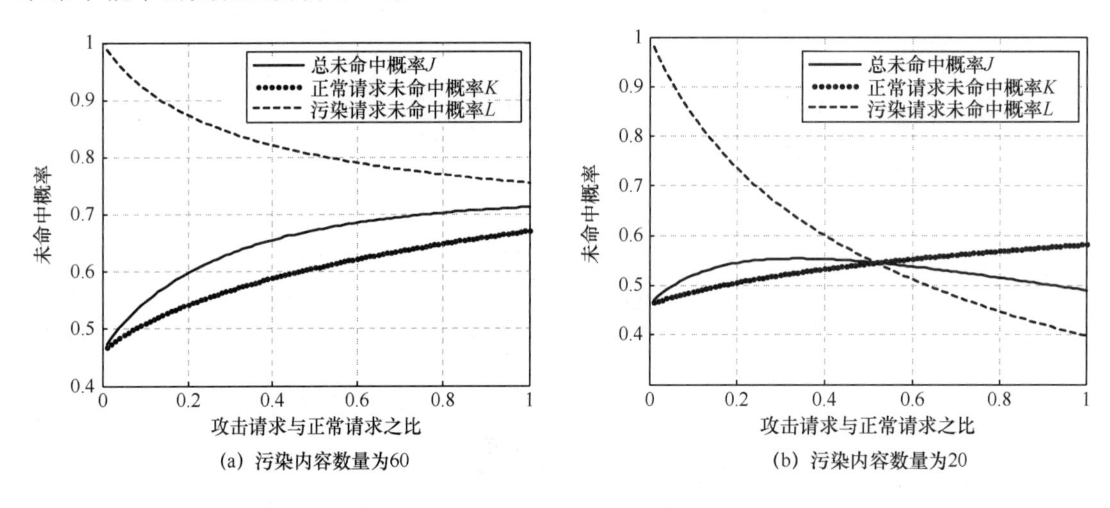

图 6-7　未命中概率与攻击强度的关系

图 6-8 给出了 D_a 变化时未命中概率随着攻击流量与污染内容数量变化的曲线，图中各曲线从下到上依次对应 D_a 等于 1，5，10，15，…，100。图 6-8（a）表示总未命中概率（对应图 6-7 中的曲线 J），通过曲线簇的变化可以看出曲线 J 变化趋势的临界点为 $D_a=V$；图 6-8（b）表示正常内容未命中概率，反映了攻击取得的效果。通过图 6-8（b）中曲线密集程度的变化可以看出，正常请求的未命中概率随着攻击强度的增加始终递增，但是当污染内容较少时，仅仅增加攻击流量对缓存节点性能的影响并不大；随着污染内容数目增加，攻击效果迅速提升，当网络中存在相当多的污染内容时，再继续增加其数目对攻击效果的提升则十分有限。对比图 6-8（a）和图 6-8（b）可以看出，由于攻击请求的存在，总未命中概率与正常请求未命中概率的变化趋势并不一致。

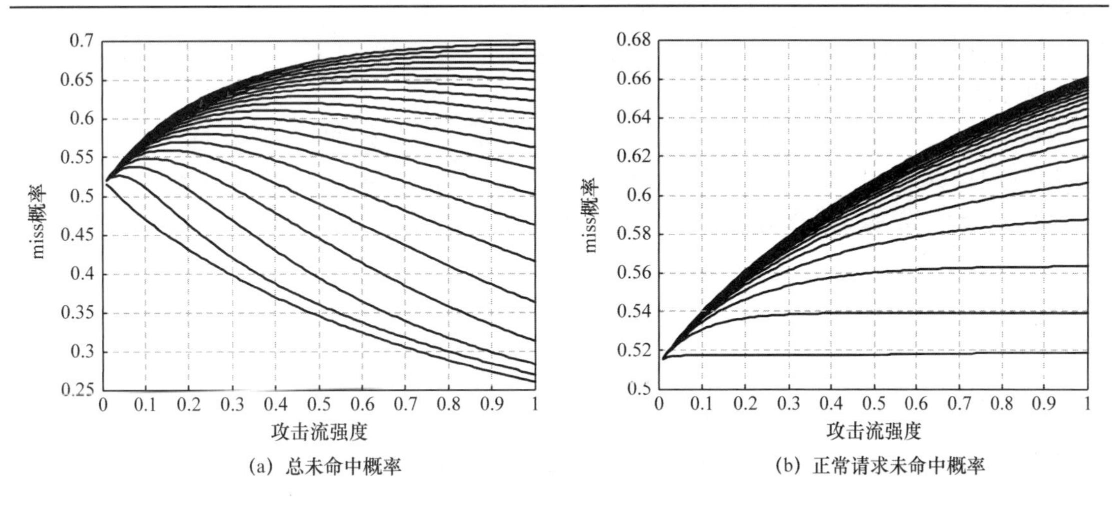

图 6-8　污染内容数量 D_a 变化时未命中概率与攻击流强度的关系

（2）攻击参数影响分析。

基于前面的分析，在一般场景下，攻击效果主要受到攻击强度 η 以及污染内容数量 D_a 两个攻击参数的影响。为了分析这当两个参数变化时攻击行为对节点的影响，以攻击强度作为横坐标，以污染内容数量作为纵坐标，以颜色深浅表示正常请求未命中概率，图 6-9 给出了不同 η 和 D_a 对正常请求未命中概率的影响，能够示意性地反映出当攻击参数改变时所产生的不同效果。

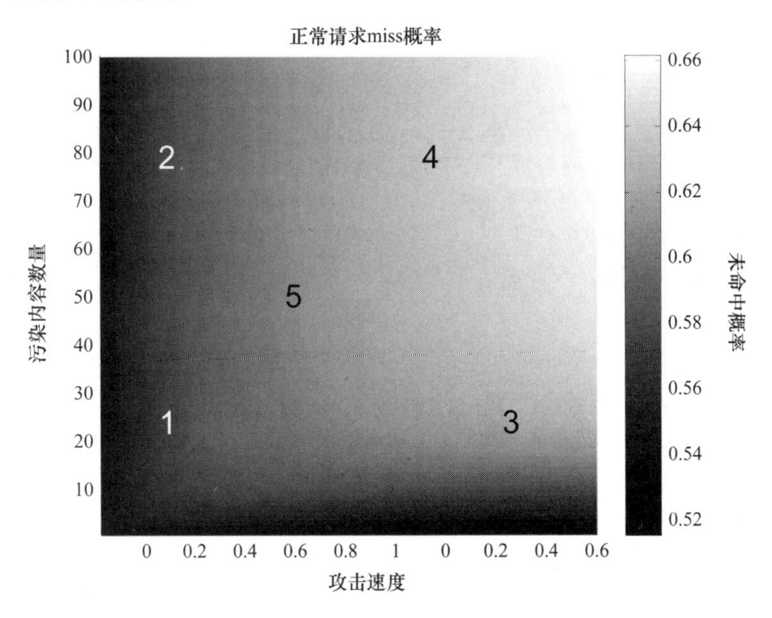

图 6-9　缓存污染攻击效果示意

① 攻击强度较弱，污染内容数量较少：它可以属于传统攻击分类方法中的 locality-disruption 攻击。

② 攻击强度较弱，污染内容数量较多：与第①类攻击类似，虽然污染内容数量增加，但受攻击强度的限制，使得攻击效果的提高不明显。

③ 攻击具有一定强度，污染内容数量较少：即以相当数量的兴趣包来请求较少的资

源，可能属于内容的违规发布，即使内容源被封杀，也可采用这种方法使其驻留于网络中；也可能与缓存窥探等攻击相关。

④ 攻击强度较大，污染内容数量较多：类似于较大规模的 DoS 或 DDoS 攻击，若选取合适的攻击分布状态，则可属于传统攻击分类方法中 false-locality 攻击的范畴。

⑤ 攻击强度与污染内容数量均中等：同样可以属于 false-locality 攻击，但相比第③类攻击隐蔽性更好。

6.5 小结

本章重点讨论了 CCN 在命名、路由与转发和缓存等方面的安全问题，逐类分析了攻击的成因，描述了攻击者如何依赖于相应的属性来执行攻击以及攻击对 CCN 性能的影响，简要列举了现有 CCN 的安全解决方案。CCN 的主要安全风险可以总结为以下四点。

（1）CCN 安全必须附加到内容本身，因为内容可以分布在不同的位置，任何用户都可以使用任何可用的副本，这会导致未经授权访问的风险。

（2）CCN 网络环境的隐私风险比 IP 网络风险要高得多。

（3）恶意发布/订阅 CCN 网络内容是一个较大风险，容易导致网络过载和资源耗尽问题。

（4）由于宿主机没有标识符，如何应对或限制用户请求是 CCN 面临的技术挑战。

正如前文所指出的，安全研究人员目前只是触及了 CCN 安全问题的表面，并且研究处于初期阶段。有必要根据相应的安全模式进行分类，渐进式地制定适合 CCN 结构特征和体系架构的安全解决方案。

本章参考文献

[1] Lauinger T, Laoutaris N, Rodriguez P, et al. Privacy risks in named data networking: what is the cost of performance?[C]. Proceedings of the ACM SIGCOMM Computer Communication Review, New York, USA, 2012：54-57.

[2] V Jacobson et al. Networking named content[C]. Proc. CoNEXT, Dec. 2009：1-12.

[3] C Dannewitz, J Golic, B Ohlman, B Ahlgren. Secure naming for a network of information Proc[C]. IEEE INFOCOM, Mar. 2010：1-6.

[4] S Arianfar, T Koponen, B Raghavan, S Shenker. On preserving privacy in content-oriented networks[C] Proc. ACM SIGCOMM Workshop ICN, Aug. 2011：19-24.

[5] D L Chaum. Untraceable electronic mail, return addresses, digital pseudonyms[J]. Commun. ACM, 1981, vol. 24(2)：84-90.

[6] R Dingledine, N Mathewson, P Syverson Tor：the second generation onion router[C]. Proc. 13th USENIX Security Symp., 2004：21.

[7] Freedom System 2.0 Architecture, http://osiris.978.org/brianr/crypto-research/anon/www.freedom.net/ products/ whitepapers/Freedom_System_2_Architecture.pdf.

[8] Anonymizer, http://www.anonymizer.com.

[9] I Clarke, T W Hong, S G Miller, O Sandberg, B Wiley. Protecting free expression online with

Freenet[J]. IEEE Internet Comput., 2003 6(1)：40-49.

[10] R Canetti, C Dwork, M Naor, R Ostrovsky. Deniable encryption[C]. Proc. CRYPTO, vol. 1294, Lecture Notes in Computer Science, 1997：90-104.

[11] M Ion, J Zhang, M Schuchard, E M Schooler. Toward content centric privacy in ICN：Attribute-based encryption and routing[C]. Proc. ASIA CCS, Hangzhou, China, Aug. 2013：513-514.

[12] P Gasti, G Tsudik, E Uzun, L Zhang. DoS & DDoS in named data networking[C]. Proc. 22nd Int. Conf. Comput. Commun. Netw., 2013：1-7.

[13] N Fotiou, G F Marias, G C Polyzos. Fighting spam in publish/subscribe networks using information ranking[C]. Proc. 6th EURO-NF Conf. NGI, Paris, France, Jun. 2010：1-6.

[14] A Compagno, M Conti, P Gasti, G Tsudik. Poseidon：Mitigating interest flooding DDoS attacks in named data networking[C]. Proc. IEEE 38th Conf. Local Comput. Netw., Oct. 2013：630-638.

[15] A Afanasyev, P Mahadevan, I Moiseenko, E Uzun, L Zhang. Interest flooding attack and countermeasures in named data networking[C].Proc. IFIP Netw. Conf., May 2013：1-9.

[16] A Keromytis, V Misra, D Rubenstein. SOS：an architecture for mitigating DDoS attacks[J]. IEEE J. Sel. Areas Commun., 2004, 22(1)：176-188.

[17] J Mirkovic, P Reiher. A taxonomy of DDoS attack and DDoS defense mechanisms ACM SIGCOMM Comput. Commun. Rev., 2004, 34(2)：39-53.

[18] Gao Y, Deng L, Kuzmanovic A, et al. Internet cache pollution attacks and countermeasures[C]. IEEE International Conference on Network Protocols, 2006:54-64.

[19] Fricker C, Robert P, Roberts J, et al. Impact of traffic mix on caching performance in a Content-Centric Network [C]. Proc. of IEEE Conference on Computer Communications Workshops, Orlando, USA, 2012：310-315.

[20] Carofiglio G, Gallo M, Muscariello L, et al. Evaluating per-application storage management in content-centric networks [J]. Computer Communications, 2013, 36(7)：750-757.

[21] Kim Y, and Yeom I. Performance analysis of in-network caching for content-centric networking [J]. Computer Networks, 2013, 57(13)：2465-2482.

[22] Dan A, Towsley D. An approximate analysis of the LRU and FIFO buffer replacement schemes [M]. New York：ACM Publisher, 1990：143-152.

第 7 章　软件定义 CCN 技术

互联网经过几十年的发展取得了巨大的成功。然而，这个设计于 20 世纪六七十年代的人工系统在架构上逐渐难以适于当前的需求。具体地，它主要面临两个方面的挑战。首先，网络控制与转发紧耦合导致网络核心功能扩展缓慢，从而导致设备复杂度急剧增加；其次，传统的以 TCP/IP 为基础的主机寻址网络越来越难以满足未来网络的需求。随着网络业务的多样化发展，“内容”逐渐成为互联网架构中的“一等公民”。

为应对上述挑战，研究人员分别提出了软件定义网络（Software-Defined Network，SDN）和以内容为中心的网络（Content-Centric Network，CCN）。SDN 是一种全新的网络结构，它将底层的硬件抽象出来，并提供统一的接口。基于这些接口，网络设备的控制与转发两个功能将被分离。因此，网络设备将只负责简单地按照指令对数据进行操作，而将控制权交给连接各个网络设备的集中式控制器。CCN 采用了灵活的内容命名规则，具有高效的内容寻址机制，是面向内容的未来网络技术。CCN 融合了分布式网络缓存技术，能极大地提高数据分发的传输效率，有利于改善用户的业务体验质量。

然而，CCN 寻址方式太过创新，难以与现行网络体制完全兼容。软件定义网络的可编程特性为 CCN 的新型内容路由机制、内容缓存技术等提供了技术支撑。因此，本章从演进的角度出发，探索软件定义的 CCN 实现技术。

7.1　软件定义网络

7.1.1　概述

近年来，软件定义网络因其对互联网的快速创新能力、敏捷可编程特性以及天然的可管理性等优点而备受瞩目。SDN 的思想是将完成决策功能的控制平面从网络设备中迁移到独立的主机或商业服务器中形成控制器，而网络设备只是实现简单的分组转发的数据平面。SDN 避免了网络设备的复杂性，开放了网络控制逻辑，使得网络变得更具扩展和演进特性。因此，学术界和工业界都对 SDN 解决当前互联网面临的诸多问题寄予厚望。

SDN 一词于 2009 年在麻省理工学院的一篇科技评论中[1]首先被提出，但在此之前，SDN 的思想已经被研究和验证。A. Greenberg 等人[2]对网络功能重新抽象，提出一种 4D 网络体系，旨在分离网络设备中的决策逻辑和转发逻辑，使得路由和交换设备仅完成转发功能。Tesseract[3]进行了 4D 网络体系的控制平面的实现与验证。M. Caesar 等人[4]设计并实现了一种路由控制器平台（Routing Control Platform，RCP）。RCP 是逻辑上的集中式设备，将路由控制与 IP 转发分离，以实现路由扩展性。Ethane[5]将控制与转发分离的思想应用于企业网中，以解决日益繁杂的企业网管理问题。而 OpenFlow[6]则使得控制器南向接口更具规范化，即控制器模块生成的流表项通过 OpenFlow 协议下发到 OpenFlow 交换机中，而交换机状态数据也通过 OpenFlow 协议上报到控制器。然而，与此相反，控制器北向接口由于缺乏统一的标准约束而呈现多样化发展趋势。

如图 7-1 所示，控制器作为 SDN 的核心组成部分，负责提供网络设备与控制模块之间的桥梁作用。它向上提供编程接口，使得网络控制模块能够操作底层网络设备；向下则与网络设备交互，掌握全局网络视图；同时屏蔽底层网络设备、网络状态等维护任务。因此，控制器又称网络操作系统（Network Operate System，NOS）。

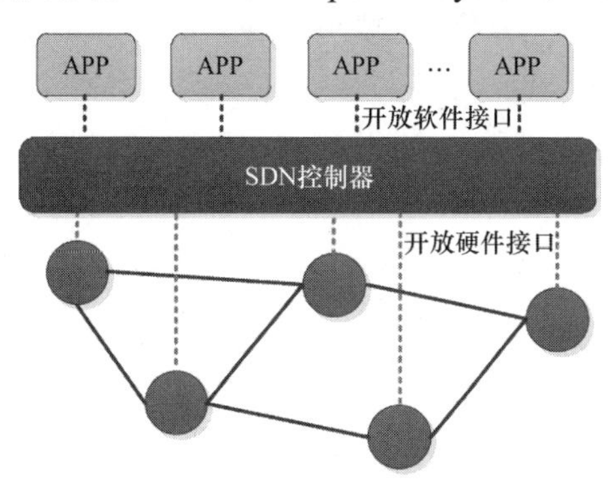

图 7-1 软件定义网络架构

7.1.2 SDN 控制器

本节以 NOX 为例，简单介绍 SDN 控制器的基本结构。NOX[7]是首个实现的 SDN 控制器，其思想来自于计算机结构。在计算机技术早期，编程通常是机器语言，没有对底层物理资源进行任何通用抽象，这使得程序难以编写、调试和跟踪定位。现代操作系统通过提供对简单资源抽象（内存、存储和通信）和信息（文件和目录）的控制访问使得编程更容易。这些抽象使得程序能够兼容不同硬件资源，并更安全、高效地执行不同任务。而目前的网络就像没有操作系统的计算机，采用依赖于网络的组件配置完成类似于传统机器语言编程的功能。NOX 通过抽象网络资源控制接口，设计网络操作系统，提供了对整个网络的统一集中的编程接口。

网络操作系统并不直接控制网络，它仅提供对网络的编程接口，运行于其上的应用程序则直接观察控制网络。如图 7-2 所示是文献[7]中给出的基于 NOX 的部署结构。NOX 运行于单独的 PC 服务器，通过 OpenFlow 交换机接入 OpenFlow 使能的交换机网络。NOX 收集整个网络的网络状态视图，并将其存储在网络视图数据库中。NOX 的网络视图包括交换机网络拓扑，用户、主机、中间件以及其他网络元素提供的各种服务等。基于 NOX 接口实现的各种应用程序通过访问网络视图数据库生成控制命令，并发送到相应的 OpenFlow 交换机中。

NOX 对上层应用程序提供统一的基于事件的编程接口，为网络的各种状态改变提供事件句柄（Event Handler），方便上层应用程序调用。一些事件可能直接生成 OpenFlow 消息，如交换机加入网络（Switch Join）、交换机离开网络（Switch Leave）、分组接收等。另一些事件则是由 NOX 应用程序在处理底层事件过程中产生的。另外，NOX 提供一组基础应用，收集整个网络的网络视图并保持网络命名空间。网络视图必须在所有 NOX 控制实例之间保持一致，因此当探测到网络变化时，需要更新网络状态数据库。对于大量应用程序均可能需要的更基础的功能，NOX 开发了系统库来提供高效的公用功能，如快速报文分类和路由等。

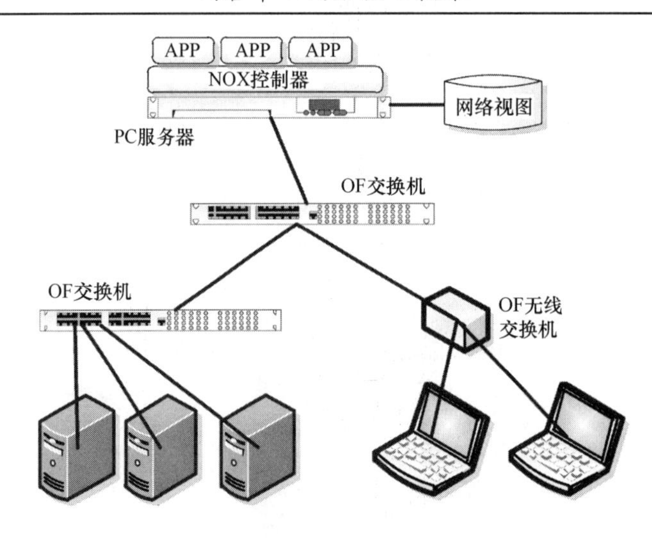

图 7-2　基于 NOX 的网络部署

综上所述，SDN 控制器像是 SDN 网络的“大脑”，掌握着整个网络的状态，控制着整个网络的行为，本章基于 SDN 控制器，通过可编程接口展示一些基于 SDN 的内容中心网络应用场景。

7.1.3　OpenFlow 南向协议

SDN 中很重要的两个实体是控制器和交换机。控制器在网络中相当于“网络大脑”，掌握网络中的所有消息，可以向交换机下发指令。交换机就是一个实现控制器指令的实体，只不过这个交换机跟传统的交换机不一样，其转发规则由流表指定，而流表由控制器发送。OpenFlow（OF）就是连接交换机和控制器的典型可编程协议之一。

交换机由一个 Secure Channel 和一个 Flow Table 组成，OF 1.3 之后的版本中，Table 变成多级流表，有 256 级。而 OF 1.0 中，Table 只在 Table 0 中。Secure Channel 是与控制器通信的模块，交换机和控制器之间的连接通过 Socket 连接实现。Flow Table 里存放着数据的转发规则，是 Switch 的交换转发模块。数据进入 Switch 之后，在 Table 中寻找对应的 Flow 进行匹配，并执行相应的 Action，若无匹配的 Flow，则产生 Packet-In 等消息。

与传统交换机相比，OpenFlow 交换机或 SDN 交换机能够匹配的层次高达四层，可以匹配到端口，而传统交换机只有两层。OpenFlow 交换机运行 OF 协议，可实现许多路由器的功能，如组播；也可以实现新型路由，如内容路由等。

OF 协议支持三种消息类型：Controller-to-Switch、Asynchronous（异步）和 Symmetric（对称）。每类消息又有多个子消息类型。

- Controller-to-Switch 消息：由控制器发起，用来管理或获取 Switch 状态。
- Asynchronous 消息：由 Switch 发起，用来将网络事件或交换机状态变化更新到控制器。
- Symmetric 消息：可由交换机或控制器发起。

Controller-to-switch 消息包括如下子类型。

- Features：在建立传输层安全会话（Transport Layer Security Session）时，控制器发送 Feature 请求消息给交换机，交换机需要应答自身支持的功能。

- Configuration：控制器设置或查询交换机上的配置信息。交换机仅需要应答查询消息。
- Modify-State：控制器管理交换机流表项和端口状态等。
- Read-State：控制器向交换机请求流、网包等统计信息。
- Send-Packet：控制器通过交换机指定端口发出网包。
- Barrier：控制器确保各类消息满足已设定的前提条件，或接收操作已完成的通知消息。
- Asynchronous 消息包括四个子类型，其中最重要的是 Packet-In 消息，当流表项未匹配或交换机无法处理进入的数据分组时，就可以通过此消息将分组交付给控制器来处理。
- Packet-In：交换机收到一个网包，在流表中没有匹配项，则给控制器发送 Packet-In 消息。如果交换机缓存足够多，则网包被临时放在缓存中，网包的部分内容（默认为 128B）和在交换机缓存中的的序号也一同发给控制器；如果交换机缓存不足以存储网包，则将整个网包作为消息的附带内容发给控制器。
- Flow-Removed：交换机中的流表项因为超时或修改等原因被删除掉，会触发 Flow-Removed 消息。
- Port-Status：交换机端口状态发生变化（如 down）时，触发 Port-Status 消息。
- Error 消息：当交换机发生错误时通告控制器。

Symmetric 消息比较简单，主要用于建立连接、连接保持等，具有如下子类型。

- Hello：交换机和控制器用来建立连接。
- Echo：交换机和控制器均可以向对方发出 Echo 消息，接收者则需要回复 Echo Reply，该消息用来测量延迟、是否连接保持等。
- Vendor：交换机提供额外的附加信息功能。为未来版本预留。

OpenFlow 通过用户定义的或者预设的规则来匹配和处理网络包。一条 OpenFlow 规则由匹配域（Match Fields）、优先级（Priority）、处理指令（Instructions）和统计数据（如 Counters）等字段组成。

在一条规则中，可以根据网络包在 L2、L3 或者 L4 等网络报文头的任意字段进行匹配，如以太网帧的源 MAC 地址、IP 包的协议类型和 IP 地址或 TCP/UDP 的端口号等。目前，OpenFlow 的规范中还规定了 Switch 设备厂商可以选择性地支持通配符进行匹配。

随着 OpenFlow/SDN 概念的发展和推广，其研究和应用领域也得到了不断拓展。目前，关于 OpenFlow/SDN 的研究领域主要包括网络虚拟化、安全和访问控制、负载均衡、聚合网络和绿色节能等。另外，还有关于 OpenFlow 和传统网络设备交互和整合等方面的研究。

7.1.4　展望

SDN 网络的两个重要组成部分是控制器和南向可编程接口。本节从这两个方面展开讨论。

1. 控制器展望

（1）分布式框架：分布式控制是 SDN 网络向更大规模网络部署的重要条件。目前，分布式控制主要有两方面问题：①控制器的部署问题；②当前的研究主要集中在以控制器–交换机的静态映射为前提的框架，难以适应由于网络动态特性引起的控制域之间的负载不均衡现象。虽然 ElastiCon 给出了一种解决弹性控制的系统及其协议扩展，但该方法过于粗放，难以满足精确控制的需求，需要设计更具扩展性的弹性模型。

（2）控制功能逻辑的可扩展性：该方面主要存在以下问题。

① 虽然 SDN 网络可以根据需要完成网络流重定向，然而如何根据功能特征实例化位置重定向网络流量而使网络开销最小仍需研究。

② 众包模式使得任何实体或个人参与网络功能的开发和部署成为现实，可以预想，将来网络中势必存在具有相同功能的大量实例，因此，企业如何从众多网络实例中选择最佳实例的问题仍需要进一步探索。

③ FP 部署一般需要根据请求历史实现功能实例的迁移。例如，将功能实例迁移到网络的请求密集区，以降低通信成本和响应时延。对于如何实现这种基于功能实例的迁移模型目前还没有研究。

④ 功能特征客户的一条策略可能需要一组网络功能实例协同完成，因此，需要根据策略需求从全网范围内选择最佳的一组实例组合形成处理流水线。如图 7-3 所示，控制器 A 和 B 管理不同的交换机域。IPS 规则预先配置在控制器 B 的交换机 E2 和控制器 A 的交换机 E3 中。如果网络经营者下发一条策略——所有访问哈希表服务的流量在到达前需要经过 IPS 规则过滤，那么需要选择用户 1 访问哈希表服务的路径，以使得路径经过最佳 IPS 实例所在的节点。

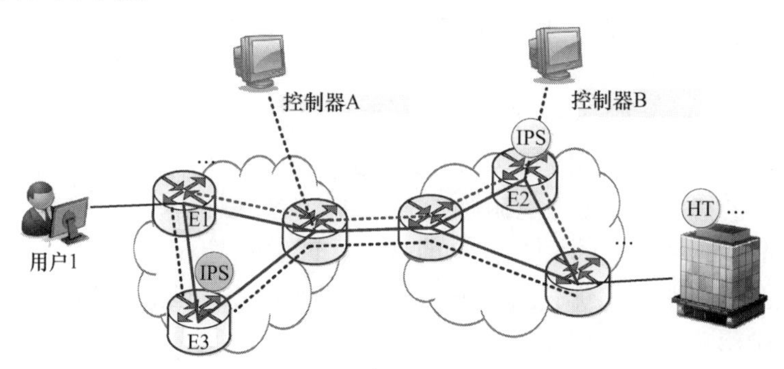

图 7-3　SDN 拓扑示意图

（3）SDN 控制器程序编排问题：研究人员已经从不同角度提出多种简化 SDN 控制器程序开发的语言系统。但是，一个网络服务请求的完成往往涉及多个控制器程序，因此对于如何实现不同控制器程序编排是未来需要深入研究的一个方向。

（4）高层策略描述以及一致性问题：网络提供商需要网络策略以一种更易于理解、独立于底层硬件资源、语义丰富的高层语言描述，使得网络管理员在配置策略时无须了解底层硬件资源，策略语言运行时系统可以为其映射到底层硬件可读的规则。这一过程包括：解决高层策略语言抽象模型问题，权衡语言表达的语义丰富和语法简练；解决策略组合过程中的策略冲突问题；解决策略下发过程中的策略一致性问题。

（5）安全问题：虽然网络控制的集中性（物理上或逻辑上）方便了网络管理，但是存在很大的安全隐患。黑客只需要控制 SDN 控制器，就可以轻易地掌握该控制器负责的所有网络设备。因此，探索控制器的可靠安全访问机制是 SDN 网络能否推广的重要前提性条件之一。

2. 南向接口展望

自 SDN 诞生以来，OpenFlow 一直是南向接口的主要标准之一。OpenFlow 1.0 定义了 12 个匹配域，涵盖传统协议栈中的链路层、网络层和传输层。随着版本升高，加入其中的匹配域越来越多，导致每次增加均需要修改协议，扩展性不足。为此，研究人员提出了协议无关的南向接口设计，有代表性的是华为的 PoF[8]和斯坦福大学提出的 P4[9]。PoF 转发硬件设备对数据报文协议和处理转发流程没有感知，网络行为完全由控制层面负责定义。该技术作为对 ONF OpenFlow 协议的增强，拓展了目前 OpenFlow 的应用场景，为实现真正灵活的可编程软件定义网络奠定了基础。鉴于当前 SDN 的可编程性仅局限于网络控制层面，而其转发层面在很大程度上受制于功能固定的包处理硬件，P4 语言联盟[10]及其开源活动旨在完全摆脱网络数据平面的束缚，让网络拥有者、工程师、架构师及管理员可以自上而下地定义数据包的完整处理流程。

7.2 基于 SDN 的内容中心网络体系

7.2.1 软件定义的 CCN 架构概述

SDN 技术可以将现有网络元素的控制层面和数据转发层面相分离，解除两者之间原有的紧耦合关系，且可以提供灵活的可编程性以及高度的可控制性，在不改变现有 IP 网络整体架构的前提下可以快速部署。这些特点使得 SDN 技术能够很好地适应各类新型的网络架构和协议。考虑到这些因素，用 SDN 来实现 CCN 中基于内容的寻址和缓存功能是有据可循的。更重要的是，通过 SDN 的高度集中控制性，可以优化基于内容的寻址和缓存过程，使得这些操作更加高效。

SDN 与 CCN 的融合在学术界早有研究，Blefari M.N.等人提出了 CONET（Content NETwork）框架[11]；Chanda A.等人提出了利用 SDN 实现 Content Flow 的思想[12]；Vahlenkamp M.等人提出的 I.C.N.P.架构[13]，同样都是利用 SDN 的灵活性和可编程性等优点来实现内容信息的寻址分发功能。除此之外，还有 Blackadder 节点[14]、C-Flow[15]等融合的思想方法。

7.2.2 CONET

Blefari-Melazzi 等人提出了利用 SDN 来实现 CCN 功能的一个框架 CONET，并且在此框架下设计了解决方案 coCONET。该方案是基于 OFELIA 项目提供的实验平台实现的。CONET 框架是模块化的设计，且能够解决一系列问题，包括内容命名、基于内容名字的路由、传输协议等。

他们提出了两种基本选项，就短期而言，可以利用现有的 OpenFlow 交换机和控制器来实现 ICN 功能，需要扩展交换机的功能来满足 ICN 需求；就长期而言，硬件上有 ICN 功能节点支持（包括基于内容名字的高速转发和大容量的内容缓存能力），在此基础上扩展出支持 OpenFlow 协议的接口，来实现转发和控制层面的通信。

coCONET 选择的是长期的设计方案，贯彻了 SDN 网络的控制与转发相分离的原则。如图 7-4 所示，在数据层面使用 ICN 节点来替换 OpenFlow 交换机，在控制层面使用 NRS（Name Routing System，命名路由系统）节点来替换 OpenFlow 控制器，ICN 节点的转发规则由 NRS 下发，NRS 负责维护网络拓扑，选择转发路径。此方案实现难度较大，主要依赖于整个网络的变革，无法在现有 IP 网络中提供基于内容的分发服务。理论上是以 ICN 为主导，引入 SDN 的控制和转发相分离的思想，使用 NRS 来做全局管理，节点以 ICN 功能为主，也出于这个原因，该架构无法平滑地应用于现有网络中。

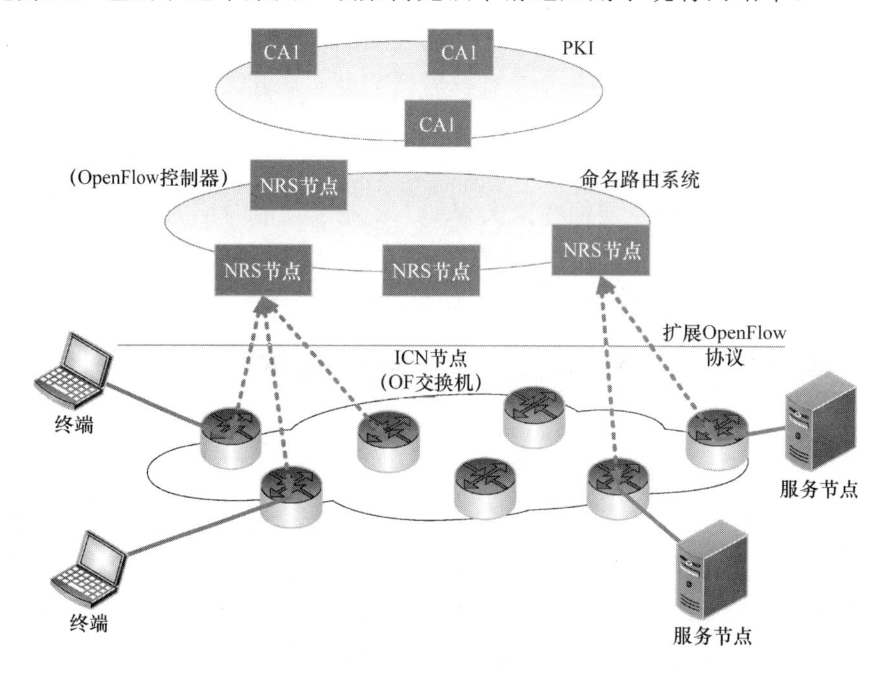

图 7-4　CONET 架构

7.2.3　ContentFlow 代理

Abhishek Chanda 等人提出了结合 SDN 原理实现高效元数据驱动的服务架构——ContentFlow。他们认为 ICN 网络通过内容名称寻址以及在节点缓存内容的方法，可以部署更多、更有效的上层应用，支持可感知内容的精准的流量工程（Content Aware Traffic Engineering，CaTE），提供基于内容的防火墙（ContentFirewall）和全网范围的缓存管理功能，其网络架构如图 7-5 所示。

SDN 网络外部的 Client 向 Server 请求数据，内容请求进入 SDN 网络后由控制器负责路由，引导请求至源地址或网络中的 Cache 处。整个系统中最关键是在控制器的内容管理模块中维护了一张内容名与 IP 地址的映射表，根据这张表控制器可以实现 CaTE。他们论述了从请求消息中获取内容元数据（Content Metadata）的两种方法：在网络边缘添加 DPI（Deep Packet Inspection，深度包检测）模块，从 HTTP 请求中解析出内容；对 OpenFlow 交换机进行改进，使其从四层匹配扩展至七层匹配，于是就可以对数据请求直接进行基于内容的匹配转发了。他们的方法实现了根据内容名字路由的过程，并且可以把内容缓存在 Cache 服务器中，这种缓存方式更接近于 CDN 网络的边缘缓存方式。

此架构的设计方法以 SDN 为主导，在此基础之上通过 SDN 的可编程性、灵活性等特点来实现内容寻址和内容缓存这些 CCN 特有的功能，但是其中通过在网络边缘添加额外网元实现内容解析的思想违背了 SDN 控制与转发相分离的宗旨。

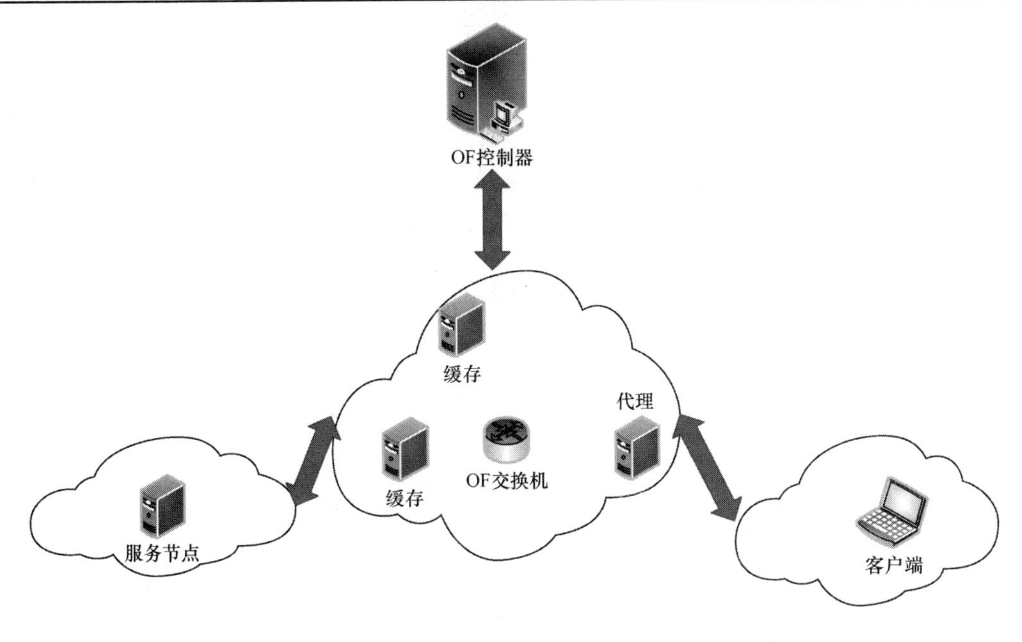

图 7-5　ContentFlow 架构

7.2.4　I.C.N.P.的消息标识方案

Markus Vahlenkamp 等人提出了一种通过 SDN 辅助，在 IP 网络部署 ICN 协议的机制，如图 7-6 所示。他们分析了 ICN 网络直接部署的困难，包括需要全网所有网元（用户设备、内容源端、路由器、交换机等）都具有 ICN 属性，这种变革显然是一个长期的过程。因此，一种可行的方案是在现有 TCP/IP 网络之上建立一个层叠网络，以此来实现路由和转发的功能，类似于 P2P 网络的实现方式。

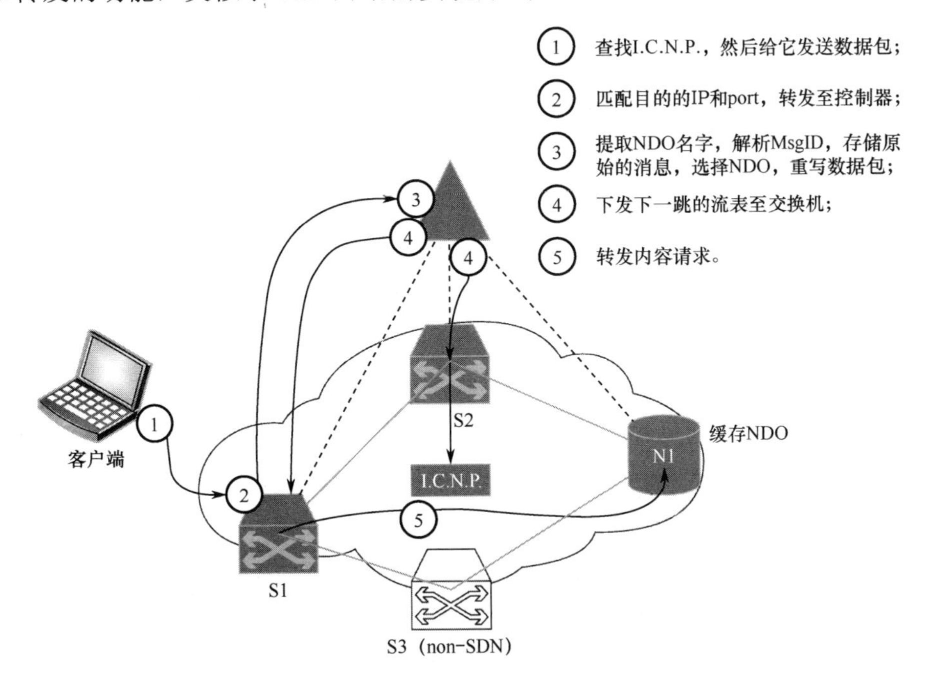

图 7-6　I.C.N.P.架构

通过分析 Blefari-Melazzi 等人的设计方案，Markus Vahlenkamp 等人定义了一个新的IP 选项用于标识 ICN 传输协议，由于 OpenFlow 交换机无法匹配新的 IP 选项，因此在边界交换机上需要将原始的请求封装到新的数据分组内部。他们定义了 MessageID，用于替换 IP 报文请求中的目的地址和回复中的源地址，实现转发数据分组的功能。通过引入一个特殊的可路由网络地址，使得在 SDN 网络外部的请求能够顺利到达边界交换机。ICN 节点对于 TCP 和 UDP 套接字没有处理功能，所以在内容请求者和内容缓存的节点上需要扩展特殊的内核模块。此方案中以 ICN 网络为主，辅以 SDN 网络的控制功能，对于外部内容请求终端和内部缓存服务器都需要实现 ICN 节点功能，对于现有网络而言，适用性并不是很强。他们对于内容缓存方法的实现也未给出深入分析，仅仅使用 Cached NDO 来表示内容缓存服务器，而对于具体的内容缓存行为和控制方法也没有详细的论述。

7.2.5 Blackadder

Dimitris Syrivelis 等人基于 Click 路由器设计了 ICN 节点架构，图 7-7 展示了节点组成的相关组件。聚合组件实现了各自的网络功能，所有的发布/订阅请求最终汇聚到该组件。它管理信息图，完成订阅者和发布者之间的匹配，通过向拓扑管理器发布请求的方式触发转发路径。

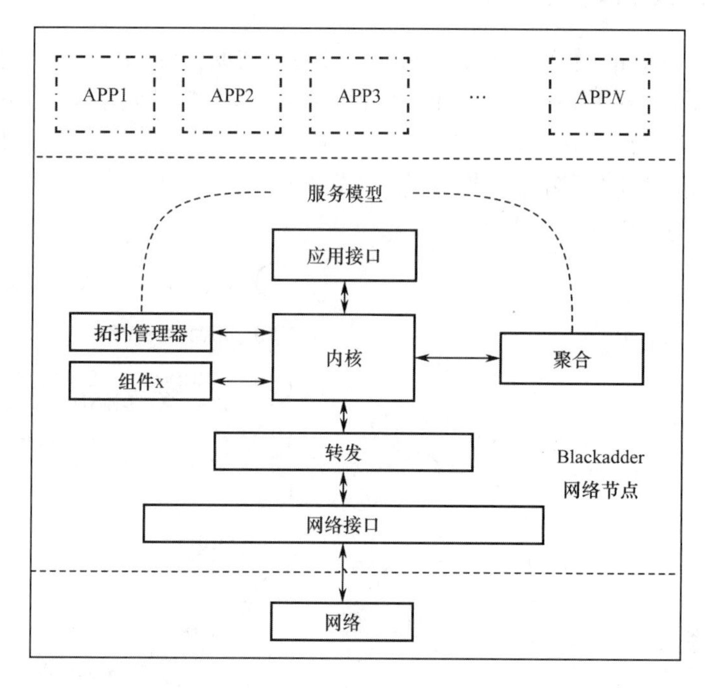

图 7-7　ICN 节点架构

拓扑管理器组件管理网络拓扑以及响应来自聚合组件的请求。它在发布者和订阅者之间创建转发路径，并将其表示为 LIPSIN 标识[18]。然后，这些路径以信息的形式发布给各种发布者，以便于其在发布信息时使用。在启动阶段，网络连接协议向新节点分配链路标识，并将其发布给转发组件，完成网络视图更新和新节点的转发信息表的配置。

转发组件的 LIPSIN 标签用于向其他节点或网络栈发布转发信息。内核组件实现了发布/订阅服务模型。它接收所有应用程序和其他节点组件发送的发布/订阅请求，根据分发策略将它们转发到本地的聚合组件或发布到网络中。另外，它接收来自网络的发布信息，并将其分发到相应的订阅应用中。最后，它接收来自网络或本地聚合组件的发布/订阅通告，并将其通告给对其感兴趣的所有应用程序。

图 7-8 展示了基于 SDN 转发的 ICN 节点架构。聚合信息结构和后续操作可以通过 Blackadder 服务模型与拓扑管理器通信。通信通道采用基于 OF 控制器的转发层面实现。拓扑管理器的角色是掌握所控制的数据平面的上行和下行链路的相互连接，管理 LIPSIN 标签。在拓扑管理器启动过程中，从 OpenFlow 控制器获取本地交换机的端口布局，并为本地链路分配标签。这些标签可以与本地控制器进行通信。拓扑管理器首先配置交换机所在的本地控制器，一些信息被静态地配置到交换机中。拓扑管理器消息可以传递到邻居交换机，因为本地控制器能够安装流并转发流量。基于该方法，该域内的所有交换机可以被自动发现，网络视图也可以在拓扑管理器的指导下建立。当新节点接入到某端口后，本地控制器向拓扑管理器通告，以便于分配节点标签。

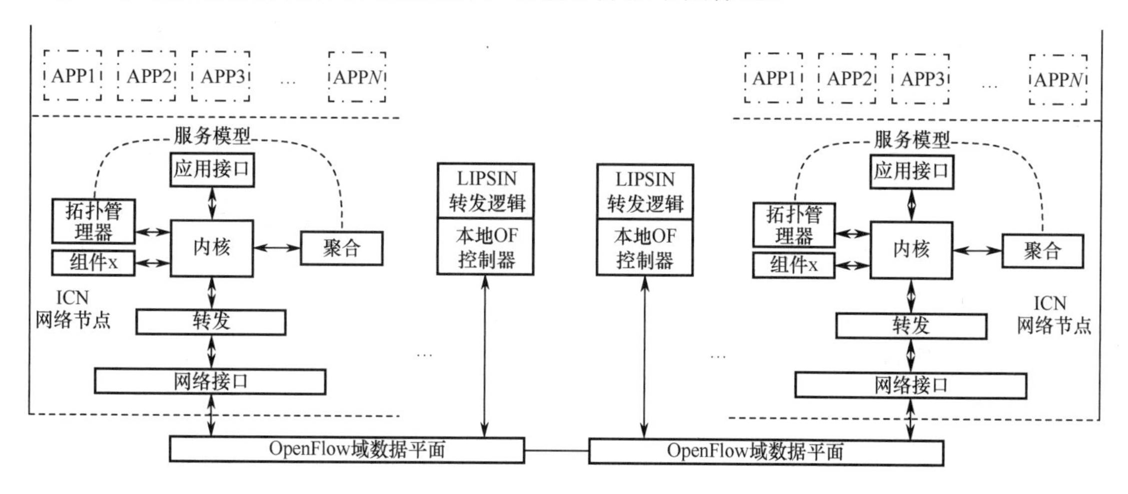

图 7-8　基于 SDN 转发的 ICN 节点架构

当发布/订阅聚合发生时，拓扑管理器被通告，为不同的传递图产生两个转发标签，一个为了从发布者到订阅者的信息传递，另一个为了从拓扑管理器到发布者的通告传递。

7.2.6　C-Flow

SDN 框架能够实现新型网络协议设计，因此，Dukhyun Chang 等人提出采用 SDN 实现基于内容的协议，如命名路由协议等，设计了基于 OpenFlow 的内容传输框架 C-Flow。该框架主要完成了如下工作。首先，它解决了在传统网络主机中提供命名路由和缓存服务。特别是，该框架支持基于内容名称的流管理，是由控制器将内容映射为 IP 地址实现的，流匹配也是在包含 IP 地址映射表的交换机中完成。其次，该框架探索了 SDN 如何提升内容传输的效率。在 C-Flow 中，借助于 SDN 的固有特性，内容路由可根据网络信息动态地选择、修改，来自多个内容源的并行传输被支持，缓存的内容可以被集中管理。

对于 ICN 架构，命名路由的概念使用转发信息表（Forwarding Information Base，FIB）。命名路由将内容缓存在网络中的中间节点或副本服务器上，以便于获取内容。C-Flow 没有采用重新设计数据包的格式，而是选择直接使用 IP 标识一条内容，具体原因有两方面。首先，不能使用可变长度的内容名称标识一条流，因为 OpenFlow 或 OpenFlow 交换机不支持可变长度域的匹配。其次，将内容名称映射为 IP 地址，从而使得该框架可以支持在传统 IP 主机和服务器上提供内容操作。由于 C-Flow 主要面向域内，所以可以使用 E 类地址或私有地址。

为了使用 IP 地址标识一条内容，控制器基于深度报文检测技术（Deep Packet Inspection，DPI）将内容名称从 HTTP 请求报文中抽取出来。然后，它为该内容分配一个 IP 地址，并维护一个内容-IP 信息表。当它通过添加流表项到中间交换机的流表中，创建从端用户到内容位置的路径时，被分配的 IP 地址代替内容服务器或缓存的地址。

图 7-9 给出了 C-Flow 框架关于内容传递的操作。出于简化的考虑，假设一对 HTTP 请求和响应消息被用来在用户和内容服务器之间传递内容信息。

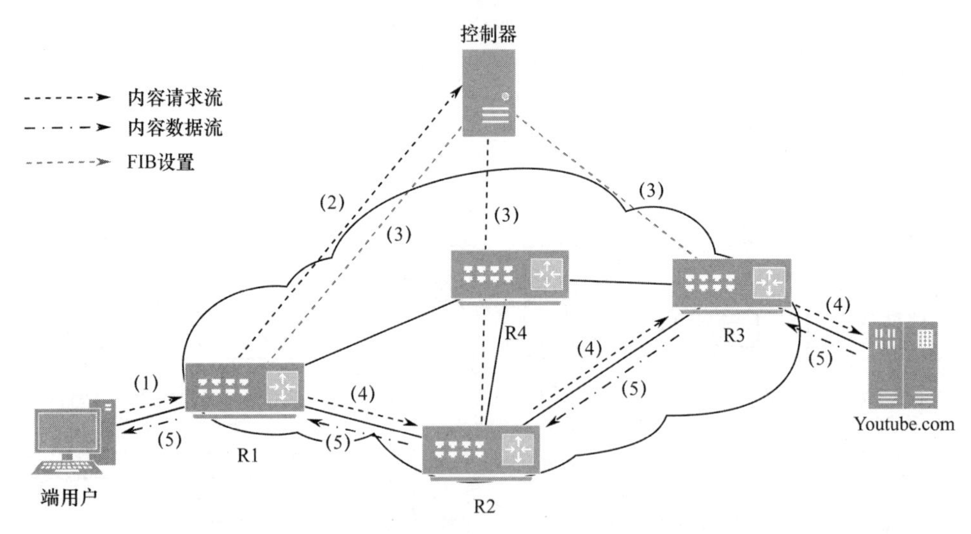

图 7-9　C-Flow 框架工作流程

（1）端用户向访问点 R1 发送获取内容（/youtube.com/a.avi）的 HTTP GET 消息。

（2）R1 采用“Packet_in”事件将该消息中继给控制器。注意，所有未被匹配的报文都会以“Packet_in”事件的形式发送给控制器。

（3）控制器为内容分配一个 IP 地址（10.1.2.3）。控制器维护着内容分布的元数据表，掌握内容的位置信息（存储内容信息的节点）。如果内容没有缓存，在元数据表中将找不到表项。然后，控制器将请求消息转发给原始服务器（youtube.com）。控制器发送控制消息到 R1、R2 和 R3 以设置前向/后向路由表项，从而转发 GET 请求报文和接收响应的数据报文。在这个过程中，访问交换机的控制消息包括修改请求报文的目的地址的动作和修改数据报文的源地址的动作。更具体地说，在用户端的接入交换机 R1 中，一个内容请求报文的目的地址（youtube.com 的地址）修改为一个被分配的 IP 地址（10.1.2.3），并在 youtube.com 服务器的接入交换机 R3 中再修改回来。对于相应的来自 youtube.com 服务器的数据报文，在 youtube.com 服务器的接入交换机 R3 中，源地址被修改为被分配的 IP 地址（10.1.2.3），并在交换机 R1 中恢复为 youtube.com 服务器的地址。

从上述过程可以看出，流被间接地由内容名称进行路由，与此同时，向后兼容了 IP

地址。

（4）HTTP GET 请求（其目的地址是 10.1.2.3）可以从 R1 传递到 youtube.com。

（5）youtube.com 服务器发送数据报文（源地址为 10.1.2.3）到端用户。

7.2.7　SD-CCN

将 SDN 应用到 CCN 中，可以有效地解决 CCN 存在的一些问题。首先，SDN 分离控制的思想将控制权都集中在控制器中，通过全局的视角和智能化的软件，使网络的复杂性大大降低。其次，SDN 与 IP 网络有着极佳的兼容性。为了有效地融合这两个网络，国内外研究机构进行了大量研究，并提出了相应的网络结构，包括 Blackadder-SDN[14]、CONET[11]和 SD-ICN 通用框架[16]。

Blackadder-SDN 优化方案是在 CCN 结构中利用 SDN 的全局视角特性，将转发模块独立出来，交由 SDN 控制。但在其设计中并没有贯彻控制层面和数据层面相分离的原则，诸多控制模块（如拓扑管理器交汇点）都放置在内容路由器中，增加了内容路由器的负担。CONNET 较好地体现了 SDN 的原则，其控制器上运行着名称路由系统，而交换机则根据控制器的指示进行路由。但是，该设计只考虑了路由，对于具体的 CCN 功能只是从 SDN 的角度对通信的帧格式进行了改进。

为此，蔡岳平等人[17]提出了 SD-CCN 架构，通过控制层面的全局视角和智能化软件，使网络的配置复杂程度降低，同时也使网络的路由选择与缓存控制更加智能高效。

如图 7-10 所示，SD-CCN 的基本组成包括控制层面、控制通道、数据层面和数据通道。所有控制决策都由控制层面发出，所有数据操作都在数据层面完成。控制通道使用 OpenFlow 协议实现控制器和交换机的交互。数据通道实现内容请求者和提供者在网络中的通信。

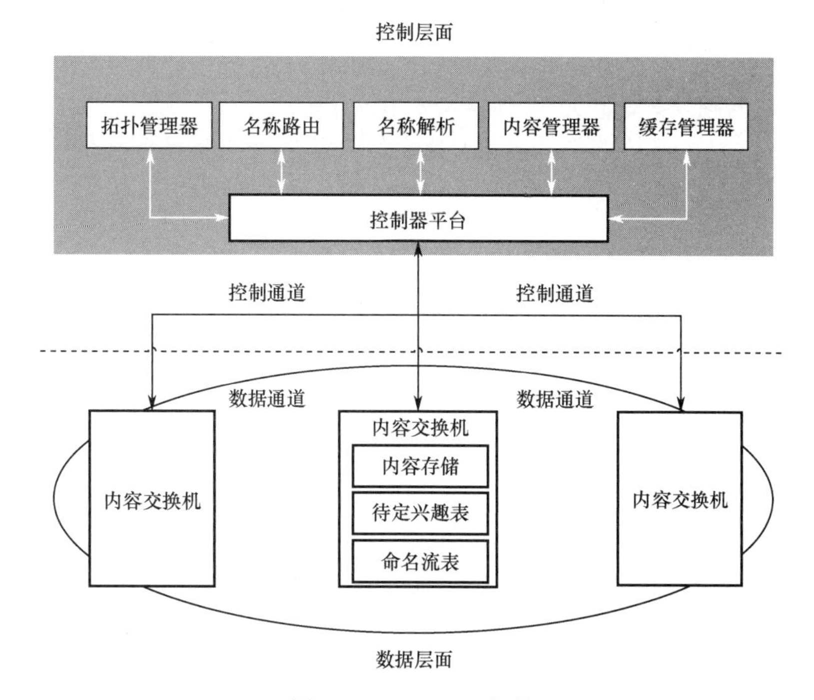

图 7-10　SD-CCN 架构

SD-CCN 的数据平面由内容交换机构成。内容交换机包括内容存储（Content Store，CS）、等待兴趣表（Pending Interest Table，PIT）和命名流表（Named Flow Table，NFT）三部分。数据层面流通的包有 Publish 包、兴趣包和数据包三种类型。CS 作为本地缓存，用于缓存数据对象；PIT 标记兴趣包到达的输入接口；NFT 类似于传统 SDN 中的流表，具备对命名内容的匹配功能。定义相同（Interest，Ingress Port）的包属于同一个流。每个命名流都将在 NFT 中对应一个条目，该条目中包括该流的定义方式和相应操作。Publish 包是内容提供者接入交换网络时对外发出的内容声明，当交换机收到该包后，会将该包转发至控制器；兴趣包是请求者发出的内容请求包；数据包是内容提供者或网络缓存将内容发回给请求者的内容包。

SD-CCN 的控制层面由控制器组成。SD-CCN 的控制层面需要满足两个要求：一是拥有一个拓扑管理器，能实时更新整个网络的拓扑构成；二是提供 API 接口，允许其他控制程序在控制器上运行。控制层面上运行着名称路由、内容管理器和缓存管理器三种必需的控制程序。名称路由是专门处理路由的控制模块，它根据内容管理器提供的信息、交换机上传的兴趣包所请求的内容以及该包的来源，解析出一条最佳路径。缓存管理器执行设定好的缓存策略，并负责对网络中的某些交换机下发主动缓存数据的指令。内容管理器拥有网络中所有内容存储的位置信息。内容提供者接入交换网络时，紧邻的交换机会转发 Publish 包给控制器，控制器从该包中解析出内容提供者所提供的内容，并把紧邻内容提供者的交换机端口作为该内容的初始位置。另外，当缓存管理器向交换机发出主动缓存某一数据的指令且该交换机完成缓存动作后，会通过 OpenFlow 控制通道告知控制器，控制器即更新内容管理器中内容的位置。

7.3　基于“SDN+NFV”模式的 CCNaaS 架构

以上基于 SDN 的内容中心网络体系研究，利用 OpenFlow 等北向接口协议解决了 CCN 部署的一些问题，如标识定义、消息代理设计等。然而，上述思路仍然停留在向网络中增加一种新的路由协议的基本方案。新路由协议的加入势必增加网络管理、运维开销，增加了网络的复杂性，提高了网络运营成本。下面介绍一种基于网络功能虚拟化（Network Function Virtualization，NFV）和 SDN 的 CCN 架构——CCN 即服务（CCN as a Service，CCNaaS）。

7.3.1　网络功能虚拟化

网络虚拟化是指在同一物理基础网络中承载多个逻辑上的网络。这些逻辑网认为自己在独享网络资源。本质上，网络虚拟化是为了解决现有网络体系僵化问题而提出的。

网络功能虚拟化是利用网络虚拟化技术的产物。根据维基百科的定义[19]，网络功能虚拟化是一种网络架构，它是利用 IT 虚拟化的相关技术，虚拟化所有网络节点中的功能（Network Node Functions），形成一个个标准的功能块（Building Blocks）。这些功能块可以相互连接，生成通信服务。

网络功能虚拟化依赖但又不同于服务器虚拟化技术。这些技术已经广泛应用于企业网 IT 中。一个虚拟的网络功能（Virtualized Network Function，VNF），可以由一个或多个虚拟机组成。这些虚拟机运行不同的软件和进程，承载于标准化的高性能服务器、交换机和存储设备，甚至云计算基础设施之上，而不是为各个网络功能定制专门的硬件设备或仪器。

在电信行业中，传统的产品部署需要遵循严格的标准，以实现稳定、协议的正确性以及服务质量，也就是所谓的“电信级”要求，确保设备的可靠性。这种模式在过去发挥了重要作用，却是以超长的产品周期，缓慢的开发、升级，以及不可避免地引入大量私有设备为代价的。然而，随着在提供公共服务的过程中竞争的加剧，服务提供商纷纷部署、更新各自的服务（如谷歌聊天、Skype、Netflix 等），业务与底层设备出现了越来越深的适配“鸿沟”，促使服务提供商寻求改变底层设备升级缓慢的途径。这也是网络功能虚拟化提出的需求背景。

2012 年 10 月，网络功能虚拟化工作组在德国达姆施塔特召开的软件定义网络与 OpenFlow 会议上发布了一份白皮书[20]。该工作组隶属于著名的欧盟电信标准委员会（European Telecommunications Standards Institute，ETSI），由来自欧洲和欧洲以外的电信行业代表（包括我国的电信公司和联通公司）组成。由于出身名门，一经发布便引起世界巨大的兴趣。经过四年发展，该组织已经发布了 40 余份文档，发展成为一个联系紧密的庞大社区。该组织有条不紊地推动着网络功能虚拟化的标准化和商业化，已有越来越多的运营商和设备制造商加入。

从现实网络管理的角度看，网络功能虚拟化也是有其诞生的原因的。目前，基于硬件实现的大量网络仪表设备（Middlebox，中间盒子）部署在互联网中，对报文或数据流进行更复杂的处理（监视、统计和修改等），以弥补路由或交换等传统数据层面设备的功能不足。它们的应用涉及不同方面，包括防护网络安全（防火墙）、流量整形（负载均衡器）以及网络优化（缓存代理）等，极大地扩展了网络设备的功能。尽管中间盒子在提升网络性能以及提供新型功能方面发挥了重要作用，但是它难以根据需求进行扩展或收缩，且代价昂贵。网络功能虚拟化可以将这些网络功能通过软件实现，并运行在高性能 x86 平台上。借助于软件定义网络数据流的灵活转发能力，我们可以为用户定制一条虚拟化的网络功能处理通道——服务链，一体化网络配置，大量节省手动配置和管理培训的时间和经济开销。与此同时，网络功能虚拟化也能大幅度地降低设备成本。比起直接购买足以应对整套网络环境的大型防火墙或 IDS/IPS 设备，现在用户完全可以只为需要这部分功能的网络通道进行有针对性的采购。这能节约大量前期成本投入，同时也能带来切实可见的运作收益。

从框架的角度看，虚拟网络功能（VNF）是对网络功能的软件实现。这些网络功能可以部署在网络功能虚拟化基础设施（Network Functions Virtualization Infrastructure，NFVI）中。

NFVI 是所有软、硬件组件的总称。这些组件为 VNF 的部署构建了基本环境，可以覆盖不同的位置。如果网络将这些分散的位置连接起来，那么这种网络也属于 NFVI 的一部分。

网络功能虚拟化管理和编排（Network Functions Virtualization Management and Orchestration，NFV-MANO）体系框架是由所有功能单元、这些单元使用的数据库及这些单元交互信息的接口等组成的集合。这里的所有操作的终极目标是为了管理和编排 NFVI 和 VNF。

那么，SDN 和 NFV 之间的关系是什么呢？首先，NFV 不是构建在 SDN 之上的。即使基于当前网络，也能够完全实现一个虚拟网络功能。然而，利用 SDN 实现 NFV 具有很多优势，尤其便于 VNF 的管理和编排。这也就是业界为什么致力于将 SDN 和 NFV 两个概念定义在一起，构建联合的生态系统的原因。

NFV 基础设施需要用一个集中式的编排与管理系统（NFV-MANO）接收运营商协调 VNF 的请求。该系统需要将高级的请求翻译为合理的处理流程、存储和网络配置，以最终完成 VNF 的调用。VNF 一旦被调用，NFV-MANO 就需要监控其处理能力、负载率，并动态地做出调整。由前文可以看到，SDN 架构中的网络操作系统在一定程度上满足了 NFV-MANO：集中式管理、掌握全局信息以便于生成管理和编排策略，因此，NFV-MANO 可以基于网络操作系统构建。

目前，NFV 还处于起步阶段，但已被证明是一个受欢迎的标准。它的即时应用程序是众多的，如移动基站、平台即服务（Platform as a Service，PaaS）、内容分发网络（Content Delivery Network，CDN）等的虚拟化。正如前文所述，网络功能虚拟化并运行于通用标准硬件设备中，将极大地减少资金和人力投入，缩短产品和业务的更新时间。目前，国际上主流的网络设备提供商均宣称支持 NFV。与此同时，各大软件提供商也纷纷提供各自的 NFV 平台。但是，我们也需要看到，NFV 商用还需要大量的研究工作。最直接的是，IT 虚拟化后，各运营业务如何保证电信级的高可用性、高扩展性以及高性能。为了最小化整体投入，电信级特性必须高效实现。这就要求 NFV 解决方案使用冗余资源实现五个 9 的可用性（99.999%）。

另外，NFV 平台是获取高效电信级 NFV 解决方案的基础。它是运行于标准多核硬件的软件平台，基于开源软件构建的具备电信级特性的产品。NFV 平台软件负责因故障或流量负载变化而进行的动态重分配 VNF，所以其在 NFV 体系中发挥着决定性作用。虚拟交换机（vSwitch）是 NFV 平台的关键组件，负责 VM-VM 以及 VM 向外的连接。它的性能取决于 VNF 的带宽。目前在 SDN 中，标准的 Open vSwitch（OVS）在应用于 NFV 方案中时存在一些不足，需要提高其性能以满足 VNF 的高速处理要求。

总之，虚拟化正改变着当前的 IT 基础设施。当 VNF 取代传统专业功能设备时，将会引发从设备可用性到服务可用性的变革。虚拟网络功能打破了功能与专有设备的耦合，使得可用性可以由 VNF 服务的可用性度量或定义。由于 NFV 技术能够虚拟化各种类型的网络功能，每种类型的服务也是冗余的，NFV 平台需要支持故障容忍机制。

本节以 NFV 对网络功能虚拟化的优势，结合 SDN，给出了 CCN 架构的虚拟路由实现方案，并以 NFV 框架为蓝本，设计了 NFV-MANO、VNF 等。

7.3.2　CCNaaS 部署架构

CCNaaS 架构实现了逻辑上集中式的架构，具有统一的状态信息库，与此同时，控制和配置也从硬件单元中分离。其部署架构如图 7-11 所示。

软件定义网络采用的是集中式的架构，一般运行集中式的路由算法，而 CCN 网络运行分布式路由协议。为此，基于 OpenFlow 交换机网络设计了如图 7-11 所示的架构，该架构由四部分组成：一是底层可编程网络，由可编程交换机互联而成。该网络可以通过传统交换机与传统的外部网络互联。该网络用于路由器的交换网络。二是控制器，它控制着整个可编程网络，掌握着底层网络视图、状态等。另外，控制器连接着 CCNaaS 服务器，向服务器传递底层网络信息，同时从该服务器上接收相关的 CCN 路由信息，并经过控制器转换为流表项，最终安装到可编程交换机中。三是 CCNaaS 服务器，接收控制器的相关消息，并将其转换后发送到 CCN 路由平面。相反地，它也从路由层面接收计算的路由信息，并将路由信息转换后提交给控制器，由控制器完成路由下发。四是 CCN 虚拟拓扑，它模拟 CCN 路由平面，根据底层可编程网络的拓扑建立，由 CCNaaS 服务器建立相对应的虚拟路由器平面。每个路由节点都是一个虚拟机。所有虚拟机连接成网，其拓扑结构与底层可编程网络一致。

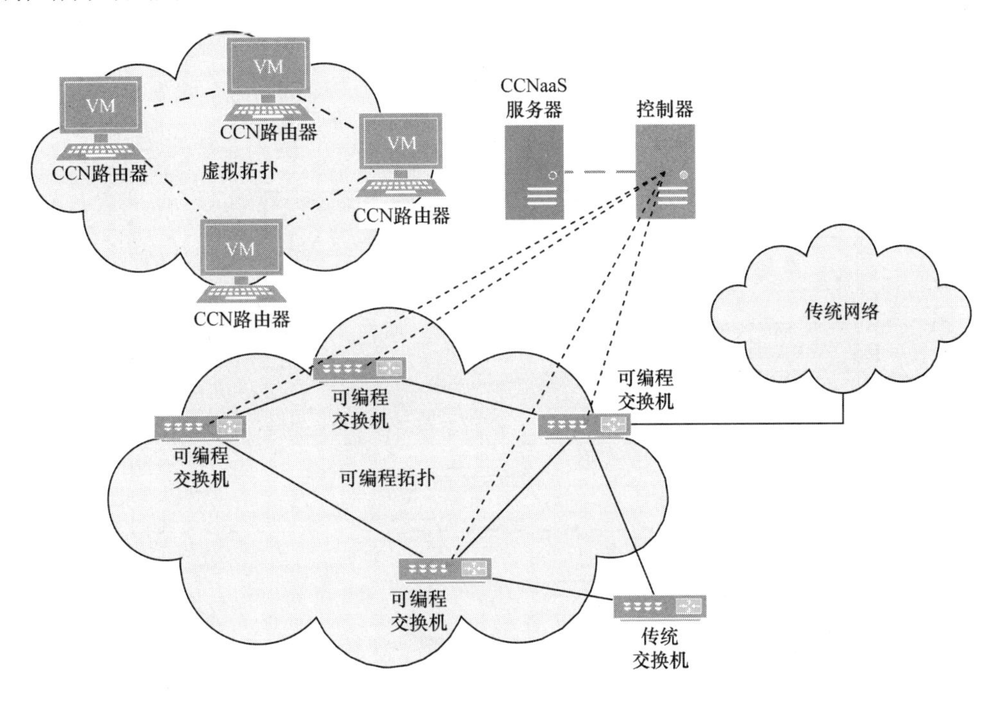

图 7-11　CCNaaS 部署架构

7.3.3　CCNaaS 设计细节

从底层转发网络中分离出控制层面可以在虚拟单元和它们的物理实体之间实现灵活的映射和管理。由图 7-11 的架构图可以看出，CCNaaS 支持如下三种应用场景。

（1）逻辑上分离：该架构实现了硬件交换机和虚拟路由引擎之间的 1∶1 映射。该虚拟路由引擎是物理底层网络的完全复制，每个物理交换机都对应一个虚拟机。虚拟机与对应的交换机具有相同的交换端口和相同的连接关系。

（2）多路复用：从另一个角度看，该架构也实现了从物理到虚拟的 1∶n 映射。这也是路由器虚拟化的通用做法。多个控制层面同时在同一台物理硬件上运行，并安装它们相互独立的 FIBs。我们可以定义多个租户的虚拟网络，通过使控制协议消息流穿过虚拟层面，使数据层面的连接关系相应地在虚拟层面复制。

（3）聚合：该架构也是从硬件资源到虚拟实例的 m∶1 映射。该映射通过绑定一组交换机，简化了网络协议的工程化，从而使邻居设备或邻居域可以将该被聚合对象看作单个单元。这种方法也使域内路由能够被单独地定义，而传统域间路由协议（如 BGP）可以被合并在单个控制单元内，提高扩展性、简化通信，实现集中式管理的目的。

无论是哪种应用场景，我们均可以归结为两种情况，而路由协议消息从物理端口发出，还是一直留在虚拟层面内。后者分离并优化了物理拓扑发现和维护的问题以及路由状态分布化的问题。

7.3.4 CCNaaS 系统

CCN 激进地采用了按内容寻址，这与传统网络按地址寻址完全不同。从演进的角度看，CCN 的部署需要经过混合网络的过渡阶段，也就是 CCN 网络与传统网络共存的情况。为了实现上述构想，本节给出了一种分层、分布式原型设计，灵活适应了不同的虚拟化应用场景（从路由引擎虚拟接口到物理 OpenFlow 端口的 $m:n$ 映射），便于面向高级路由应用的开发，如图 7-12 所示。

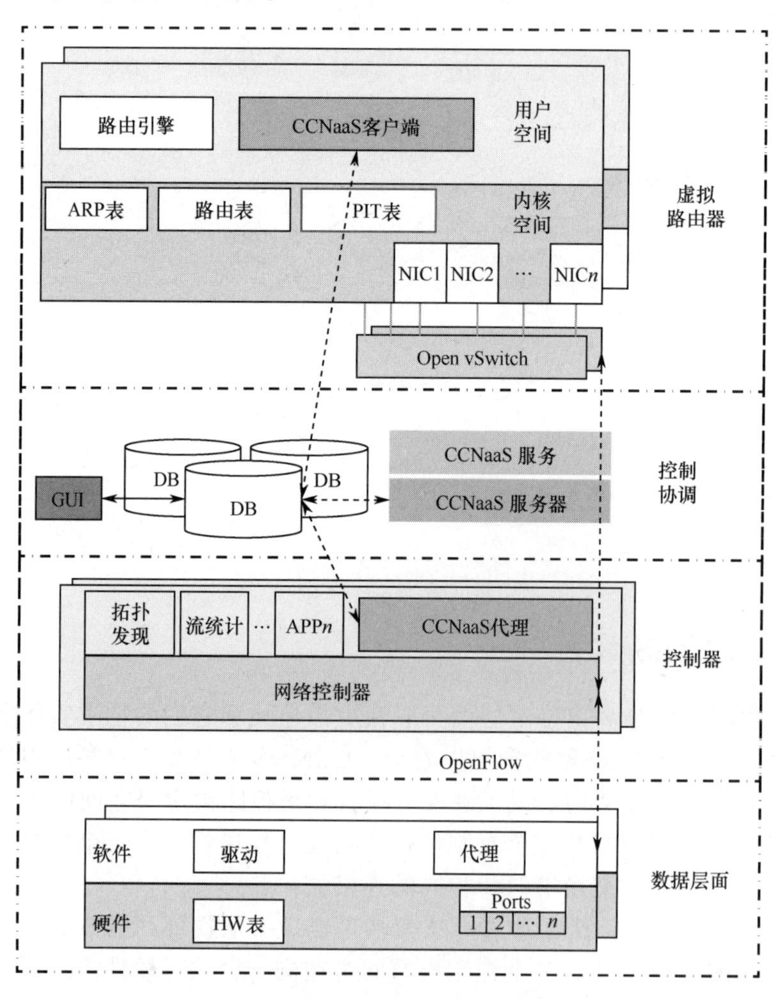

图 7-12　CCNaaS 体系结构

CCNaaS 包括以下三个核心组件。

（1）CCNaaS 客户端：收集由路由引擎产生的路由和转发信息。本质上，它运行在 Linux 系统的用户空间。为了获得额外的路由信息，它还可以与传统商业路由器交互。

（2）CCNaaS 服务器：负责系统核心逻辑的单例程序，实现事件处理、从 VM 到 DP 的映射等。CCNaaS 服务器从运营商的角度设计，通过采用知识信息库实现高级路由逻辑，如负载均衡、WAN 优化等。

（3）CCNaaS 代理：是简单的代理应用，运行于 OpenFlow 控制器（如 NOX、POX、Ryu、ONOS 等）之上，为 CCNaaS 提供交换机交互，从拓扑发现和监控模块收集网络状态信息。

运行于控制器之上的 CCNaaS 服务器连同 OpenFlow 控制器可认为是一种 NFV-MANO 的示例。承载于虚拟路由器中的路由引擎可以看作一个个 VNF。借鉴云应用程序的最佳设计实践，我们采用了一种具有可扩展性、容错机制的集中式数据库。它存储并维护了三类重要信息：一是 CCNaaS 的核心状态，如资源使用情况；二是网络视图，包括逻辑视图、物理视图和基于特定协议的相关视图；三是各种信息库，如流量预测、流监控、管理员策略库等。这些信息对开发路由应用非常有用。该集中式数据库将上述信息归结为两种信息库：网络信息库（Network Information Base，NIB）和知识信息库（Knowledge Information Base，KIB）。此外，分布式 NoSQL 数据库也被用于发布/订阅消息队列 IPC，松散地通过扩展的 JSON 式 CCNaaS 协议实现交互。在不牺牲性能的情况下，基于数据库的 IPC 简化了故障管理、调试和监控。总之，CCNaaS 设计努力实现体系结构的演进，即分层、系统模块化和接口可扩展。

7.3.5 原型实现

在本系统中，CCNaaS服务作为路由计算的新处理层，起着关键作用。本质上，CCNaaS 客户端与 BGP 路由中的路由反射器的作用类似。CCNaaS 服务通过 CCNaaS 服务器的模块实现。基于该模块能够实现任何虚拟化的路由逻辑。我们将 CCNaaS 代理实现为 POX OpenFlow 控制器的应用程序。CCNaaS 客户端组件将 CCNx 中的路由协议栈作为 Linux 路由引擎，运行于 LXC 容器中。MongoDB 是一种 NoSQL 数据库。它采用友好的面向 JSON 的接口，具有良好的可扩展性，因此，我们基于此实现数据库，作为后端主状态存储和 CCNaaS 组件之间的 IPC。

PoC 原型采用具有优秀表达能力的配置语法，主要涉及参数化的 CCNaaS 服务的选择，应用于控制层面，以及数据层面拓扑的特征描述。数据层面可以使用 DPID 和链路描述。链路可以分为 DP-DP 和 DP-Device 两类。由 Yacc 编写的描述语法来自包含感兴趣的描述性数据的高级模型。

为了验证平台通过 CCNaaS 提供的转发决策能力，我们也实现了一种实际的路由服务，利用拓扑描述使所有 DP-Device 链路被映射为单个虚拟化路由引擎的端口。

下一步我们将 CCNaaS 用于不同的商用 OpenFlow 设备，如品科公司的 p5101 及其他来自 NEC 公司、IBM 公司、华为公司的设备，以验证本平台在 CCN 部署、与传统网络路由设备的兼容性上的效果。

7.3.6 展望

SDN 和 NFV 的结合可通过网络功能外包的形式实现网络创新[21]，设备提供商和第三方服务提供商均可开发和部署各自的网络功能实例。这种体系结构能够更加方便地提供网络功能。然而，当前的 SDN 缺乏为特定的流量定制网络功能处理序列的机制。

在传统网络中，新功能一般被添加到端主机、交换机、路由器以及中间盒子[22]。由于缺乏这些功能的全局信息，网络运营商很难协同管理网络中的功能实例。在“SDN+NFV”范例中，每个授权的服务商都可以方便地开发各种基于软件的功能实例，并部署到服务器中。SDN 控制器管理网络交换机和服务器，SDN 交换机将流量转发到相应的功能实例序列上进行处理。因此，来自不同服务商的功能实例之间可以协同工作。“SDN+NFV”范例中的功能创新具有三个特点：一是网络功能被逐渐分解为更细粒度的功能实体；二是任何服务商都可以提供其开发的功能，因此在网络中，每个功能都可能存在多个网络实例；三是运营商通过制定策略能够动态地将细粒度的网络功能组合成复杂的功能管道。

本节介绍的 CCNaaS 架构就利用“SDN+NFV”模式的资源整合优势，实现了 CCN 网络的部署，并解决了与传统网络的兼容问题。随着 NFV 架构标准的成熟以及 SDN 网络可编程技术的深入演进，“SDN+NFV”模式将配合得更加默契，类似 CCN 这种创新型架构的部署和实践将更加便利。

7.4　小结

目前，鉴于内容中心网络还处于学术研究阶段，SDN 和 CCN 的融合实现方案也处于设计、仿真和论证阶段。内容中心网络的内容路由及其相关架构过于激进，导致其难以与当前网络设备和架构进行兼容，以至于 CCN 仍处于实验阶段。因此，业界和学术界将视线转移到 SDN 架构，希望通过 SDN 的可扩展性、可编程性以及创新能力解决 CCN 的实现和部署问题。近年来，这一方向成为研究的热点。

SDN 用于 CCN 的融合实现方案主要有以下几个优势。

（1）SDN 提出之初，在真实网络环境中验证新型网络协议是其目标之一。SDN 为网络设备提供了高度可编程接口，将网络转发功能分为高效的快速转发处理流程和可编程的慢流程。我们可以基于 SDN 开发新的路由和转发方法，而无须更新核心网中的硬件网络设备。

（2）SDN 控制与转发分离的思想为网络抽象形成了集中式的控制器。控制器掌握了全网的视图信息，包括相关内容及其位置等状态，便于内容路由算法的设计与实现。

（3）近年来，SDN 的南向可编程接口逐渐完善，各种与协议无关的接口被设计出来。例如，华为公司提出了 PoF 方案，而国外学术界和产业界也力推 P4 方案。这些进展都使得新型协议和算法的验证、使用更加便利和灵活，方便了 CCN 等网络革新技术的实现。

总之，基于 SDN 的 CCN 融合方案将是未来 CCN 发展的可选路径之一。

本章参考文献

[1] MIT technology review, 2009, http://www2.technologyreview.com/article/412194/tr10-software- defined-networking.

[2] A Greenberg, G Hjalmtysson, D A Maltz, et al. A clean slate 4D approach to network control and management [C]. SIGCOMM CCR, 2005.

[3] H Yan, D A Maltz, TS Eugene Ng, et al. Tesseract：a 4D network control plane[C]. NSDI, 2007.

[4] M Caesar, D Caldwell, Nick Feamster, et al. Design and implementation of a routing control platform[C]. NSDI, 2005.

[5] M Casado, M J Freedman, S Shenker.Ethane：taking control of the enterprise [C]. ACM SIGCOMM, 2007.

[6] N McKeown, T Anderson, H Balakrishnan, et al. Openflow：enabling innovation in campus networks[C]. SIGCOMM CCR, 2008.

[7] N Gude, T Koponen, J Pettit, et al. NOX：towards an operating system for networks[C].SIGCOMM CCR, 2008.

[8] Haoyu Song. Protocol-Oblivious forwarding–unleash the power of SDN through a future-proof forwarding plane[C]. ACM SIGCOMM workshop on hot topics in software defined networking, Hong Kong, China, August 16, 2013.

[9] Pat Bosshart, Dan Daly, Glen Gibb, et al. P4：programming protocol-Independent packet processors[J]. ACM Sigcomm Computer Communications Review (CCR), 2014, 44(3)：1-8.

[10] www.P4.org.

[11] Detti A, Blefari M N, Salsano S, et al. CONET：a content centric inter-networking architecture[C]. Proceedings of the ACM SIGCOMM workshop on Information-centric networking, 2011：50-55.

[12] Chanda A, Westphal C. Contentflow：Mapping content to flows in software defined networks [EB/OL], http://arxiv.org, 2013.

[13] Vahlenkamp M, Schneider F, Kutscher D, et al. Enabling information centric networking in IP networks using SDN[C]. IEEE SDN for Future Networks and Services (SDN4FNS), 2013：1-6.

[14] Syrivelis D, Parisis G, Trossen D, et al. Pursuing a software defined information-centric network[C]. IEEE European Workshop on Software Defined Networking(EWSDN), 2012：103-108.

[15] Chang D, Kwak M, Choi N, et al. C-flow：An efficient content delivery framework with Open Flow[C]. IEEE International Conference on Information Networking (ICOIN), 2014：270-275.

[16] Chanda A, Westphal C. A content management layer for software defined information centric networks[C]. ACM SIGCOMM Workshop on Information-Centric Networking, Hong Kong, China:ACM Press, 2013:47-48.

[17] 蔡岳平, 刘军. 一种软件定义的内容中心网络 SD-CCN 结构[J]. 中国科技论文, 11(2), 2016：179-185.

[18] P Jokela, A Zahemszky, C E Rothenberg, et al. LIPSIN：line speed publish/ subscribe inter-networking[C]. ACM SIGCOMM, 2009.

[19] Network function virtualization, https://en.wikipedia.org/wiki/Network_function_virtualization.

[20] ETSI, Network Functions Virtualisation (NFV) white paper 3, 2016, https://portal.etsi.org/ Portals/0/ TBpages/NFV/ Docs/NFV_White_Paper3.pdf.

[21] Glen Gibb, Hongyi Zeng, Nick Mc Keown. Outsourcing Network Function[C]. Hot SDN'12, 2012：73-78.

[22] Walfish M, Stribling J, Krohn M, et al. Middleboxes no longer considered harmful[C]. Proc. of OSDI '04, USENIX Association, 2004：215-230.

第 8 章　参数化自适应内容管线结构

8.1　参数化自适应内容管线结构研究意义

8.1.1　研究背景

随着互联网技术与应用的飞速发展，互联网正历经从“以互联为中心”到“以内容为中心”的演变历程。互联网的设计理念可以上溯至 20 世纪六七十年代，当时主要的应用需求是计算资源共享，设计的核心理念是实现主机的互联互通，进而共享计算资源，本质上是一种“主机-主机”的通信模式。TCP/IP 体系结构以 IP 地址为核心，以传输为目的，按照端到端原理设计，很好地满足了这一需求，促进了互联网的飞速发展。经过 50 多年的发展，互联网的使用已发生了巨大的变化，现在互联网的应用需求更多关注的是内容共享。人们越来越关心获取内容的速度以及内容的可靠性和安全性，内容中心化正成为互联网发展的主旋律。

互联网应对内容中心化趋势的技术方案主要包括两类。一类是基于现有 TCP/IP 网络体系结构的增量式内容传输优化方案，采用“打补丁”方法，基于现有 TCP/IP 体系结构增强现有互联网的内容分发能力，包括 CDN 和 P2P 等技术，在一定程度上缓解了用户对“内容/信息共享”的需求，其技术本质是通过在网络功能结构的上层建立覆盖网络来实现对内容分发的支持，而下层对内容的基础传送能力仍然是无任何保证的无连接分组交换能力（即 IP），内容存储的位置与内容本身、内容的组织（发现）方式以及内容的传递方式都没有直接联系，每次内容传递都需要多层、多次处理，传递效率低下且成本居高不下。

另一类是革命式的内容中心网络架构，采用“从零开始”的互联网体系结构设计思路，其中以内容为中心的设计思路得到广泛重视。CCN 以数据的名称（Name）作为数据的唯一标识符在网络中进行路由和传递，不再需要主机地址的间接转换，缓解了传统方案传递效率低下的问题。CCN 代表了以内容为中心的网络设计的研究前沿。

总体上，增量式方案属于拼接式设计和改进，虽然在短期内缓解了互联网的内容分发问题，但重重补丁进一步加剧了网络本身的复杂性。从长远看，革命式的内容中心网络着眼于发展支持内容的全新结构，将是未来以内容为中心的互联网的根本解决方案。然而，近年来 CCN 等内容中心网络的相关研究仅专注于数据的命名和基于名字的路由和转发问题，而对于内容中心网络如何保证 QoS 这一内容分发传送的基本问题却未给出相关研究成果。

提供用户满意的 QoS 保障是未来网络设计永恒的基本主题之一，因此，研究并揭示应用内容的共性特征，提出针对内容共性特征的新型传送机理，创立具备高效内容传送固有能力的新型网络体系结构——参数化自适应内容管线结构，实现内容中心网络的 QoS 保障，将至少具有如下的四个重要意义。

（1）更高效的网络：通过对网络内容特征的分析和对网络功能的抽象，建立从用户

QoS 需求到网络基础传送能力的匹配映射模型，使得底层传送单元实现针对应用内容语义的有效承载，从而将网络对内容的支持从应用层“下沉”到基础传送层。由此，构建新型内容中心网络既不需要各个网络功能中间件实现从 IP 地址到所需内容的映射，也不需要各个额外的 QoS 保障中间件满足服务质量要求，提升了整体效率，降低了能耗，简化了网络架构设计和网络应用部署。

（2）有保障的 QoS：一方面，通过以内容寻址而不再沿用“主机-主机”的地址通信模式，便于就近获取内容，可达到避免拥塞、优化流量的目的；另一方面，创立从根本上提供保障分发传送服务质量的结构性方法，即通过构造针对内容特征的网络传送结构，在网络的基础传送功能中内嵌应用内容的语义特征，建立内容特征驱动的自适应传递管线，替换无任何保证的无连接分组交换 IP，从而达到有效保证内容数据分发传送服务质量的目标。

（3）更强的可管控性：通过在数据命名中增加表达内容语义特征的属性，对网络的管控可以做到在基础传送层完成对当前传送内容属性的线速甄别和线速控制，从而避免传统网络管控自底层获取数据，到高层深度甄别，再返回底层实施管控的低效操作模式，也大大简化了网络管控操作传统流程。

（4）更强的安全性：一方面，通过数据签名机制、内容完整性校验等验证手段可大大提升网络安全性；另一方面，通过底层传送单元针对应用内容语义的有效承载，将网络对内容的支持从应用层“下沉”到基础传送层，很多由高层引发的网络安全问题可自然得到解决。

因此，从内容特征、QoS 需求及网络功能的本质出发，基于内容中心网络数据命名、内容路由和转发的基本特性，探索将传统的高层 QoS 需求、内容特征直接内嵌到网络底层传送能力的办法，是实现未来内容中心网络 QoS 保障的一条新途径。

8.1.2　内容中心网络对参数化自适应内容管线结构的需求

以内容中心网络 CCN 为代表的新型互联网体系架构革命性地推翻了传统的 TCP/IP 网络架构，在网络通信模型、通信模式、传输模式、安全机制、转发机制和主机移动性等方面都具有不同于以往的特点，见表 8-1。

表 8-1　CCN 与传统网络相比的特点

项　　目	传统网络	CCN
网络通信模型	以地址为中心	以内容为中心
通信模式	主机到主机	主机到网络
传输模式	“推”	“拉”
安全机制	主机上构建	内容上构建
转发机制	存储转发	缓存转发
主机移动性	不支持	支持

相比于传统 TCP/IP 网络，内容中心网络在为用户提供高质量 QoS 保证上具有以下优势。

（1）传统网络以地址为中心的通信模型和主机到主机的通信模式决定了其作为网络

互联的本质属性，CCN 以内容为中心的通信模型和主机到网络的通信模式则以内容共享为本质属性。在当前网络环境内容中心化的趋势下，用户不再关心主机的位置信息，CCN 能够为用户提供更直接的内容共享服务。

（2）CCN“拉”的传输模式决定了用户的网络主导权地位，符合当前用户从庞大数据库中寻找兴趣内容的要求，相比于传统网络“推”的方式更具有针对性，能够有效减少网络冗余内容，提高网络运行效率。

（3）CCN 在内容上构建安全机制，无须关注数据通道的安全性，直接保证内容本身的安全，通过在内容名字上嵌入密钥和签名可以实现自我验证功能。

（4）CCN 在路由节点中加入内容缓存，内容转发后会存储在路由节点中，用户再次请求相同内容时可以就近从内容缓存中获取，从而减少内容获取时间，提高网络运行效率。

综合以上四点，CCN 以内容为中心构建网络，在考虑对用户 QoS 的支持上，无须像传统网络那样层层添加补丁而增加体系结构自身的复杂性，可以直接从内容命名和转发机制出发进行设计。而且，由于内容正是 CCN 结构的“细腰”，所以实现对内容的 QoS 保证就是实现内容中心网络中的 QoS 保证。

8.2　内容管线结构详细介绍

本节主要从内容特征解析、内容管线结构和管线对内容特征的自动匹配三个方面展开，这三项内容直接支撑在网络基础传送结构中嵌入被传送数据内容语义的针对性、创立具备高效内容传送的固有能力的新型网络体系结构的设计目标。

8.2.1　内容特征解析

网络应用内容的特征是指组成相应内容的数据结构及其时变规律。实时、准确和完备地描述应用内容特征是网络适应内容传递需求的前提。对内容特征解析的研究从多种角度刻画不同应用内容的固有特征，建立统一的多维内容特征模型，为不同内容自适应地建立不同规格的传递管线奠定基础。这些特征包括时域特征、空域特征以及时–空域关联特征。

（1）时域特征：网络内容的时域特征是指内容的数据报文时序结构特性，包括传输时长、报文时间间隔分布、有效传输比等。对于不同类别的应用，其内容在时域特征上有较大区别，从而影响内容管线的规格调整。例如，流媒体业务的报文时间间隔分布具有较高的平稳性，而其有效传输比则较低。

（2）空域特征：网络内容的空域特征是指内容的数据报文空间结构特性，包括数据报文长度分布、平均报文数量、报文数量分布等。很多应用（相同类型或不同类型）的内容在时域上的特征相似，但在空域上却表现出很大的不同。

（3）时–空域关联特征：网络内容的关联特征是指综合时域和空域的数据报文结构特性。当前网络环境复杂多变，网络内容在不同环境条件下的数据报文结构特性可能表现的特征不同，因此需要从不同域综合描述内容的特征属性。如图 8-1 所示为内容的时–空域关联特征二维示意图。

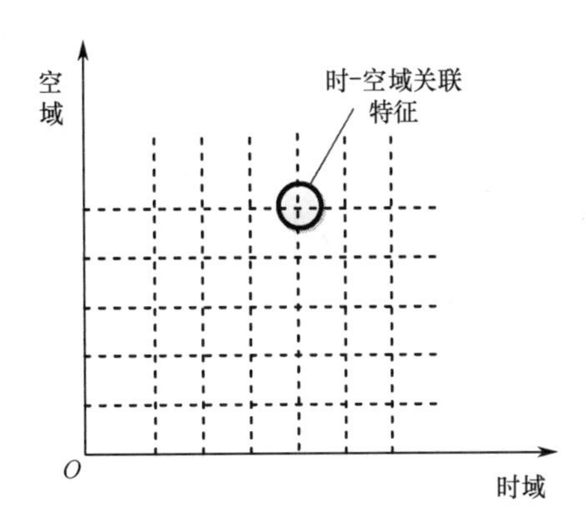

图 8-1　时-空域关联特征二维示意图

描述不同应用的内容特征是多维的，然而不同内容通常表现为不同的特征，甚至相同内容在不同网络环境下的表征也存在差异。因此，选择合适的针对相应类应用的特征来刻画其内容至关重要。

网络内容特征随着网络环境、传递需求等不同而表现为时变特性，需要动态、实时地跟踪特征变化。影响内容特征的两个主要因素为内容的缓存策略和路由机制。因此，对选定的特征综合考虑上述因素，建立合理的模型估计、预测网络内容特征的变化规律是该部分研究的关键问题之一。

内容特征解析是后续传递管线调整和构建的基础。若建立的特征模型不足以刻画相应内容，则将直接导致后续传递管线对内容的不适配。内容特征解析的具体建模方案主要分为两个方面：内容特征的选择和内容特征的建模。

为了全面刻画网络内容，需要综合考虑时域、空域以及时-空域关联等多个方面，但是不同内容通常表现为不同的特征，描述内容的特征集合存在冗余，所以应选择合适的特征刻画网络内容。关于选择特征的具体思路是解析待传递内容的结构特性，并将所有特征归一化，研究相应的算法，量化所有特征在描述内容方面的得分，研究相应的筛选策略，得到合适的特征。

内容特征建模的具体思路是在选择的多维特征的基础上，研究它们在复杂网络环境和需求变化下的时变规律。具体是选择不同的缓冲策略和路由机制，观察特征的可变性和不变性，提出合理的估算模型，计算模型参数。

8.2.2　内容管线结构

在内容中心网络中，数据包根据内容的名字进行寻址与转发，具体的数据传输过程示例如图 1-9 所示，用户向网络发送对某一内容的兴趣包，当路由器接收到该内容的兴趣包后，会依次在本节点上维护的内容存储、待处理兴趣表和转发表中查询，并按照图示的处理流程将兴趣包向下一跳转发，直至缓存有该内容数据的中间节点或源节点。当数据包到达本节点后，按照待处理兴趣表中记录下来的对应兴趣包的接口信息，沿着相反的方向将数据包发送出去。

与传统 IP 网络相比，内容中心网络具有更加智能的转发平面，这种设计的优势是内嵌的网络缓存功能和更加方便的组播分发功能，同时由于路由器记录了每个请求的状态，内容中心网络能够做到自适应转发，即能够绕过拥塞链路和故障链路。这里的自适应是针对链路拥塞和链路故障而言的，对于正常链路，在进行数据包转发时，内容中心网络仍采用简单的“尽力而为”服务。然而，用户的请求多种多样，不同类型的内容数据具有不同的特征，对于数据转发也有不同的传输需求。为了真正实现数据自适应转发，本书作者课题组提出了内容中心网络中的管线结构，用内容管线取代“尽力而为”服务的IP。

内容中心网络中的管线结构，简称内容管线结构，是在内容中心网络中为了适应内容数据特征而设计的数据转发功能结构，该结构提供端到端的数据交换服务，并能够根据所传内容特征进行自适应调整，以达到保障其传输需求的目的。对于内容管线结构的研究主要包含数据交换模式、规格参数集和管线规格自适应调整机制等三个方面。

（1）数据交换模式。

在内容中心网络中，每次数据传输都有一个兴趣包和数据包与之对应，基于内容中心网络数据转发机制的设计，兴趣包和数据包所走的路径相同，而方向相反，即当数据包开始发送时，其转发路径是确定的，相当于网络为数据包建立了一个端到端的连接。这个特性是由于路由节点总会记录下兴趣包的状态而产生的，该特性也能为保障具有不同特征内容的传输需求提供便利。

数据包在传输过程中，节点可以根据内容名字以及内容特征，为该数据包设置合适的管线规格参数，并沿着兴趣包发送路径的反向进行数据传输。对于有组播需求的数据包，当在某个节点处需要进行组播发送时，则为每组成员都设置合适的管线规格参数，并进行组播，如图8-2所示，用户A、B、C都向S请求包，请求成功后数据包沿着兴趣包所走路径反向发送，而且在节点R1和R3处进行组播。

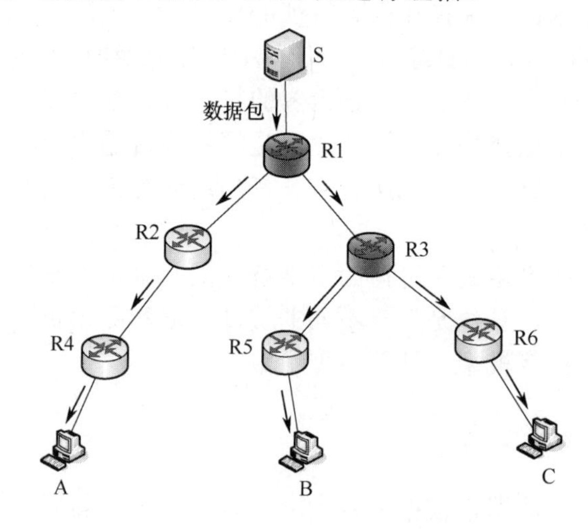

图8-2　数据包组播发送示例

（2）规格参数集。

不同内容具有不同的特征，为了适应多样的内容特征，内容管线结构需要由一系列规格参数进行描述。内容特征与管线的规格参数具有对应的关系，前者表示内容传输需求，而后者表示了底层网络的数据传输能力。

通常用于表征网络数据传输能力的参数包括QoS参数，如带宽、时延、抖动、丢包率、吞吐率、可靠性等，另外还有一些其他参数用于表征特殊的传输能力，如安全等级参数，用于表征安全传输能力。

（3）管线规格自适应调整机制。

为了能够在传输数据包时满足内容的特征需求，网络需要根据内容的特征设置一组与之匹配的规格参数集，使得网络的传输能力能够满足数据传输的需求。同时，这个过程也是一个转发过程，将整个匹配规格参数集和数据转发的过程称为管线规格自适应调整的机制，相应的流程如图 8-3 所示。

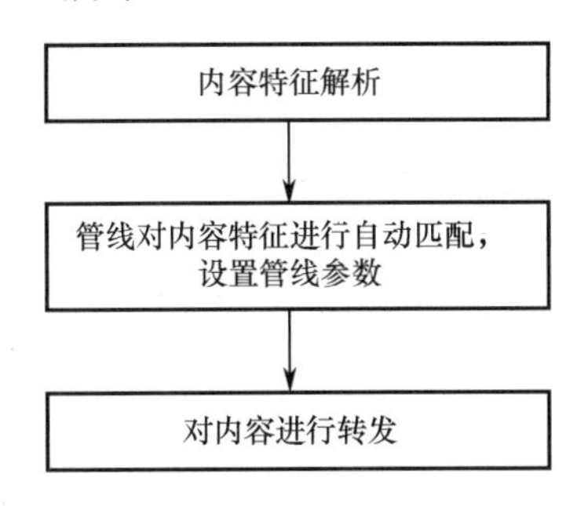

图 8-3　管线规格自适应调整机制流程示意

内容中心网络中的管线结构研究中包括两方面关键问题：管线规格参数的选取；管线规格自适应调整机制的设计与验证。

不同的规格参数表征了网络提供不同数据的传输能力，同时由于参数之间可能具有关联性，因此需要为内容管线结构选择最为合适的规格参数，既无冗余信息，同时能够覆盖最大范围的数据传输能力。在选择规格参数的过程中，还需要考虑参数与内容特征之间的关系，使其能够进行合理的匹配映射。

管线规格自适应调整机制要考虑到原本的数据转发过程，同时需要将管线对内容特征的自动匹配以及管线参数的设置加入到整个流程中，其中触发条件的设计、异常的处理都需要全面考虑。对于机制的验证则需要在试验平台中合理设计试验场景，以判断该机制是否能够完成管线规格调整的功能并进行正常的数据转发。

根据以上描述，内容中心网络中的管线结构研究方案包括管线规格参数集选取、管线规格自适应调整机制的设计两部分。管线规格参数集选取需要以内容特征与规格参数之间相互映射为检验目标，在选取规格参数的过程中，需要分析参数之间的关联关系，使得所选参数集在能够与内容特征进行合理映射的前提下，参数选取最为简单。管线规格自适应调整机制设计需要结合内容中心网络原有的数据转发机制，将内容特征解析、管线对内容特征的自动匹配、管线规格参数设置等功能融合进去，最终得到一个能够正常运行的无误的机制流程。

管线规格参数选取和管线规格自适应调整机制最终都需要通过合理的试验场景设计进行试验验证。

8.2.3　管线对内容特征的自动匹配

我们应探索跟随时变应用内容特征的网络自适应性，从而为构建内容中心网络的内在机理与核心结构奠定基础。因此，在对内容特征和内容管线结构进行分析和研究之后，需要研究管线对内容特征的自动匹配。该研究内容包括内容特征和管线规格自匹配、时变需求和管线参数自调整、关联特征和管线参数的自适应。

1. 内容特征和管线规格自匹配

内容特征和管线规格参数分属不同的概率领域，不存在单纯的一一映射关系，而且作为映射中的像集合，管线的个数不能过多，所以映射过程还需要考虑管线间的聚合。内容特征和管线规格自匹配的研究充分借鉴了 Map-Reduce 计算模式，将匹配方法研究分解为单一特征-参数向量映射、参数向量叠加、参数向量聚合。如图 8-4 所示为匹配过程示意图。

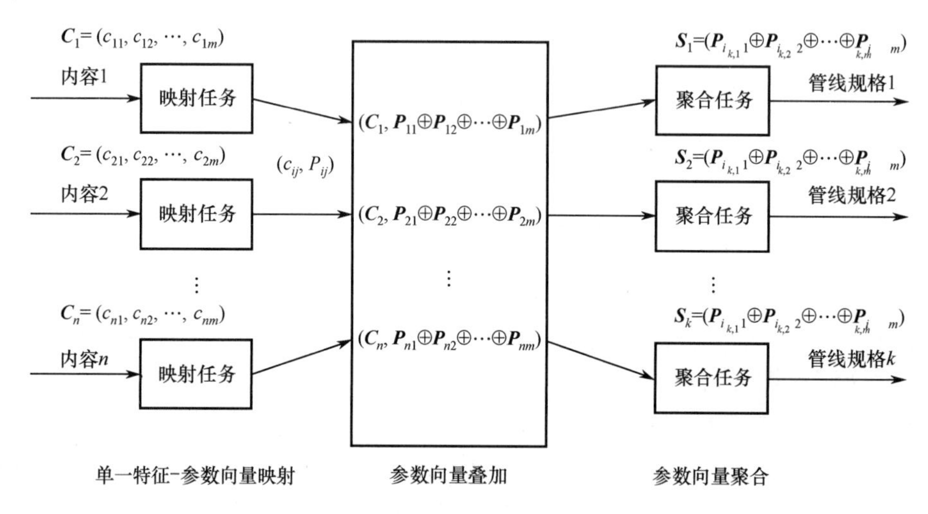

图 8-4　内容特征和管线规格自匹配过程示意图

从图 8-4 中可以看出，单一特征-参数向量的映射主要研究的是各内容特征向量 $\boldsymbol{C}_i$ 的分量 c_{ij} 到参数向量 $\boldsymbol{P}_{ij}$ 的映射方法以及映射合理性的论证。参数向量叠加主要研究的是参数向量 $\boldsymbol{P}_{ij}$ 之间的叠加操作（用符号 ⊕ 表示）以及不同参数的定义、描述方法和运算形式。参数向量聚合主要研究的是对叠加之后产生的新的参数向量集合进行聚类以及将得到的聚类中心 $\boldsymbol{S}_i$（i=1, 2, …, k）转化为最终的管线规格参数。

2. 时变需求和管线参数自调整

内容特征和管线规格的匹配关系是跟随时变应用内容特征变化的，而且这种变化自调整过程需要兼顾内容网络路由转发的稳定性。为此，时变需求和管线参数自调整的研究分解为自调整的周期设置以及自调整的触发函数和阈值设置。如图 8-5 所示为时变需求和管线参数自调整示意图，可以看出当内容中心网络中的局部内容特征发生变化[见图 8-5（b）]时，原始匹配关系[见图 8-5（a）]并不是最优的，调整后的匹配关系[见图 8-5（c）]具有更好的聚合效果。

图 8-5 反映了时变需求和管线参数自调整研究的必要性。具体而言，管线自调整的周期设置研究主要关注以何种方式触发管线的自调整检查，以使网络的适应性和稳定性均得到最大程度的满足；自调整的触发函数和阈值设置研究主要关注进行管线参数调整的充分条件及其具体形式。

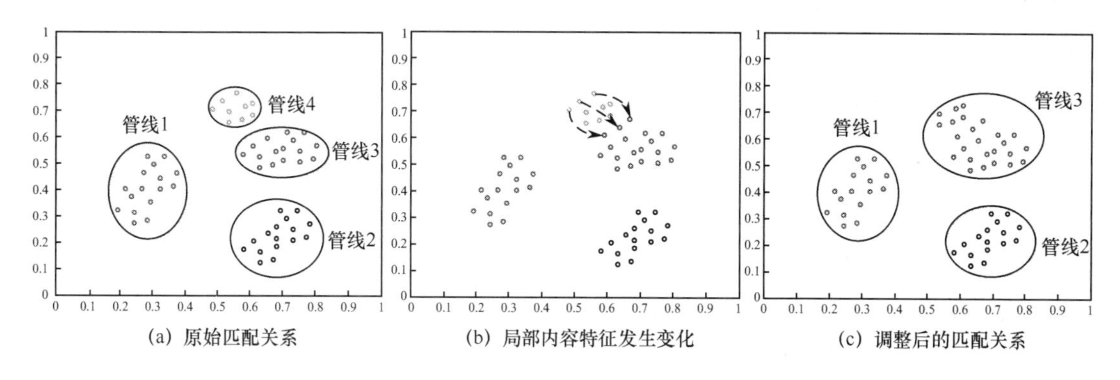

图 8-5　时变需求和管线参数自调整示意图

3. 关联特征和管线参数的自适应

内容特征与管线参数的关联、匹配和自调整在内容中心网络中必须体现为一个完整的自组织的控制系统，因此需要对关联特征和管线参数的自适应系统模型和控制协议进行研究。如图 8-6 所示为关联特征和管线参数的自适应状态转移图，也是自适应系统模型和控制协议设计所需具备的核心功能。以此为指导，对自适应系统模型的研究主要关注自适应系统对内容特征变化的实时认知和反馈控制，对自适应控制协议设计的研究主要关注分布式协议的管理效率和可扩展性问题。

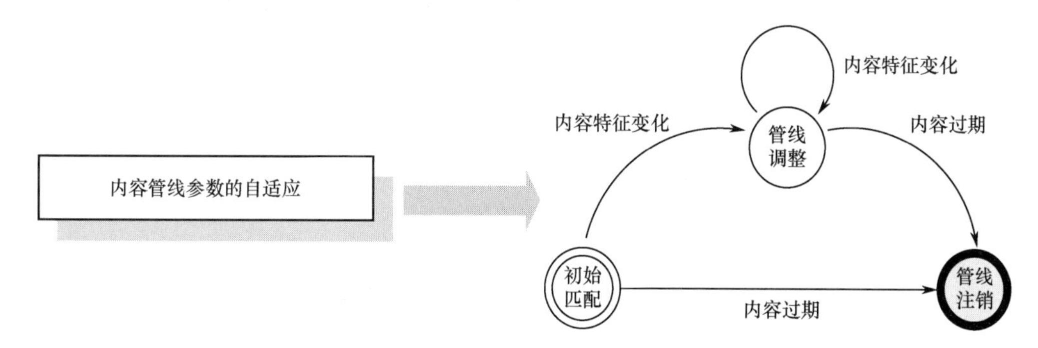

图 8-6　关联特征和管线参数的自适应状态转移图

管线规格参数与内容特征之间并不存在简单的一一对应关系，而是寻找最优匹配的数学问题，所以解决管线规格参数与内容特征之间的最优匹配问题是该项研究的难点之一。该项研究的另一难点在于，即使在某一时刻内容特征与管线规格实现了最优匹配，但在下一时刻随着内容特征的总体分布发生变化，原有的匹配关系可能又变成非最优的，所以这种匹配关系是“漂移”的。匹配关系的“漂移”势必带来适应性与稳定性之间的矛盾，因此保证管线参数自调整的稳定性至关重要。因此，需要解决以下关键问题。

（1）单一内容特征到管线参数向量的映射方法。

（2）管线参数向量的聚合方法。

（3）管线参数自调整过程中的适应性与稳定性的权衡问题。

接下来具体介绍管线对内容特征自动匹配的实现方法，主要有内容特征和管线规格自匹配、时变需求和管线参数自调整、关联特征和管线参数自适应三个方面。

1. 内容特征和管线规格自匹配

内容特征和管线规格自匹配的研究包括单一特征-参数向量映射、参数向量叠加和参数向量聚合三部分。

对于单一特征-参数向量映射，研究思路是首先分析各种类型的内容特征以及典型应用，然后参照现有的 ATM、Diffserv、ITU-T 等技术体系或标准来制定每类典型应用所对应的性能指标参数，从而完成单一内容特征到管线参数向量的映射。目前，下一代网络用户内容特征大致存在几种不同的分类方式，如表 8-2 中按照内容的基本属性和提供方式、功能属性、通信属性、控制属性、应用属性等进行分类。表 8-3 中列出了各种典型内容的性能指标参数，包括绝对响应速度、丢包率、包误差、延迟、抖动、上行带宽和下行带宽等。初期采取将表 8-2 和表 8-3 的内容关联起来的技术方案完成单一内容特征到管线参数向量的映射，该方案能够在一定程度上简化映射问题，具有可行性。后期将对该方案进行抽象和最优化建模，从而弥补当前方案的不完善。

表 8-2 用户内容特征分类表

<table>
<tr><th>内容特征</th><th colspan="2">典型应用</th></tr>
<tr><td rowspan="3">基本属性和
提供方式</td><td colspan="2">基本内容（点到点话音、传真和视频等）</td></tr>
<tr><td colspan="2">补充内容（号码显示类、呼叫前转类、多方通信类）</td></tr>
<tr><td colspan="2">增强内容</td></tr>
<tr><td rowspan="5">功能属性</td><td rowspan="3">交互式</td><td>对话式（电话、视频会议、高容量文件传送、实时控制、远端游戏）</td></tr>
<tr><td>消息类（电子视频邮箱、电子邮件）</td></tr>
<tr><td>查询类（移动图片、图像、文档、数据）</td></tr>
<tr><td rowspan="2">分配式</td><td>无用户单独表达控制（电视节目、电子报纸、电子出版物）</td></tr>
<tr><td>有用户单独表达控制（全频道可视图文广播、远端教学和培训、电子广告）</td></tr>
<tr><td rowspan="4">通信属性</td><td rowspan="2">实时</td><td>实时点到点</td></tr>
<tr><td>实时点到多点</td></tr>
<tr><td rowspan="2">非实时</td><td>非实时点到点</td></tr>
<tr><td>非实时多点到多点</td></tr>
<tr><td rowspan="5">控制属性</td><td rowspan="2">基于会话控制</td><td>实时话音</td></tr>
<tr><td>点到点交互式多媒体</td></tr>
<tr><td colspan="2">基于非会话控制（数据文件传送、传真、电子邮箱和网页浏览）</td></tr>
<tr><td colspan="2">管理内容（网络的管理、维护）</td></tr>
<tr><td colspan="2">控制内容（紧急通信、合法拦截、突发事件）</td></tr>
<tr><td rowspan="4">应用属性</td><td colspan="2">分组话音和增强特性内容</td></tr>
<tr><td colspan="2">协同工作、融合内容</td></tr>
<tr><td colspan="2">视频流内容</td></tr>
<tr><td colspan="2">电子商务及娱乐类应用</td></tr>
</table>

表 8-3 典型内容的性能指标参数

<table>
<tr><th>典型内容</th><th>绝对响应速度</th><th>丢包率</th><th>包误差</th><th>延迟</th><th>抖动</th><th>上行带宽</th><th>下行带宽</th></tr>
<tr><td>控制类业务（网络路由、信令）</td><td>—</td><td><0.1%</td><td>—</td><td><100ms</td><td><50ms</td><td><512kbps</td><td>0～2Mbps</td></tr>
<tr><td>VoIP 话音业务</td><td>85～341kbps</td><td><3%</td><td><0.1%</td><td>150～200ms</td><td><30ms</td><td>1Mbps</td><td>1Mbps</td></tr>
<tr><td>多媒体会议业务</td><td>—</td><td><1%</td><td><0.01%</td><td><200ms</td><td><30ms</td><td>80kbps</td><td>N×80kbps</td></tr>
<tr><td>高速交互业务</td><td>50～100kbps</td><td><0.1%</td><td><0.01%</td><td><200ms</td><td><30ms</td><td>2Mbps</td><td>2Mbps</td></tr>
<tr><td>流媒体</td><td>—</td><td><0.1%</td><td><0.01%</td><td><1～2s</td><td><1s</td><td>2Mbps</td><td>6Mbps/会话</td></tr>
<tr><td>视频直播</td><td>—</td><td><0.1%</td><td><0.01%</td><td><1s</td><td><1s</td><td>0.2～0.5Mbps</td><td>2Mbps/频道，6～12Mbps/频道</td></tr>
<tr><td>视频点播</td><td>—</td><td><0.1%</td><td><0.01%</td><td><2s</td><td><1s</td><td>0.2～0.5Mbps</td><td>2Mbps/频道，6～12Mbps/频道</td></tr>
<tr><td>IPTV 业务</td><td>2s</td><td><0.1%</td><td><0.01%</td><td><150ms</td><td><20ms</td><td>—</td><td>2～8Mbps</td></tr>
<tr><td>电子商务、保密类业务</td><td>2.5～5kbps</td><td><1%</td><td></td><td><1s</td><td>无</td><td>—</td><td>—</td></tr>
<tr><td>高可靠性业务，如报警监视、远程医疗类业务</td><td>—</td><td><0.1%</td><td></td><td><200ms</td><td><30ms</td><td>0.5Mbps</td><td>—</td></tr>
<tr><td>音频信息</td><td>—</td><td><1%</td><td><1%</td><td><250ms</td><td><10ms</td><td rowspan="8" colspan="2">—</td></tr>
<tr><td>视频信息</td><td>—</td><td><0.1%</td><td><1%</td><td><250ms</td><td><10ms</td></tr>
<tr><td>压缩视频信息</td><td>—</td><td><0.001</td><td><0.001</td><td><250ms</td><td><1ms</td></tr>
<tr><td>数据文件</td><td>—</td><td><0.01%</td><td><0.01%</td><td><1000ms</td><td>—</td></tr>
<tr><td>图形、静止图像</td><td>—</td><td><0.01%</td><td><0.01%</td><td><1000ms</td><td>—</td></tr>
<tr><td>FTP</td><td>—</td><td><0.1%</td><td>—</td><td>—</td><td>—</td></tr>
<tr><td>P2P 下载</td><td>—</td><td><0.1%</td><td><0.01%</td><td>—</td><td>—</td></tr>
<tr><td>E-mail</td><td>—</td><td>—</td><td><0.01%</td><td>—</td><td>—</td></tr>
<tr><td>实时数据</td><td>—</td><td><0.01%</td><td><0.01%</td><td>1～1000ms</td><td>—</td><td>512kbps</td><td>2Mbps</td></tr>
<tr><td>Web 浏览</td><td>—</td><td><1%</td><td><0.1%</td><td><1000ms</td><td><1000ms</td><td>0.2Mbps</td><td>4Mbps</td></tr>
<tr><td>Telnet</td><td>—</td><td><0.1%</td><td>—</td><td><1000ms</td><td>—</td><td>—</td><td>—</td></tr>
</table>

对于参数向量叠加，研究思路是针对不同参数的含义和运算规则进行特定方式的叠加。例如，叠加过程可能表现为取值区间的交、并，数值的取最小、取最大、加减法等。这部分研究内容的难度最小，采用的技术方案也是最简单可行的。

对于参数向量聚合，研究思路是通过机器学习中的聚类算法将需求相似的管线参数向量聚合到同一个簇中，然后再以簇为粒度进行管线规格的分配。聚类技术经过多年发展，形成了多种不同类型的聚类算法，每类算法都有不同的特点和适用范围。目前常见的聚类算法可以分为划分聚类、基于密度的聚类、层次聚类、神经网络聚类、蚁群聚类、谱聚类等，但未来可能出现各种新内容特征，使得聚合过程不可能提前指定簇的个数，而且为了应对内容的数量和种类大量增加的情况，要求算法能够适应处理大规模数据，所以选择层次聚类算法用于参数向量聚类更为可行。

BIRCH 是一种比较典型的层次聚类算法，因此可采取改进 BIRCH 的研究方案设计管线参数向量的聚类算法。BIRCH 算法的整体流程可以分为四个阶段：（1）输入所有数据，构建 CF 树；（2）如果 CF 树占用的内存大于 M，则提升阈值 T，重建树；（3）利用其他全局算法对 CF 树进行再聚类；（4）优化聚类结果，并标记数据点所属的簇。对传统 BIRCH 的分裂算法进行改进，使得改进后的分裂算法 AS-BIRCH 能得出更接近天然聚类的聚类结果。如图 8-7 所示为前期对管线参数向量聚合算法的试验结果分析，可以看出 AS-BIRCH 的聚类结果更为理想。由此可见，该研究方案是可行的。

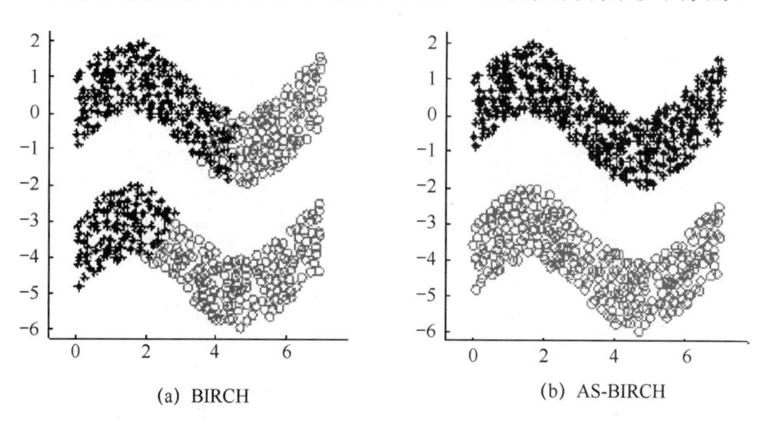

图 8-7　聚类算法的试验测试比较

2. 时变需求和管线参数自调整

时变需求和管线参数自调整的研究包括自调整的周期设置，以及自调整的触发函数和阈值设置两部分。

对于自调整的周期设置，研究思路是前期采用固定周期方式进行管线参数的自调整检查，后期将根据对网络内容特征变化的预测结果来设计动态的周期函数进行管线参数的自调整检查。前者的技术实现最为简单，具有可行性，但无法体现内容特征变化的非周期性，在内容特征变化不频繁的时间段内效率较低；后者能够充分利用前一时刻内容特征变化的先验知识，设置最优的自调整时间间隔，从而适用于内容特征变化的不同时间阶段。设置动态周期函数的研究方案在实现上可以借鉴现有的业务流量建模和流量预测技术，以设计适用于内容中心网络的内容特征变化模型和预测算法。

对于自调整的触发函数和阈值设置，采取设计基于管线参数变化和基于聚类结果变化两种触发函数的方法来实现。基于管线参数变化的触发函数考虑的是物理链路中所有管线需求参数的聚合度变化幅度是否达到阈值，而基于聚类结果变化的触发函数考虑的是物理链路中新的管线需求参数聚类结果是否与原来的聚类结果存在较大差异。

假设 $\boldsymbol{P}_{i,t}$ 为 t 时刻第 i 个管线需求参数向量，α 为阈值，则在 $t+\Delta t$ 时刻是否需要进行管线参数的调整依赖于以下基于管线参数变化的触发函数：

$$|\overline{D_{t+\Delta t}}-\overline{D_t}|>\alpha\overline{D_t} \tag{8-1}$$

式中，$\overline{D_t}=\dfrac{\sum\limits_{i<j}|\boldsymbol{P}_{i,t}-\boldsymbol{P}_{j,t}|}{C_n^2}$，$C_n^2=n(n-1)/2$。

假设 δ 和 δ^* 分别为进行自调整前后的管线需求参数向量的聚类结果，$\delta(\boldsymbol{P}_i,\boldsymbol{P}_j)$ 为 1

表示管线需求参数向量 $\boldsymbol{P}_i$ 和 $\boldsymbol{P}_j$ 属于同一簇，为 0 表示 $\boldsymbol{P}_i$ 和 $\boldsymbol{P}_j$ 不属于同一簇。$\delta^*(\boldsymbol{P}_i,\boldsymbol{P}_j)$ 亦是如此。若 β 为阈值，则当前时刻是否需要进行管线参数的调整依赖于以下基于聚类结果变化的触发函数：

$$\sum_{i<j}|\delta(\boldsymbol{P}_i,\boldsymbol{P}_j)-\delta^*(\boldsymbol{P}_i,\boldsymbol{P}_j)|/C_n^2>\beta \tag{8-2}$$

3. 关联特征和管线参数自适应

关联特征和管线参数的自适应研究包括自适应系统模型和控制协议设计两部分。对于自适应系统模型，结合前期对虚拟网动态调整和认知重构技术的研究，设计了内容中心网络中关联特征和管线参数的自适应系统流程图，如图 8-8 所示，将关注的三点研究内容有机串联起来，实现了管线参数跟随时变应用特征的自适应性。

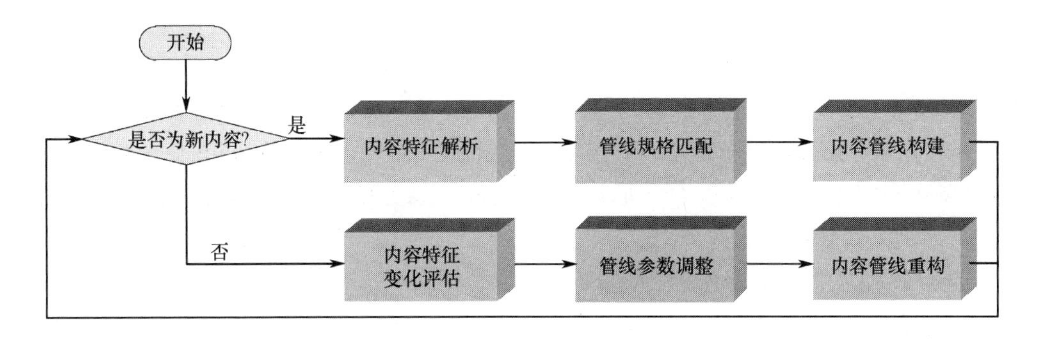

图 8-8　关联特征和管线参数的自适应系统流程图

对于控制协议设计，通过扩展传统的 SNMP 来实现管线对内容特征的自适应。对于集中式管理方式，负责扩展管线构建和调整的中心节点 Controller 可以通过 SNMP 请求与响应方式主动查询节点和链路中的内容特征和管线参数。控制协议按照触发条件可以分为周期性上报、内容特征变化时上报以及 Controller 主动查询三种情况。如图 8-9 所示为 Controller 与内容中心网络节点的通信控制过程示意图。基于 SNMP 和集中式管理方式的研究方案便于实现，因而具有较高的可行性。

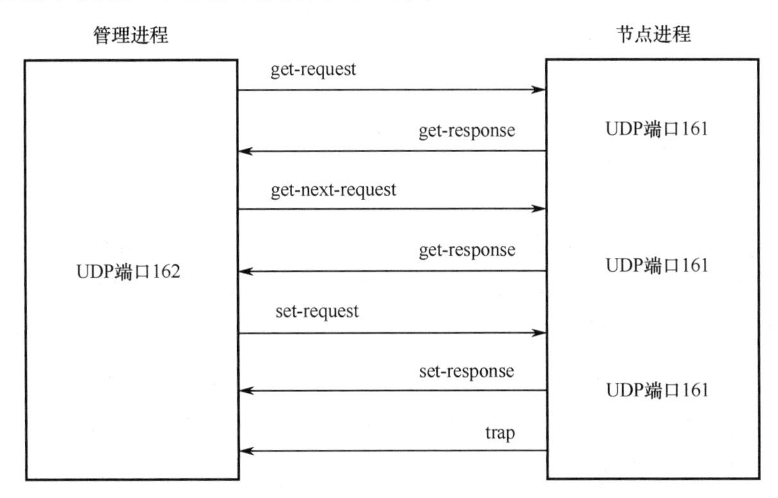

图 8-9　Controller 与内容中心网络节点的通信过程示意图

8.3　内容管线研究算法

本节介绍几种内容管线研究中涉及的典型算法，可以实现管线结构中的部分功能。

8.3.1　基于内容感知的 QoS 保证机理和模型

为实现内容中心网络中的 QoS 保证，首先必须对内容名字所包含的内容特征进行区分和识别。由于内容特征既包括静态特征，又包括动态特征，选择利用内容的静态特征进行内容识别，引入内容识别表作为识别依据。为了描述内容的动态特征，引入内容热度值进行描述，并通过内容热度值实现不同内容的区分服务。

1. 内容识别表

为实现内容感知，需要在数据传输过程中对数据内容特征进行识别。在内容中心网络的原有三类结构之外，添加内容识别表（Content Identification Base，CIB）。CIB 结构由内容标识符（Content Identifier，CI）及内容接口集合（Content Interface Sets，CIS）共同组成。其中，CI 是针对现有互联网中内容特征划分的内容大类，如视频、文本、图片等；CIS 类似于 FIB 中的转发接口，为数据包选择合适的下一跳路由。

CI 的引入是为了对整个网络中的流量进行有序分类，这是基于以下特点考虑的：互联网中一段时间内，视频、文本、图片等不同内容的流持续时间是不同的；在各自的流持续时间段内，网络中流量的传输相对定向和稳定。例如，视频数据包 A 由内容提供商 P 经过路由节点 R_1 和 R_2 到达消费者 C，在视频播放完成前，此路径可以看作是 A 的专属通道。对于其他不同的数据包类型和传输路径，也是同样的道理。因此，基于互联网流量的上述两种特点，对流量传输路径进行控制，可以在内容中心网络中进一步节省网络资源消耗，并提供专属性的高质量 QoS 保证。

CIS 是兴趣包和数据包的转发接口集合。CIS 的优先级高于 FIB，即兴趣包和数据包在路由节点上进行匹配时，会优先在 CIS 中匹配，若匹配不成功则在 FIB 中进行匹配。这种优先级的顺序可以保证特定内容特征的传输通道具有相对一致性，因为具有特定内容特征的数据往往对传输要求的参数是类似的。保证传输通道的相对一致性可以对传输参数进行统筹决策。

2. 内容热度值与内容特征分类

依据当前网络中内容热度值的大小对内容特征进行动态分类。由于关注点是某个时间段内通过域内节点的内容热度值分布，因此引入内容热度值的概念。对于路由节点 R 定义其内容热度值 $H_R^C(t)$ 为在时间段 t 内，内容识别符为 C 的数据包通过 R 的次数，它表征了在时间段 t 内，内容识别符为 C 的内容在 R 周围的网络中的活跃程度。

比较某个时间段 t_1 内路由节点 R_1 中不同内容的热度值 $H_{R_1}^{C_1}(t_1)$、$H_{R_1}^{C_2}(t_1)$、$H_{R_1}^{C_3}(t_1)$、…、$H_{R_1}^{C_n}(t_1)$，如果第 k 类内容的热度值 $H_{R_1}^{C_k}(t_1)$ 最大，则在当前时间段 t_1 内 C_k 类内容可认为是路由节点 R_1 周围的最活跃内容，即当前网络的主要流量。

基于此，针对当前网络中内容热度值较高的数据，设定关注门限，只对热度值高于门限的内容进行处理。内容热度值并非一成不变，而是存在有效期的，基于时间戳实现。内容热度值是具有累计效应的计数结果，在一次检测后，内容热度值会重置为零，有效期长度即内容热度值的检测时间 t。

内容特征分类首先依据的是内容本身带有的 CI，其次依据的是内容在当前网络中的热度值 $H_R^C(t)$。CI 是内容本身的固有属性，决定了内容特征的归属性；$H_R^C(t)$是内容的动态属性，决定了内容特征的流动性。最终对研究对象依据其归属性和流动性进行分类，选择当前网络中最活跃的内容，同时也是感兴趣的内容进行研究和处理。

3. 内容感知实现机制

加入 CIB 后，一个路由节点内的结构分为四部分，包括内容缓存表 CS、未决兴趣表 PIT、内容识别表 CIB 和转发信息表 FIB。在内容中心网络基本的传输机制之外，CIB 的加入使得数据在 PIT 和 FIB 的转换过程中发生改变，以实现“定向”转发。下面从兴趣包和数据包两方面对其传输过程进行描述。

首先是兴趣包的传输过程，如图 8-10（a）所示。当兴趣包到达一个路由节点后，首先在 CS 中匹配，若匹配成功则该节点缓存中的数据可直接取用，丢弃该兴趣包；若不匹配，则在 PIT 中匹配，若匹配成功则说明该内容的请求已在之前发出，丢弃该兴趣包；若不匹配，则在 CIB 中匹配，若匹配成功则向 CIS 发送该兴趣包，在周围节点寻找该兴趣内容，并从 CIB 中移除该兴趣条目的接口，在 PIT 中添加该兴趣条目；若不匹配，则在 FIB 中匹配，若匹配成功则将该兴趣接口从 FIB 中移除并转发给其余接口，并在 PIT 中添加该兴趣条目；若不匹配则丢弃该兴趣包。

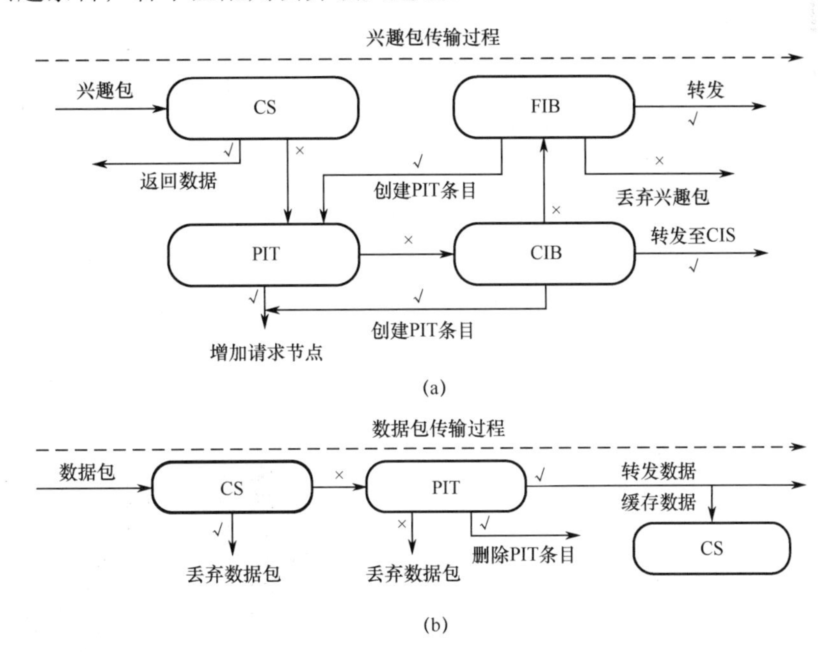

图 8-10 兴趣包和数据包传输过程

其次是数据包的传输过程，如图 8-10（b）所示。当数据包到达一个路由节点后，首先在 CS 中匹配，若匹配成功则说明数据重复，丢弃该数据包；若不匹配则在 PIT 中匹配，若匹配成功则将该数据存入节点的 CS 中，并发送给所有在 PIT 中保留的接口；

若不匹配则丢弃该数据包。

4. 内容优先级调度算法

为实现内容感知，在内容数据包到达路由节点后，可利用一种内容优先级调度的算法 Content Priority Scheduling Algorithm（CPSA），对不同类型的内容数据包进行分类调度，以满足不同的 QoS 需求。文献[1]中提出了优先级调度处理区分服务的方法，基于内容热度值实现内容中心网络中优先级调度算法。

不同内容特征具有不同的热度值，内容热度值高的数据在当前的有效时间段内应当具有更高的优先传输权值。为了将模型简化，建立如下设定。

（1）所研究的内容特征只有 A、B 两类，即 CI= $\{A, B\}$，且 A 类内容的需求优先级高于 B 类内容。

（2）建立三种传输序列 q_1、q_2、q_3，其优先级逐次降低。

（3）每个数据包进入三种传输序列的概率分别为 P_1、P_2 和 P_3，且 $P_1+P_2+P_3=1$。

（4）A 类内容不会进入 q_3，B 类内容不会进入 q_1。

基于以上四个设定，可建立的优先级传输队列如图 8-11 所示。输入流中的每个数据包都会根据其 CI 及 $H_R^C(t)$ 判决其路径，即确定每个数据包的传输优先级，最后调度器按照优先级的顺序输出数据包。

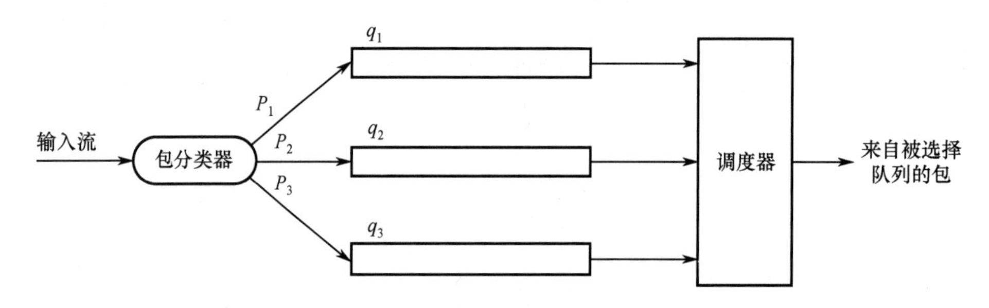

图 8-11　优先级传输队列及调度模型

根据上述四个设定，数据包在到达包分类器后，进行以下队列调度操作。

（1）对数据包的 CI 进行识别并判决。若为 A 类，则该包不会进入 q_3 队列；若为 B 类，则该包不会进入 q_1 队列。

（2）对于每类 CI 的数据包都判决其优先级的高低。根据每个数据包的 $H_R^C(t)$ 和优先级判决门限 α 判决数据包的具体传输队列。

（3）优先级传输队列进入调度器，根据基本的加权轮询调度算法对 q_1、q_2、q_3 进行合并调度输出。

在队列调度算法中，当对数据包的 CI 判决结束之后，需要根据每个数据包的 $H_R^C(t)$ 和优先级判决门限 α 判决数据包的具体传输队列。最简单的方式是使用预先确定的固定门限，当 $H_R^C(t)$ 高于门限 α 时，判决进入高优先级的队列；反之，判决进入低优先级的队列。

但是这种固定门限的方式无法适应当前网络多种业务和应用的环境，适应性和调整性较差，甚至当研究内容较复杂时，根本无法确定固定的门限。因此，可建立基于热度值的概率判决准则，每个数据包都根据判决门限确定以何种概率进入高优先级的传输队列。

基于热度值的概率判决准则如式（8-3）所示，依据每个数据包在当前时间段内的热度值与平均热度值的对比值计算该数据包的优先级。

$$P_R^C(t)=\begin{cases}0 & H_R^C(t)\leqslant\alpha_1\\ \dfrac{1}{\pi}\arctan[H_R^C(t)-\beta]+\dfrac{1}{2} & \alpha_1<H_R^C(t)<\alpha_2\\ 1 & H_R^C(t)\geqslant\alpha_2\end{cases}\tag{8-3}$$

$$\beta=\text{average}\left[H_R^C(t)\right]\tag{8-4}$$

式中，β 为路由表中存储的所有内容特征热度值的均值，即对于当前内容特征数据包而言所有有效的历史数据。因此，内容特征优先级的计算具有自我调整的能力，随着每个新数据包的到达，β 值会不断更新，体现在函数曲线上就是概率函数曲线中心点的左右移动，如图 8-12 所示。该算法的自适应及自调整能力能够保证根据当前网络环境及历史数据包对数据包动态分类，以适应不断变化的网络环境。

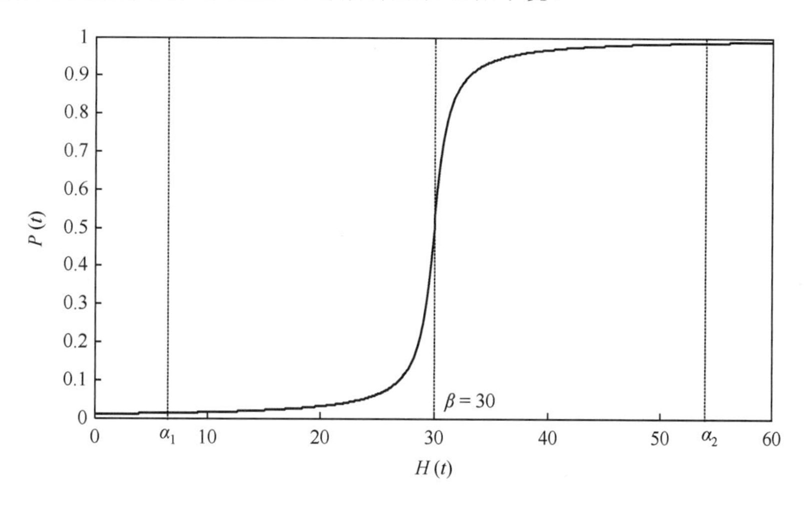

图 8-12　基于热度值的优先级概率判决准则

8.3.2　基于内容共性特征的跨层映射算法

用户对互联网的满意程度取决于互联网能否提供高质量的 QoS 服务保证。从本质上来说，互联网提供 QoS 服务保证的关键在于其基础传送层的传送能力。结合内容中心网络以内容数据为传送单元的特点，将网络对内容的支持从应用层“下沉”到基础传送层，是实现高质量 QoS 服务保证的最有效途径。“下沉”就是跨层 QoS 映射的过程。

为了满足用户的 QoS 服务保证需求，必须首先知道该用户对服务的定量满意需求。但是服务的类型会影响用户的满意度，如对于音视频传输等流媒体业务，影响用户感知的时延和延迟抖动是最重要的因素；对于网页浏览等交互类业务，丢包率等是最重要的因素；对于其他业务，感知因素和性能因素可能都是重要因素。当前学术界已经提出了很多 QoS 映射机制。文献[2]中提出了一种 QoS 区间映射模型，将应用层参数映射为传输层参数的一个区间范围。文献[3]中提出了一种基于应用服务映射（ASM）的 QoS 类别映射算法，在任何网络中的应用都会通过 ASM 确定映射到唯一的 QoS 类别。文献[4]中提出一体化网络服务层的映射机制，给出了从服务到连接和从连接到路径的多对多映射的数学模型。然而，内容中心网络中的 QoS 映射方法现在仍未进行研究。

内容中心网络中的底层传送机制以“数据内容”为单元，以内容名字和特征作为标识。要实现内容中心网络中的跨层 QoS 映射，就必须在应用层的 QoS 参数和底层的内容名字、特征之间建立多对多映射关系。为解决该问题，下面介绍一种基于内容共性特征的跨层映射算法，该算法建立了一种 QoS 映射矩阵，同时描述多条 QoS 映射回归线，通过多元线性回归分析实现 QoS 映射。

1. QoS 映射矩阵的建立

为方便描述和进行回归线的计算，采用 QoS 映射矩阵描述 QoS 参数与内容特征的对应关系，通过矩阵操作实现内容特征对 QoS 参数的估算。

（1）基于多元线性回归分析的 QoS 映射：令 m 个内容中心网络底层传输的内容特征参数为 $\{c_j\}(1\leqslant j\leqslant m)$，$n$ 个应用层不同业务所需的 QoS 参数为 $\{a_k\}(1\leqslant k\leqslant n)$，则内容特征参数的估计 $\hat{c}_j$ 可表示为

$$\hat{c}_j=\beta_{j0}+\beta_{j1}a_1+\cdots+\beta_{jk}a_k+\cdots+\beta_{jn}a_n \tag{8-5}$$

式中，β_{j0} 和 β_{jk} 分别是截距和第 j 个内容特征参数的多元回归系数。

（2）QoS 映射矩阵的定义：$m\times1$ 的列向量 $\boldsymbol{c}$ 由 m 个内容特征参数构成，$n\times1$ 的列向量 $\boldsymbol{a}$ 由 n 个 QoS 参数构成，即

$$\boldsymbol{c}=(c_1,\cdots,c_m)^{\mathrm{T}}，\ \boldsymbol{a}=(a_1,\cdots,a_n)^{\mathrm{T}} \tag{8-6}$$

定义一个 $m\times n$ 的矩阵 $\boldsymbol{B}$，由 β_{jk} 和 $m\times1$ 个元素为 β_{k0} 的列向量 $\boldsymbol{b}$ 构成，即

$$\boldsymbol{B}=\begin{pmatrix}\beta_{11} & \cdots & \beta_{1n}\\ \vdots & \ddots & \vdots\\ \beta_{m1} & \cdots & \beta_{mn}\end{pmatrix}，\ \boldsymbol{b}=\begin{pmatrix}\beta_{10}\\ \vdots\\ \beta_{m0}\end{pmatrix} \tag{8-7}$$

令

$$\hat{\boldsymbol{c}}=\boldsymbol{Ba}+\boldsymbol{b} \tag{8-8}$$

式中，$\hat{\boldsymbol{c}}$ 是一个由内容特征参数 c_j 的估计 $\hat{c}_j$ 组成的 $m\times1$ 的列向量；$\boldsymbol{B}$ 和 $\boldsymbol{b}$ 分别称为 QoS 映射矩阵和截距向量。

2. 特定内容特征的 QoS 参数计算

下面讨论如何通过 QoS 映射矩阵计算特定内容特征所需的 QoS 参数。定义内容中心网络中用户关心的特定内容特征为目标值，所要计算的 QoS 参数能够满足特定内容特征的需求，为该类内容提供高质量的 QoS 保证。

使用 QoS 映射矩阵时，必须首先考虑矩阵的行数、列数和秩。根据内容特征参数数目 m 和应用层 QoS 参数数目 n 的关系分为以下三种情况讨论。

（1）$m=n$。

在这种情况下，QoS 映射矩阵 $\boldsymbol{B}$ 是一个 $m\times n$ 的方阵。如果矩阵 $\boldsymbol{B}$ 的秩等于 m，则 $\boldsymbol{B}$ 具有逆矩阵 $\boldsymbol{B}^{-1}$。因此，所求的 QoS 参数 $\tilde{\boldsymbol{a}}$ 可以通过内容特征参数 $\bar{\boldsymbol{c}}$ 计算得到

$$\tilde{\boldsymbol{a}}=\boldsymbol{B}^{-1}\left(\bar{\boldsymbol{c}}-\boldsymbol{b}\right) \tag{8-9}$$

式中，$\tilde{\boldsymbol{a}}$ 是一个 $n\times1$ 的列向量，其元素为所求的 QoS 参数 $\{\tilde{\boldsymbol{a}}_k\}$；$\bar{\boldsymbol{c}}$ 是一个 $m\times1$ 的列向量，其元素为用户关心的内容特征参数 $\{\bar{\boldsymbol{c}}_j\}$。

如果 $\boldsymbol{B}$ 的秩小于 m，则说明不同的内容特征参数之间具有相关性。在这种情况下，一些参数可以表示为其他参数的线性组合，因此 $m<n$，这种情况将在后面讨论。

（2）$m>n$。

在这种情况下，回归线的数目小于目标值，即使每条回归线都确定了一个目标值，也会有某些目标值无法确定。因此，必须首先求解非方矩阵 $\boldsymbol{B}$ 的广义逆矩阵，可借鉴文献[4]中的 Moore-Penrose 广义求逆矩阵方法。

一般来说，一个 $m\times n$ 的矩阵 $\boldsymbol{B}$ 具有广义逆矩阵 $\boldsymbol{B}^{-1}$ 并满足

$$\boldsymbol{B}\boldsymbol{B}^{-1}\boldsymbol{B}=\boldsymbol{B}，\left(\boldsymbol{B}\boldsymbol{B}^{-1}\right)^{\mathrm{T}}=\boldsymbol{B}\boldsymbol{B}^{-1} \tag{8-10}$$

式中，$\boldsymbol{B}^{-1}$ 是一个 $n\times m$ 的矩阵。如果已知一个 $m\times 1$ 的列向量 $\boldsymbol{y}$，通过 $\boldsymbol{B}^{-1}$ 可以求解 $n\times 1$ 的 $\boldsymbol{x}$，即

$$\boldsymbol{x}=\boldsymbol{B}^{-1}\boldsymbol{y} \tag{8-11}$$

因此，如果求出 $\boldsymbol{B}$ 的广义逆矩阵 $\boldsymbol{B}^{-1}$，则由要求解的 QoS 参数值组成的列向量 $\tilde{\boldsymbol{a}}$ 可表示为

$$\tilde{\boldsymbol{a}}=\boldsymbol{B}^{-1}\left(\bar{\boldsymbol{c}}-\boldsymbol{b}\right) \tag{8-12}$$

但是式（8-10）的条件无法保证 $\boldsymbol{B}^{-1}$ 有唯一解。文献[4]中指出，对于一个 $m\times n$ 的矩阵 $\boldsymbol{B}$，要得到 Moore-Penrose 广义逆矩阵的唯一解 $\boldsymbol{B}^{+}$，除了满足式（8-10）的条件外，还需满足

$$\boldsymbol{B}^{+}\boldsymbol{B}\boldsymbol{B}^{+}=\boldsymbol{B}^{+}，\left(\boldsymbol{B}^{+}\boldsymbol{B}\right)^{\mathrm{T}}=\boldsymbol{B}^{+}\boldsymbol{B} \tag{8-13}$$

式（8-10）～式（8-13）为四个 Moore-Penrose 条件。这里，$\boldsymbol{B}^{+}$ 具有唯一解，且式（8-11）中的 $\boldsymbol{x}$ 范数最小。利用 Moore-Penrose 广义求逆矩阵方法，可以通过目标值求解出 $\tilde{\boldsymbol{a}}$，即

$$\tilde{\boldsymbol{a}}=\boldsymbol{B}^{+}\left(\bar{\boldsymbol{c}}-\boldsymbol{b}\right) \tag{8-14}$$

（3）$m<n$。

在这种情况下，QoS 参数值无法确定，尽管可以利用式（8-14）通过增加条件得到 $\tilde{\boldsymbol{a}}$ 的最小范数，但不能保证总会得到一个可行解。

8.4　小结

本章介绍了内容特征解析方法和内容管线结构，并研究了跟随时变应用内容特征的内容管线自动匹配技术。其在内容中心网络的内在机理与核心结构方面的创新点主要包括如下三点。

（1）建立了内容特征的描述模型，刻画了内容的语义特性。该模型从时域、空域及其关联域等多角度描述了不同应用的内容特征，跟踪内容特征的时变规律，解决了网络对不同应用内容的自适应匹配的前提，为构建内容特征驱动的自适应传递管线奠定了基础。

（2）在内容中心网络实现了一种新的数据传递模式——管线结构。在这种模式下，内容中心网络能够根据内容特征做自适应调整，并可以提供比“尽力而为”服务更加丰

富的、能够满足不同特征内容传输需求的端到端数据传输服务。

（3）提出的管线对内容特征的自动匹配方法有利于提高内容中心网络的自适应性，具有较好的实用性。初步提出了实现管线对内容特征的自动匹配方案，利用 Map-Reduce 模式分别完成单一内容特征到管线参数向量的映射以及管线参数向量的规约，通过设置管线参数向量聚类度阈值和聚类结果差异阈值，兼顾了管线参数跟随时变应用内容特征的适应性与稳定性。所以该自动匹配方法具有较好的实用性。

本章参考文献

[1] Mamatas L, Tsaoussidis V. Differentiating services with non congestive queuing(NCQ)[J]. IEEE Transactions on Computers, 2008, 58(5)：591-604.

[2] Dong X, Wang X, Wang P, et al. A novel cross-layer vertical QoS mapping mechanism in heterogeneous networks[C]. Wireless Communications, Networking and Mobile Computing (WiCOM), 8th International Conference, IEEE, 2012：1-4.

[3] Ryu M S, Park H S, Shin S C. QoS class mapping over heterogeneous networks using Application Service Map[C]. Networking, International Conference on Systems and International Conference on Mobile Communications and Learning Technologies, ICN/ICONS/MCL 2006, International Conference, IEEE, 2006：13-13.

[4] 李世勇, 秦雅娟, 张宏科. 基于网络效用最大化的一体化网络服务层映射模型[J]. 电子学报, 2010, 38(2)：282-290.

第 9 章　CCN 仿真平台

为了对 CCN 的网络架构有更加深入的了解，更加直观地对 CCN 的网络性能进行评价，并避免实际的网络部署所耗费的巨大资源，许多项目建立了 CCN 的原型系统、仿真平台等，有助于研究者对 CCN 进行深入研究。现有 CCN 原型系统或仿真平台主要包括 CCNx、ndnSIM（包括 ndnSIM 2.0）、ccnSim、Mini-CCNx 等，本章将分别进行介绍。

9.1　CCNx 介绍

CCNx 是基于内容中心网络的开源项目，由 PARC（Palo Alto Research Center）公司研发，该项目是为庞大的 CCN 设计的一个原型系统，提供给 CCN 研究者长期开发与研究的平台。CCNx 是当前 CCN 架构中实现最好的模型，已有大量的工作投入这个开源项目进行设计和研究。

CCNx 的实现基于内容中心最核心的概念，即以命名内容代替命名主机，网络中每个数据内容都有一个独特的“名称”，将其命名代替传统的 IP 地址作为网络中内容的标识。CCNx 运行在 Linux 系统，包含一系列符合 UNIX 标准的命令行工具，提供 CCN 路由转发、内容获取、内容上传等功能支持。

9.1.1　CCNx 基本介绍

1. 名称、内容发布者和路由

CCNx 的一个典型特征是数据单元拥有用户定义的名称。名称有两个作用：名称的前半部分匹配路由表来查找内容对象，后半部分沿着路径识别特定的内容对象。CCNx 的名称在很多方面都类似于路由的统一资源标识符（URI）。内容对象还有两个额外标识符：KeyId 和内容对象哈希。KeyId 识别内容发布者的签名密钥，可以识别发布者。内容对象哈希是整个内容对象的加密哈希，如果用于兴趣包，则会选择相应名称的特定内容对象。

CCNx 名称是没有权威的绝对 URI。每个 URI 路径片段都有一个标签和一个值。标签的目的是构成认证名称的组成，比如一般的名称组成用于路由，或者特定的成分用于顺序号、时间戳或内容块数量，还有一些特殊应用标签。例如，在以下名称中：

lci:/Name=foo/Name=bar/SerialNumber=7/ChunkNumber=30

前缀 lci:/Name=foo/Name=bar 对应用户定义的名称；路径片段 SerialNumber=7 是序列号表示的文件的修订版本；路径片段 ChunkNumber=30 表示用户数据分成多个块，数字“30”表示集合中数据块的数量为 30。

内容发布者通过路由广播它授权的命名空间。路由协议通过路由策略和安全机制来确保内容发布者仅在它授权的命名空间广播。此外，服务提供方可限制发布者广播服务的范围。例如，家庭用户和它的网络服务提供者（ISP）具有同伴关系，它可能有个人的命名空间，或者更可能有从属于它的 ISP 的命名空间。个人的命名空间通过路由转发到家庭用户，使其能收到兴趣包。

商家会有知名的命名空间，类似于它的域名服务器（DNS）名称。它很可能有两个以上的名称，其中一个名称指向异地运营的云端内容，另一个指向本地名称，使得本商业区的用户能收到兴趣包。大型商家或网络服务提供商的许多知名名称在网络中维护。

2. 网络报文

下面描述 CCNx 的两种用于传输用户数据的报文。兴趣包报文是用户发出的数据请求，在内容对象报文中传输。一个兴趣包报文最多收到一个内容对象报文，使得报文的流量平衡。兴趣包报文也能够当作一种流量控制，因为一个用户可以为不同的内容对象发布一系列兴趣包报文。用户为响应者打开“窗户”，不像大多数数据网络协议，这个“窗户”是按报文，而不是按字节测量的。

内容对象通过密码签名将一个用户指定的名称约束到用户数据。内容对象的发布者通过 KeyId 识别自己，通常是签名者公钥的 SHA-256 哈希。

（1）兴趣包报文：兴趣包报文总是携带一个名称，这是唯一必需的域。任何具有相同名称的内容对象都将满足兴趣包请求。兴趣包可能还承载 KeyId 限制和内容对象哈希限制。这两个域限制名称匹配的内容对象集合。KeyId 指定发布者，内容对象哈希通过给定的加密哈希限制内容对象的返回。

（2）内容对象报文：内容对象报文是内容对象线型格式的 SHA-256 哈希，通过开放的 ContentObject 标签来结束内容对象。它不包括初始报头或每一跳的类型、长度和值（TLV）。内容对象哈希不是包中一个明确的域，但必须计算。这个计算保证在节点行为正确时，如果用户通过哈希请求数据，则网络将发送正确的包。

（3）格式：如图 9-1 所示，CCNx 1.0 使用 TLV 格式，类型和长度域都是两字节。TLV 格式首先固定数据报头，然后描述兴趣包和内容对象报文的骨架，包括兴趣包和内容对象报文的重要域。图 9-2 所示为固定数据报头，图 9-3 所示为 TLV 格式的兴趣包，图 9-4 所示为 TLV 格式的内容对象。

```
                     1                   2                   3
 0 1 2 3 4 5 6 7 8 9 0 1 2 3 4 5 6 7 8 9 0 1 2 3 4 5 6 7 8 9 0 1
+---------------+---------------+---------------+---------------+
|             type              |            length             |
+---------------+---------------+---------------+---------------+
```

图 9-1　TLV 类型和长度格式

```
                     1                   2                   3
 0 1 2 3 4 5 6 7 8 9 0 1 2 3 4 5 6 7 8 9 0 1 2 3 4 5 6 7 8 9 0 1
+---------------+---------------+---------------+---------------+
|      ver      |    msg type   |        payload length         |
+---------------+---------------+---------------+---------------+
|         header length         |           reserved            |
+---------------+---------------+---------------+---------------+
/ Optional Interest Nonce TLV                                   /
+---------------+---------------+---------------+---------------+
/ Optional Interest Hop Limit TLV                               /
+---------------+---------------+---------------+---------------+
```

图 9-2　固定数据报头

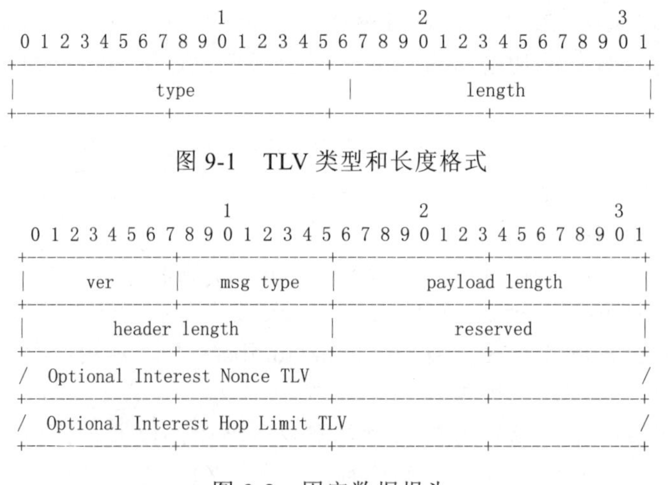

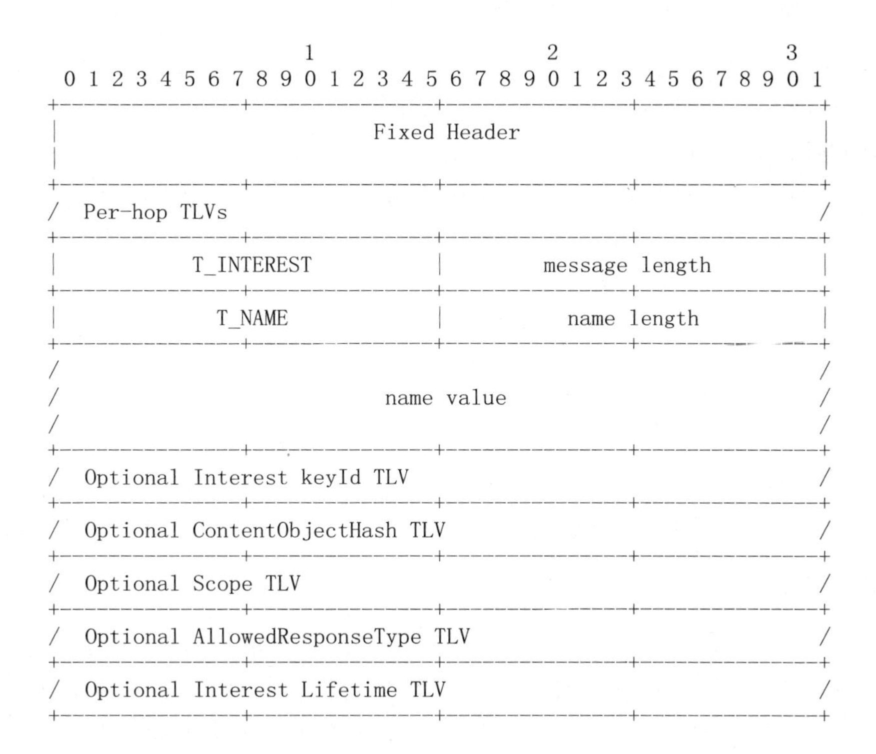

图 9-3　TLV 格式的兴趣包

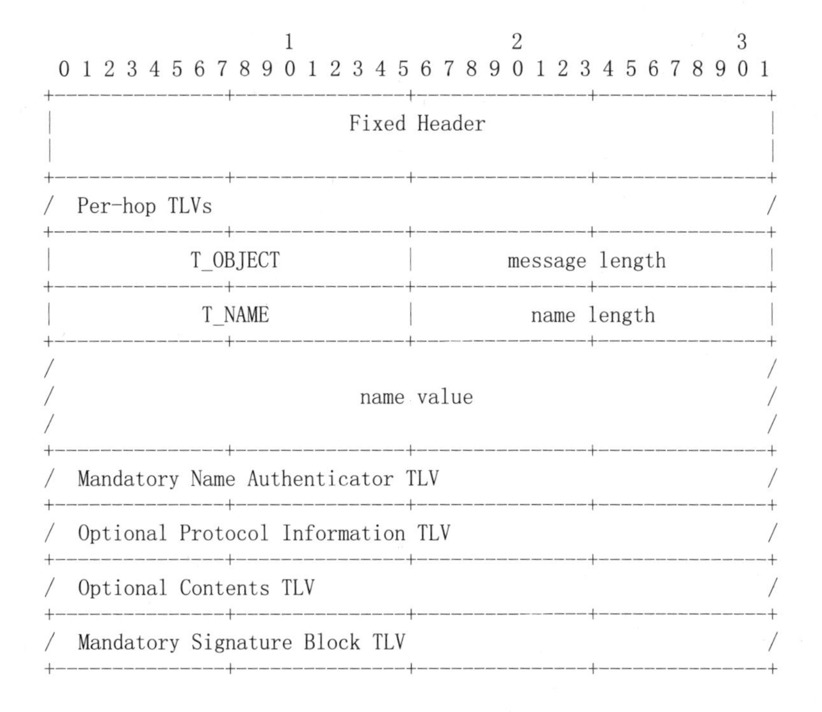

图 9-4　TLV 格式的内容对象

3. 报文分段

CCNx 报文的最大传输单元（MTU）一般为 1280B（某些 IPV6 通道）、1500B（以太网帧）、9000B（以太网巨型帧），其中 1500B 最常见。CCNx 报文需要适应可能的大名称、密钥及签字的开销。内容对象可能很大，为 8～64KB，因此必须进行分段处理。现有两种协议可将大的数据对象按照网络媒介进行分段而不使用中间格式，类似于 IPv4 或 IPv6。一种是逐跳分段，另一种是端到端分段，具体介绍如下。

（1）逐跳分段：逐跳分段类似于 PPP 的方法，在对等的基础上，节点协商最大可能的 MTU 或默认媒介的 MTU。每个 CCNx 报文都划分成一个有顺序的包的集合，用来携带序列号，以及指示开始包（B）和结束包（E）的标志，还可以使用现有的技术，如多链路 PPP 技术。

（2）端到端分段：端到端分段方式下，中间系统不需要将包分段，兴趣包基于最小 MTU 划分，并且在兴趣包中记录 MTU 的前向路径。中间系统的内容存储可能只存储预先分段的对象，并且只能反馈满足兴趣包 MTU 的段，否则判定为缓存未命中。

4. 报文转发

报文转发协议指定兴趣包的名称必须精确匹配内容对象的名称。除此之外，如果兴趣包有 KeyId 限制，则必须等于内容对象发布者的 KeyId。如果一个兴趣包有内容对象哈希的限制，则转发者必须验证内容对象的 SHA-256 哈希等于兴趣包的哈希值。

一个转发者有三个表：转发信息库（Forwarding Information Base ，FIB），待定兴趣表（Pending Interest Table ，PIT）、内容存储器（Content Store，CS）。实际中可能使用不同的内部信息组织方式，但外部行为相同。FIB 是路由表，是由路由协议或静态路由生成的最长前缀匹配名称表。PIT 记录兴趣包状态，使得内容对象可能沿着兴趣包的反向发送。它也用于兴趣包聚合，使得多个相似的兴趣包不会向上游转发。CS 是网络内的内容对象缓存，它是可选择的。

CCNx 1.0 节点的行为如下所述。

（1）收到兴趣包。

① 如果兴趣包在 CS 中命中，则返回对象到上一跳，然后丢弃兴趣包。

② 加入 PIT（或者聚合）。

③ 在 FIB 中查找兴趣包名称，并向所有的接口转发，除了入口和 PIT 条目已经待定的接口。

④ 如果新的兴趣包已经到 PIT 条目的寿命，则转发者在兴趣包寿命到达后重新发送兴趣包，并调整兴趣包的寿命。

⑤ 如果 PIT 条目在未被满足前到达寿命，PIT 条目将会被丢弃。

⑥ 如果兴趣包有 Scope“0”，则只转发到“本地的”路径。

⑦ 如果兴趣包有 Scope“1”，则转发到“本地的”路径，并且如果它是从“本地接口”收到的，则发送到“远程”接口。

⑧ 如果兴趣包有跳跃次数计数的报头，则报头域在传递过程中递减，而且如果差值大于 0，则只发送到“远程”接口。

（2）收到内容对象。

① 节点在 PIT 中查找所有满足兴趣包的 PIT 条目。如果一个或多个 PIT 条目有内容

对象哈希限制，则转发者必须验证加密哈希匹配 PIT 条目。如果转发者找到一个或多个满足的 PIT 条目，则将内容对象转发到 PIT 条目对应接口，然后移除这些 PIT 条目。

② 不匹配任何 PIT 条目的内容对象将被丢弃。

③ 转发者应确认内容对象是从预期的前一跳收到的。如果前一跳不在 FIB 对于该名称的转发路径上，则有可能内容对象是反常路径注入攻击的，它将会被丢弃。

④ 如果节点有内容存储器，则它有可能在 CS 中存储内容对象。

9.1.2 CCNx 框架

本节简要介绍 CCNx 框架及 CCNx 用到的工具。CCNx 总体框架如图 9-5 所示，图中同时展示了 ccnd 内部的体系架构和各节点之间的通信。其中，app 是 CCN 应用；ccndc 是路由控制进程；ccnd 是核心通信进程；ccnr 是存储库。

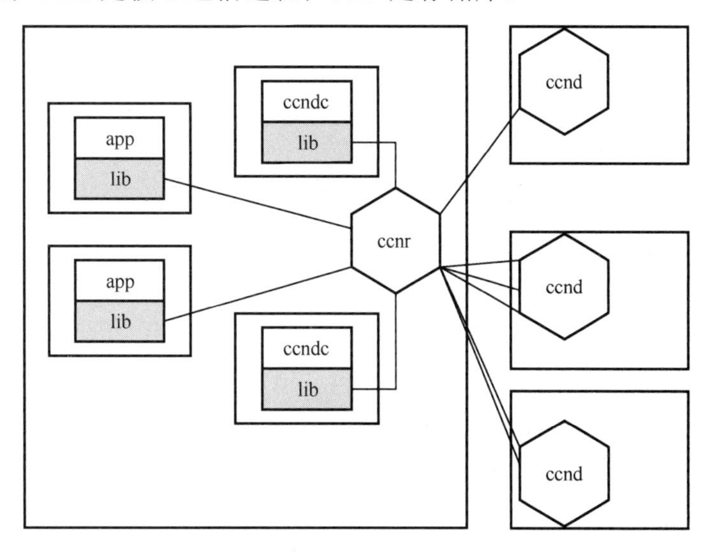

图 9-5　CCNx 框架

CCNx 网络结构中的每个节点都是平等的，但各自扮演的角色及作用不尽相同，如数据源、中间节点、客户端等。ccnd 进程是 CCNx 的核心，它支持数据包转发和缓存。ccnd 中最重要的三个数据结构分别是 FIB、CS 和 PIT。其中，FIB 用作路由表，CS 用于缓存经过的数据包，PIT 用于匹配、记录未处理的兴趣包。

1. CCNx 代码库

CCNx 代码库主要由 ccnd（路由后台进程）、ccndc（控制程序）和 ccnr（存储器）组成。

（1）每个 CCNx 节点都需要运行 ccnd。

（2）目前只有一个 ccndc，该控制程序用于设置路由，将静态路由填充到 ccnd 的转发表中，确定 ccnd 如何进行流量转发。若用户的 home 目录下有配置文件（～/.ccnx/ccnd.conf），则 ccndc 从中读取路由信息；若没有，也可通过命令行设置新的路由信息。

（3）ccnr（CCN repo）是用 Java 实现的一种代码库。与 ccnd 短时间周期性更换存储内容不同，ccnr 用来进行长时间存储，类似于磁盘。

代码库使 CCNx 应用程序的开发成为可能。在 Java 和 C 中都有代码库，但是二者有一定差异。CCNx 项目保持对 Java 和 C 这两种库的兼容性，使得一种库写入的数据可以由另一种库读取。网络层的开发通常首先在 C 库中进行，应用层和安全方面更多地首先在 Java 库中进行开发，因为它们能够在面向对象的语言中更快地实现和运行。

当确定功能稳定可用后，这些库将移植到其他语言，如 pyCCN 等。核心功能模块仍然是 C 库，这是由于 Java 和 C 库都使用了基于 C 的 ccnd。

2. CCN 内容命名

CCNx 保持了 CCN 中所有数据的命名都具有唯一标识的特性。命名以 ccnx:/起始，表示这是一个 CCNx 协议。CCNx 中的每个数据包大小都固定为 4KB，这与 BitTorrent 协议一致。对于较大的内容，由一个或多个同样具有命名的内容数据块组成。在 CCNx 中，通过如下约定实现：假设一个内容的路径为 ccnx:/path/to/the/content，那么在该路径下，还会包含如下内容：

ccnx:/path/to/the/content/%00
ccnx:/path/to/the/content/%00/%01
ccnx:/path/to/the/content/%00/%02
…

所有的数据块都约定以名称为前缀，后面为 segment 号。

另外，由于内容存在更新的需求，对其原生的版本支持也是 CCN 所需要的，因此 CCNx 具有针对内容版本的支持。假设一个内容的路径为 ccnx:/path/to/the/content，当具有版本支持时，其目录下将包含类似下面命名的内容：

ccnx:/path/to/the/content/%FD%04%F8%E5%CE%E6%29
ccnx:/path/to/the/content/%FD%04%F8%E5%D3X%08
…

所有的版本组件都以%FD 起始，即

ccnx:/path/to/the/content/%FD%04%F8%E5%CE%E6%29/%00
ccnx:/path/to/the/content/%FD%04%F8%E5%CE%E6%29/%00%01
ccnx:/path/to/the/content/%FD%04%F8%E5%CE%E6%29/%00%02
ccnx:/path/to/the/content/%FD%04%F8%E5%CE%E6%29/%00%03

9.1.3　CCNx 组件

1. ccnd

ccnd 是 CCNx 的路由后台进程，用于进行 CCNx 路由的相关操作。如下环境变量能够影响 ccnd 的行为。

（1）CCND_DEBUG：用来标识 ccnd 运行中应当显示的调试信息，是一个由标志位组成的十进制数字，包括如下标志位。

① 0 表示不显示信息。

② 1 表示基础信息。

③ 2 表示兴趣包消息。

④ 4 表示内容包消息。

⑤ 8 表示命名匹配的详细信息。

⑥ 16 表示兴趣包的详细信息。

⑦ 32 表示不正确兴趣包的详细信息。

⑧ 64 表示定时显示可读的时间戳。

⑨ 128 表示接口注册调试用信息。

（2）CCN_LOCAL_PORT：用来标识 ccnd 监听的端口。ccnd 会在 UDP 和 TCP 的同一端口进行监听，默认为 9695。

（3）CCN_LOCAL_SOCKNAME：用来标识 UNIX 套接字的句柄，默认为/tmp/.ccnd.sock。

（4）CCND_CAP：用来标识内容缓存的大小，单位为内容对象的数量。这不是绝对的限制。

（5）CCND_MTU：用来标识数据包的大小，单位为字节。设置这个选项后，Interest 包的填充将限制在这个数值之内，比这个值大的兴趣包将会被阻止。

（6）CCND_DATA_PAUSE_MICROSEC：用来调整组播内容发送时以及往 udplink 接口发送时的延迟时间。

（7）CCND_DEFAULT_TIME_TO_STALE：用来标识未显式声明刷新时间时，分配给内容对象的刷新时间，单位为秒。

（8）CCND_MAX_TIME_TO_STALE：用来标识内容对象的最长刷新时间，单位为秒。如果有必要，该数值可以设定为实际要求的值。

（9）CCND_KEYSTORE_DIRECTORY：用来标识密钥库的位置，默认为私有路径/var/tmp。

（10）CCND_LISTEN_ON：如果设定，则会在指定的一系列 IP 地址上进行监听，默认为通配符。地址可以用方括号括起来，地址之间可以用空格、逗号或分号间隔。这个参数支持 IPv4 和 IPv6。需要注意的是，在这个情况下仍然会有上行发出的 TCP 包到达不在列表中的 IP。

（11）CCND_AUTOREG：用于表示该列表中的前缀将自动对任何新接入的接口进行初始化。例如，CCND_AUTOREG=ccnx:/ccnx.org/Users，ccnx:/ccnx.org/Chat。

当 CCN 节点启动 ccnd 后，从该进程中可以清楚地看到收发数据包的过程，图 9-6 显示了发包过程。

```
1363079397.277592 ccnd[2837]:debug.4557 dup 9 ccnx:/2000/%FD%05
%0F%8FU-%0E/%00%08%2B%F1%40%94%D4I%9B%CC%26%F5YD%17U%E1m%201%99
%CC~9D%D43%BE%C1K%AE%08%009%D7%E1%94(4756bytes)
```

图 9-6　ccnd 发送数据包的过程

图 9-6 显示并记录了 Web 源站点发送的数据包，其大小为 4757B，数据名称为 2000，发送时间为 1363079397.277592s（表示从 1970 年 1 月 1 日至发送时所经历的秒数）。

图 9-7 显示并记录了客户端请求名称为 2013new 的数据，接收了 6011B，保存的文件名为 111。

```
ccn@ccn-virtual-machine:~/test$ time ccngetfile ccnx:/2013new
/home/ccn/111 Retrieved contest /home/ccn/111 got 6011 bytes
```

图 9-7　CCN 客户端接收数据

2. ccnr

ccnr 是 CCNx 的源后台进程，在当前目录创建 CCNx 的数据库，并提供源数据的服务。ccnr 的行为受到如下环境变量的影响。

（1）CCNR_BTREE_MAX_FANOUT：用于表示 B 树索引内部节点的最大数量，最大值为 1999。

（2）CCNR_BTREE_MAX_LEAF_ENTRIES：用于表示 B 树索引叶子节点的最大数量，最大值为 1999。

（3）CCNR_BTREE_MAX_NODE_BYTES：用于表示 B 树索引节点的最大占用容量，单位为 B，最大值为 2097152。

（4）CCNR_BTREE _NODE_POOL：用于表示可被缓存在内存中的 B 树索引节点的最大数量，最大值为 512。

（5）CCNR_CONTENT_CACHE：用于表示可被缓存在内存中的内容的最大数量，最大值为 4201。

（6）CCNR_DEBUG：用于表示调试信息的等级，默认为 WARNING，包含如下等级：

① NONE 表示无信息显示。

② SEVERE 表示严重的、可能致命的错误。

③ ERROR 表示错误。

④ WARNING 表示警告。

⑤ INFO 表示通知信息。

⑥ FINE、FINER、FINEST 表示所有调试跟踪信息。

（7）CCNR_DIRECTORY：用于表示放置数据库文件的目录，默认为当前目录。该参数会在配置文件中被忽略。

（8）CCNR_GLOBAL_PREFIX：用于表示 CCNx 命名的前缀，其中存储了 data/policy.xml，该参数只在已经启动且没有策略文件存在时才有效。这个前缀按照约定应当保持全局范围内唯一，而不仅仅是本地唯一。若未指定，则默认为 ccnx:/ parc.com/csl/ccn/Repos。

（9）CCNR_LISTEN_ON：用于表示监听的端口列表，可以是 IPv4 或者 IPv6，以空格、逗号或分号区分。如果不注明，则默认为通配符。

（10）CCNR_MIN_SEND_BUFSIZE：用于表示与 CCND 通信的套接字的输出缓冲区最小容量，最大值是 16384。若系统提供的数值比默认值大，则使用系统数值。

（11）CCNR_PROTO：用于表示协议类型，取值可以是 tcp 或 unix，默认为 unix。若为 tcp，则 ccnr 通过 TCP 与 ccnd 通信；若为 unix，则通过 UNIX IPC 通信。

（12）CCNR_STATUS_PORT：用于表示状态服务器的监听端口。若未指定，则不运行状态服务器。

（13）CCNR_START_WRITE_SCOPE_LIMIT：用于表示处理开始写的兴趣包范围限制，取值范围为 0～3，默认为 3。0 代表只读，3 代表无限制。

（14）CCNS_DEBUG：参见 CCNR_DEBUG。默认为 WARNING。

（15）CCNS_ENABLE：取值为禁用 0 或激活 1 同步处理，默认为激活。

（16）CCNS_FAUX_ERROR：用于表示随机丢包率的模拟方式。若值为 0，则没有丢包模拟；若在 1～99 之间，则将以该百分比随机丢弃数据包。默认为 0。

（17）CCNS_HEARTBEAT_MICROS：用于表示两次同步心跳的间隔时间，取值为 100000～10000000 之间的整数，默认为 200000。

（18）CCNS_MAX_COMPARES_BUSY：用于表示可以同时处在比较状态的同步根节点的最大数量。取值为 1～100 之间的整数，默认为 4。

（19）CCNS_MAX_FETCH_BUSY：用于表示每个同步根节点所能同时包含的节点或者内容获取的最大数量，取值为 1～100 之间的整数，默认为 6。

（20）CCNS_NODE_FETCH_LIFETIME：用于表示等待一个节点获取请求响应的最长时间，单位为秒，取值为 1～30 之间的整数，默认为 4。

（21）CCNS_NOTE_ERR：用于表示是否报告同步错误。0 为禁止，1 为激活，默认为 0。

（22）CCNS_REPO_STORE：用于表示是否将同步状态存储到库中。0 为否，1 为是，默认为 1。

（23）CCNS_ROOT_ADVISE_FRESH：用于表示一个同步 RootAdvise 的响应在 CCND 缓存中生存的周期，单位为秒，取值为 1～30 之间的整数，默认为 4。

（24）CCNS_ROOT_ADVISE_LIFETIME：用于表示等待一个 RootAdvise 请求响应的最长时间，取值为 1～30 之间的整数，默认为 20。

（25）CCN_STABLE_ENABLED：用于表示是否将同步静态点存储到库中。0 为否，1 为是，默认为 1。

3. ccndc

（1）ccndc 用于操作 ccnd 的路由表，对其条目进行增减，用法如下：

```
ccndc [-v] add uri(udp|tcp)host
[port [flags [mcastttl [mcastif]]]]
```

（2）向路由表中添加一个条目，然后以 uri 为前缀命名的兴趣包将以 udp 或 tcp 的方式转发至 host，即

```
ccndc ccndc [-v] uri(udp|tcp)host
[port [flags [mcastttl [mcastif]]]]
```

（3）根据 faceid 删除路由表中的指定条目，即

```
ccndc [-v] destroyface faceid
```

9.1.4　CCNx 网络配置

1. CCNx 路由器启动

任何运行 CCN 应用的服务器，都需要首先运行内容中心网络的相关程序。CCNx 是

一套软件层面的内容中心网络路由组件，它能够让一台运行 Linux 的主机转变成一个内容中心网络的路由器或数据源等。

首先，运行如下指令：ccnd。CCNx 的核心路由后台进程会被启动。从此时起，这台主机就具有了路由器的功能。

如果需要在主机上架设源服务，使得到达的兴趣包能匹配相应的数据，则除运行 ccnd 指令外，还要运行如下指令：ccnr。这会在当前目录创建数据源库文件，并启动内容中心网络的源服务。

若要向数据源上传数据，则需要在本地主机运行如下指令：ccnputfile ccnx:/any-node/any-file<local-filename>。这会把名为 local-filename 的本地文件上传到数据源，以服务未来可能到达的兴趣包。由于 ccnr 未对命名进行任何约束，因此上传的内容可以是任何路径。其他路由器能否获取本地数据，取决于其是否配置了正确的转发路径，这将在后文详细描述。

通过 ccnputfile 上传的文件在正常情况下需要具有版本。若要上传不带版本的内容，则需要加上-unversioned 标签：ccnputfile -unversioned ccnx:/ any-node/any-file< local-filename>。

ccnputfile 每次只能上传一个文件，而在 CCNHLS 中往往涉及大批量的文件上传，CCNHLS 中的一个简单的工具脚本 ccnputfiles 可以实现将指定文件夹下的所有文件上传。ccnputfiles 的参数与 ccnputfile 的完全相同，可以直接使用。

2. CCNx 路由器链路

基于 IP 网络之上的内容中心网络需要事先临近 CCN 路由器节点的 IP 地址，而 CCNx 在现阶段仍要通过手动配置完成。使用如下指令在 ccnd 的路由表中添加条目：ccndc add ccnx:/node tcp <host>。这个路由表条目表示当本地路由器收到一个名称以 ccnx:/node 开头的兴趣包时，ccnd 会将其转发至 host 处，由运行在 host 处的路由器进行下一步转发。

若要删除一个路由表条目，则需要运行如下指令：ccndc del ccnx:/node tcp <host>。另外，内容中心网络覆盖网也可使用如下 udp 模式的连接来架设：ccndc add ccnx:/node udp <host>。

在 CCN 覆盖网应用中，所有网络都需要通过 TCP 或 UDP 连接。需要注意的是，CCNx 还设计了针对 CCN 的安全机制，所有文件公钥都在路径 ccnx:/ccnx.org 下提供，当客户端获取内容后，可再次以内容的方式获取公钥，对内容的正确性进行验证。因此，在配置链路时，除配置内容的路径外，还需要配置密钥的路径，需要运行如下两条指令：

```
ccndc add ccnx:/node tcp <host>
ccndc add ccnx:/ccnx.org tcp <host>
```

完成路由的配置。同一前缀可以多次添加发往不同主机地址的路由条目，这符合内容中心网络的转发规则。

3. CCNx 网络示例

下面以一个简单的网络结构为例阐述配置流程。假设有两台主机 A 与 B，B 中存放内容，作为路由器和内容库运行；A 作为客户端，想要以 CCN 的方式从 B 处获取内容，如图 9-8 所示。

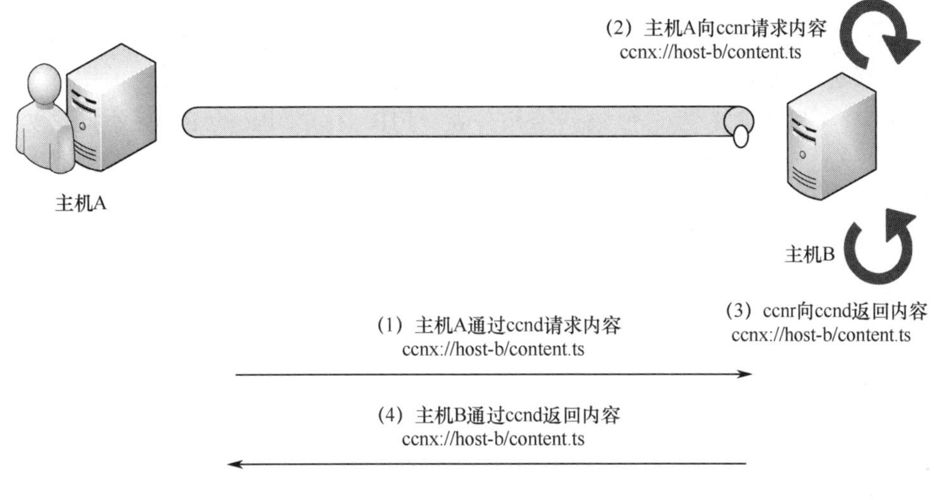

图 9-8　获取内容的流程

（1）主机 A 通过 ccnd 请求内容 ccnx://host-b/content.ts。

（2）主机 A 向 ccnr 请求内容 ccnx://host-b/content.ts。

（3）ccnr 向 ccnd 返回内容 ccnx://host-b/content.ts。

（4）主机 B 通过 ccnd 返回内容 ccnx://host-b/content.ts。

9.1.5　CCNx 网包处理

1. 兴趣包定义

CCN 的兴趣包和数据包均以 XML 格式定义，定义文件为 ccn/schema/ccnx.xsd，内容如下：

```
Interest:=Name
MinSuffixComponents?
MaxSuffixComponents?
PublisherPublicKeyDigest?
Exclude?
ChildSelector?
AnswerOriginKind?
Scope?
InterestLifetime?
Nonce?
```

（1）除 Name 是唯一必需的，其他都是可选的。

（2）MinSuffixComponents?MaxSuffixComponents?PublisherPublicKeyDigest? Exclude? 根据已匹配的内容对象做进一步限制。

（3）ChildSelector? 用于对多个匹配的对象给出选择建议。

（4）AnswerOriginKind? Scope? InterestLifetime? 用于对响应的内容源进行限制。

（5）Nonce？用于区分不同的兴趣包。

2. 兴趣包处理

当一个兴趣包或数据包到达一个接口时，首先需要对名称进行最长前缀匹配查找，然后通过 FIB、CS 和 PIT 等三个数据结构分发。FIB 类似于 IP 的 FIB，不同之处在于其不限于一个出口，可以配备多个出口。CS 可以设置缓存的转发策略为尽可能长时间地缓存最新的、需求最多的数据包，以此来尽可能地将数据提供给其他请求者。PIT 记录已经转发的兴趣包，当响应请求的数据包借助 PIT 的某条目转发后，该条目将被删除，以保证数据包能顺利发送到请求者。

图 9-9 显示了兴趣包的处理过程。

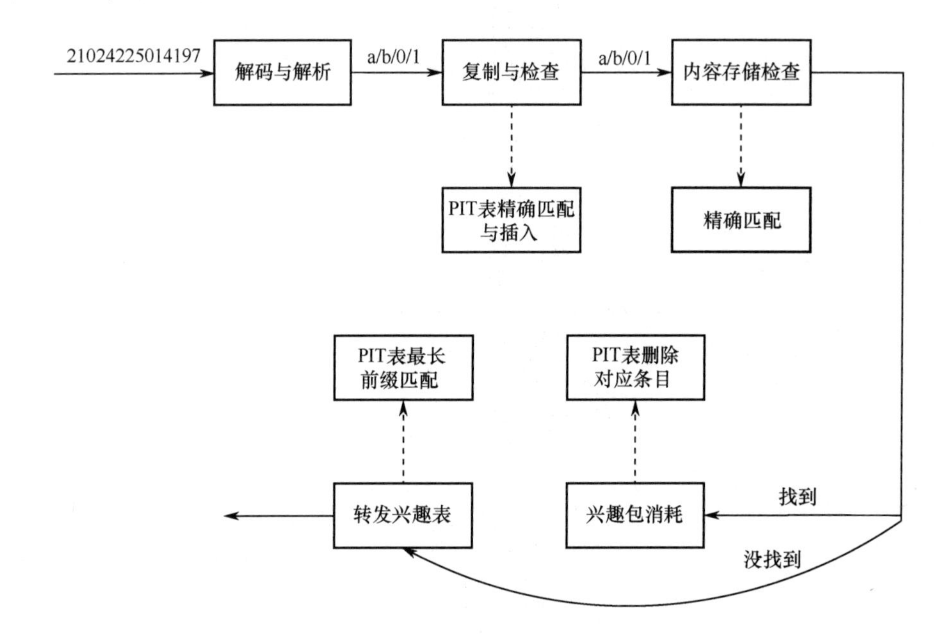

图 9-9　兴趣包处理过程

3. 数据包处理

CCN 简化了数据包处理流程，当数据包到达时，首先对内容命名字段在 CS 中进行最长前缀匹配，若存在，则丢弃兴趣包。然后在 PIT 中进行匹配，若存在，则向请求者发送的同时缓存在 CS 中；若没有成功匹配，则丢弃该数据包。图 9-10 展示了数据包的处理过程。

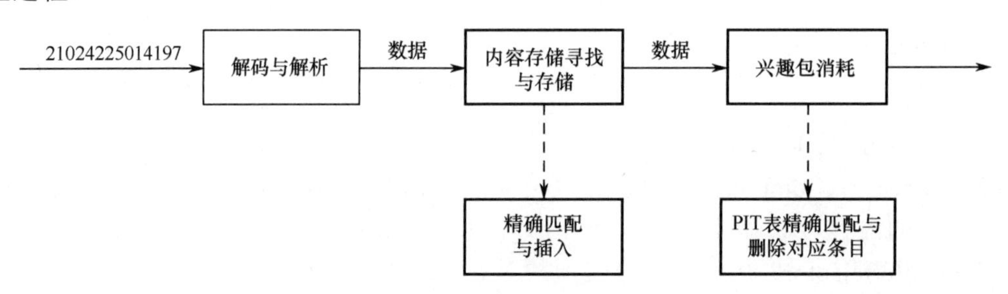

图 9-10　数据包处理过程

9.2　CCNx 安装指导

9.2.1　CCNx 代码安装

1. 获取代码

若要下载打包版本，则最好下载最新版。若对敏捷开发感兴趣，则建议从 Github 下载代码。代码库一直在不断增容，并随时间不断完善，但由于这是研究项目而非产品，所以并不总能够保证兼容旧的版本。

2. 安装编译

在安装编译的过程中如果有问题，可以先通过 ccnx-dev 或 ccnx-users 列表的文档查看是否有人遇到过相同的麻烦；若没有，可以留言请求帮助。过程记录很详细，所有列出的步骤也都是有原因的。例如，确定所使用的平台是否已完成所有前置环境的安装。

（1）准备工作：详细阅读官方文件/ccnx-0.7.1/README，安装平台为 Ubuntu Linux 13.04，为安装方便，直接在 root 用户下安装。

① 安装 CCNx 的 C 语言依赖包，主要包括 apt-get、install、git-core、python-dev、libssl-dev、libpcap-dev、libexpat1-dev 和 athena-jot。

安装 libcrypto（版本号为 0.9.8 或以后版本），用 apt-get 可以很方便地安装。

安装 libxml2，可以使用 apt-get，具体的包名称可以用 apt-cache search 查找。

若要使用 vlc 和 wireshark 插件，请阅读相关文档，在此不进行详细介绍（暂时可以不安装）。

② 安装 Java SDK。

安装 Sun 公司的 JDK，需要注意的是不能安装 openjdk。由于目前 Sun 公司已经被 Oracle 公司收购，该 JDK 需要到 Oracle 的网站下载，最好安装 1.6 版本（网址 http://www.oracle.com/technetwork/java/javase/downloads/jdk-6u29-download-513648.html）。直接运行下载的 jdk-6u29-linux-i586.bin；若不能运行，则需要修改文件的执行权限。

③ 设置环境变量，添加以下的环境变量：

```
export JAVA_HOME=/opt/jdk1.x
export JRE_HOME=/opt/jdk1.x/jre
export CLASSPATH=.:$JAVA_HOME/lib:$JRE_HOME/lib:$CLASSPATH
export PATH=$JAVA_HOME/bin:$JRE_HOME/bin:$PATH
```

为保证机器重启后，环境变量仍然存在，以上变量需要写入启动脚本（profile）。也可直接写到/root/.profile 文件末尾。

④安装 ant。

从 http://ant.apache.org/bindownload.cgi 下载 ant 的最新版 apache-ant-1.8.2-bin.zip。下载后解压缩，然后添加环境变量。

假定 ant 安装目录是/usr/local/ant，添加以下的环境变量：

```
export ANT_HOME=/usr/local/ant
export JAVA_HOME=/ usr/local/jdk-1.5.0.05   //若 JDK 正确安装，则不需要此设置
export PATH=$ {PATH}:${ANT_HOME}/bin
```

同理，上面配置的环境变量也要写到 profile 里，否则重启系统后就不能正常工作了。打开新的 shell 后，输入 ant，检查 ant 是否已安装，若出现以下信息：

```
Buildfile: build.xml does not exist!
Build failed
```

则表明 ant 正在工作。这条信息表示需要为用户的项目单独写一个 buildfile 文件。

运行“ant-version”，可以看到以下输出：

```
Apache Ant version 1.7.1 compiled on June 27 2008
```

（2）编译 ccnx。进入 ccnx 的目录：

```
./configure
make
make test           //测试编译是否正确，虽然可以省略，但最好不要这样做
make install
```

至此，可以通过运行 ccnchat 验证安装是否成功。打开一个终端，运行：

```
ccndstart
ccnchat ccnx:/test_room
```

打开多个终端，运行 ccnchat ccnx:/test_room，就可以进行简单的聊天了。假设 ccnx 安装在 166.111.137.72，则可以通过在浏览器中访问 http://166.111.137.72:9695 查看系统的运行状态信息。

（3）确认安装。

① 运行 ccnd：执行 ccndc，建立一些简单的路由。使用 ccnd 内置的 Web 服务器（http://localhost:9695），可以查看有关 ccnd 的转发表和缓存的详细信息，如缓存的统计信息和转发表等。通过命令行设置环境变量 CCN_LOG_DIR 以启动日志程序，并通过日志文件查看输出内容。通过环境变量 CCND_DEBUG 启动 ccnd 的日志程序。

② 运行 ccnChat：用户可以在一台机器上运行多个 ccnChat，并使它们之间相互通信。当用户的转发设置正确时，即可在多台机器上利用 ccnChat 进行聊天。

3. CCNx 工具

这个版本的 README 文件中有一个非常全面的应用程序和工具列表。当用户准备开始时，阅读此文件非常有帮助。

（1）ccngetfile/ccnputfile：ccngetfile/ccnputfile 是一对应用程序，用于将文件系统或网页中的文件写入 CCNx，以及从 CCNx 中读取面向文件的数据。若同时启动，它们则可以直接将数据写入对方；否则，ccnputfile 会将数据加载到库中，而 ccngetfile 会再从库中读取数据。

（2）ccngetfile：ccngetfile 获取一个 CCNx 内容，并将其写入本地文件中。用法如下：

```
ccngetfile [-javaopts <options>]
[-debug <portno>]
[-unversioned]
[-timeout millis]
[-as pathToKeystore]
[-ac]
ccnxname filename
```

参数含义如下：

- unversioned 表示不查找版本，在路径 ccnxname 下进行非版本的内容获取。
- timeout 表示在流读取过程中的最长超时时间。
- log 表示日志等级，与 Java 的日志等级一致。
- as 设定用于将内容解密的用户名称。
- ac 表示强制 ccngetfile 遵循的访问权限限制。若用户不允许在此命名空间中读取信息，则解密失败。
- debug 表示允许 eclipse 远程调试器挂载到该端口进行调试。
- javaopts 表示允许使用 Java 的附加属性与选项。

（3）ccnputfile：ccnputfile 将一个内容发布到 CCNx。这条命令必须在已运行 ccnr 的主机上运行才能具有相关权限。用法如下：

```
ccnputfile [-javaopts <options>]
[-debug <portno>]
[-v]
[-raw]
[-unversioned]
[-local | -allownonlocal]
[-timeout millis]
[-log LEVEL]
[-as pathToKeystore]
[-ac]
ccnxname filename | url
```

大部分参数与 ccngetfile 相同，下面解释不同的参数。

- raw 表示发布内容不上传到库。这个模式只在有一个匹配的 ccngetfile 运行时才能成功。
- local 表示文件将上传到本地库。这是默认行为。
- allownonlocal 表示本地库或非本地库都可用于保存该文件。

（4）ccncat：ccncat 是用 Java 编写的聊天程序，是一种测试连通性的简单方法。ccncat 通过流读取 CCNx 内容数据并写入 stdout。ccncat 获取该路径下最新的版本并读取。用法如下：

```
ccncat [-h]
```

```
[-d flags]
[-p pipeline]
[-s scope]
[-a]
ccnxnames filename | url
```

参数意义如下。

- h 用于打印帮助信息。
- d 用于标识调试信息，可以是以下任意标志位之和：NoteGlith=1，NoteAddRem=2，NoteNeed=4，NoteFile=8，NoteFinal=16，NoteTimeout=32，NoteOpenClose=64。
- p 用于设置流水线的大小，默认为 4。
- s 用于设置兴趣包的域，可以是 0（缓存）、1（本地）、2（邻居）或 3（无限制），默认为 3。
- a 表示允许获取过期信息。

（5）ccnrm：ccnrm 将任何符合前缀的本地缓存内容对象标记为已过期。用法如下：

ccnrm [-o outfile] ccnxname

参数只有一个-o，若给出，则将所有此次标记的内容对象都写入文件。

（6）ccnls/ccnlsrepo：使用 ccnls 可以列出 ccnd 缓存的内容。ccnls 尝试列出某一命名层级下一级中所有可用的名称分量，用法如下：

```
ccnls ccnxname
```

使用 ccnlsrepo 可以列出库中的内容或其他名称枚举协议的响应内容。用法如下：

```
ccnlsrepo。
```

（7）ccnFileProxy：ccnFileProxy 是普通文件的 CCN 代理工具程序，使文件系统中的文件内容可被 CCNx 协议访问。该工具未进行很好的优化，但是建立 CCN 库并加载内容是 CCNx 协议获取内容数据的一种简单的替代方法。

（8）ccnsendchunks：一个简单的应用程序，收到 interests 时产生块或每秒产生一次，取其中快者。它的数据至少可以被 ccncatchunks 和 ccncatchunks2 读取。在一台机器上启动 ccnsendchunks，同时在另一台机器上启动 ccnsendchunks2。

（9）wireshark 插件：安装带 CCN 协议插件的 wireshark 网络分析软件，过程如下：参考 ccn/apps/wireshark/ README-wireshark-1.6.txt；下载 wireshark 源码编译安装。编译 wireshark 需安装 yacc（语法分析）、flex（词法分析）、gtk+（图形库）。安装完后，直接运行可能会报错，需用 which 查看 wireshark 程序是否在目录/usr/local/wireshark 中。若不在该目录下，则可直接在安装目录下运行，或修改$PATH 环境变量、符号链接等，wireshark 即可成功运行。

（10）VLC 插件：VLC 插件是一个可以读取 ccnx 数据的标准视频播放器插件。启动一个库，向其中加载一些内容，然后用 VLC 播放。

（11）ccnexplore：ccnexplore 是一个图形界面的简单文件浏览器，用来浏览储存在 CCNx 中的数据。

9.2.2 代码开发

1. 起步

若使用 Java 语言，则可从 ccnChat 和 ccnFileProxy 开始。它们都是简单的程序，而且其中 CCNx 部分代码都非常少。ccnFileProxy 主要展示了登记过滤、兴趣包处理和流 API 的使用。ccnChat 主要展示了“网络对象”的使用，它使用 CCNx 版本化对象而不是数据库作为备份存储。

若使用 C 语言，则可从 VoCCN 开始（在下载页面作为一个单独的 tar 文件分发）。它展示了 C 库的基本使用（虽然可能并不总是跟踪最新的 API）以及如何将 CCNx 和现有的 C 应用程序整合。CCNx 的代码量相对较少，并做了很好的本地化。另外，它还使用了一个 CCNx 封装的 RTP（Real-time Transport Protocol），在其他很多场合下都很有用。

2. 可能的问题

CCNx 有些地方并不总是直观和明显的，这里列出一些最常遇到的情况。

（1）用户的数据无法发送：CCNx 完全面向 pull。除非有人发布兴趣包，否则不允许写数据。这个约束在程序数据栈中实际上非常广泛，违反了它，可能会导致诸如 WaitForPutDrainException 等错误。如果正在编写的应用程序需要创建数据，那么为了使它们可以移动，还需要有一个应用程序来使用这些数据。一个应用程序如果知道如何向数据库中写数据，那么最简单的方法就是运行一个可以作为普通消费者被排序的库，当然也可以定制一个消费程序来获取用户想写的具体数据（如面向文件的数据，在运行 ccnputfile 的同时运行 ccngetfile）。如果仅仅是让程序运行，则也可以让程序不产生数据或仅仅产生一些兴趣包。这里有个 C 程序 ccnslurp 和 Java 类 Flosser 在做类似的事情，详细内容可以查看如何使用 Flosser 的 Java 测试及 ccnslurp 的用户手册。

（2）遇到奇怪的验证错误，未能找到密钥：在 CCNx 中，所有的数据都是有签名的，而公钥是以另一种数据形式分发。在信任模型的实验中，可以利用这些密钥去映射有意义的用户身份，但是在网络核心层，它们就仅仅是密钥而已。用户不应该一开始就担心它们如何生存、是否需要把它们复制到别的地方等这类问题。因此，用户会默认地发布用户密钥，并使得从程序中获取它们的过程相对自动（因此程序会知道特定的密钥签名了多种数据，尽管并不知道这个密钥属于谁）。当用户第一次使用 CCNx 程序时，一个密钥会在函数库生成，若无特别指出，Java 库会把公钥发布到默认以 ccnx://ccnx.org 为前缀的命名空间，这可通过多种 Java 属性和环境变量进行控制。如果仅仅添加了用户应用程序的特定命名空间到 ccnd 的路由表，而未将用户发布的密钥的命名空间加入路由表，则客户端验证将会失败。

（3）ContentExplore 找不到东西：内容管理器使用名称枚举协议（Name Enumeration Protocal）查找和列出内容。它并不会显示 ccnd 缓存的任意数据，而只是列出那些适用于 NE 协议的内容。目前库和 ccnFileProxy 都在这个协议框架内。因此，若未运行库或 ccnFileProxy，或者它们中没有内容，则 ContentExplore 将找不到任何东西。若只想看看 ccnd 缓存中有什么内容，则可以使用命令行程序 ccnls。

（4）遇到奇怪的构建/运行错误：需要确定已按照 README 文档构建指令操作。如果不满足一些依赖关系，将会导致一些奇怪错误，并且难以追查。例如，没有最新版本的 OpenSSL、在 XOS 中没有设置 JAVA_HOME（Java 控制面板会做这些，用户无须设置 JAVA_HOME，但是出现错误时很难想象这就是问题所在。）或者在 ubuntu 上运行 Java 以外的东西（尽管 icedTea 支持很多东西）。Cygwin 上的构建失败，通常是由于缺少某个需要安装的包，Wireshark 也有类似情况。如果确定已按照所有说明操作却仍有问题，可以给开发商发电子邮件。

9.2.3　CCNx 库

1. 共同组件

C 库和 Java 库共同的组件包括以下两个。

（1）支持编码/解码的 ccnb：ccnb 使用一种紧凑的 XML 编写，ccnb 用于 CCNx 信息的传输，并有助于应用程序的存储和内容的传输。

（2）核心的 CCNx interest-data 协议。

具体体现在以下操作中。

（1）异步数据包检索 API（Express Interest）：登记兴趣包消息，当收到响应数据时回调应用程序。如果响应超时，则这两个库都将自动重发兴趣包，也可取消自动重发。同步数据检索 API（GET），提出一种阻塞的 get 方法，即程序可以发布兴趣包并阻塞，直到返回数据或超时。

（2）异步兴趣包检索 API：注册一个过滤器，使得 ccnd 发送符合过滤条件的登记者的兴趣包（而不是数据包）。登记者则可以选择返回数据或生成响应数据。

（3）支持自动密钥生成。

（4）支持基本的签名和认证。

2. Java 库

Java 库包含大量的高等级 API 和先进的安全功能，使得 CCNx 编程变得更简单，其包含以下功能。

- 支持使用自定义数据格式，将“网络对象”序列化和反序列化到 CCNx 中，包括 ccnb 二进制编码、Java 序列化格式和对象类型格式定义。
- 低级别支持利用程序提供的密钥对内容进行加解密，初步支持利用可插拔密钥分发策略对内容进行自动加解密。
- CCNx 的链接概念封装，初步支持对分段特定内容自动取消引用链接。如果通过链接检索到一个文件或一个网络对象，那么这个链接会被取消，并且目标数据将会被检索，仅仅保留链接信息用于验证。
- 自动签名和验证，同时支持每包签名和多包聚合签名。函数库目前使用 Merkle 哈希树作为默认的聚合技术，同时也支持其他聚合技术。此机制并未大量运用，可能还需要调整。
- 自动密钥检索和数据包验证，无法验证的数据包将被丢弃。

- 挂接到包检索过程的程序级信任决策机制，使得程序只会检索它们认为值得信任的数据包。

这些功能部件可以组合以实现多种信任模型。可以期望函数库中很快会出现一些简单通用的信任模型供程序使用。

3. C 库

除了上面介绍的核心功能，C 库还包括以下功能。

- 内容细分、内容检索和版本化。
- 兴趣包和数据包签名生成库。
- 兴趣包和数据包签名的验证，以及基于 Merkle 哈希树聚合的数据包签名验证。
- 元数据检索。

注意，C 库无法对数据加密，也无法对用 Java 库进行加密的文件进行解密。一些基于 C 的 CCNx 应用，如 VoCCN 支持程序级的加密。它同样也不支持向库中写入数据，尽管它可以从库中读取数据。如上所述，从库中检索数据和检索其他 CCNx 数据一样，对请求者是透明的，无论数据来自库、缓存或其他类型的服务器。

9.3 ndnSIM 介绍

9.3.1 相关工作

命名数据网络（NDN）（NDN 与 CCN 来源于同一项目，一般不加以区分）是一种新的互联网体系结构。NDN 保持了互联网的沙漏结构，但是进化了瘦腰部分。NDN 通过名称检索数据，取代了通过特定的位置传送数据的模式。一方面，这种简单的改进允许 NDN 使用几乎所有有效的特性来解决基于 IP 的通信问题以及数据分发和控制问题。另一方面，分布式结构区别于现有网络中点到点的通信架构，产生了许多新的研究挑战。仿真可以作为灵活的工具来测试和改进新架构的各个方面。

现有的 NDN 项目团队所做的工作是 NDN 开放网络实验室（ONL）。ONL 目前包含 14 个可编程路由器、超过 100 个客户端节点，通过链路和各种性能的交换机连接。每个节点和路由器都运行 CCNx 的 NDN 项目实现。用户具有完全访问 ONL 任何节点的硬件和软件状态的权限，也可以通过 DeterLab 实验平台运行和评价 CCNx NDN 项目的实现。具有一个可编程的非虚拟化的测试平台是非常有价值的选择，尽管它的性能是有限的，只能评估相对较小规模的网络。

CCN-lite 是一个轻量级的 CCNx-NDNx 协议实现。它提供了使用 OMNeT++仿真平台的仿真模式。CCN-lite 有数据块级、数据包级及数据包片段级的调度。它还支持可能的没有 IP 层的本地调度。然而，这些成果主要运行在资源受限的设备上，而且它并不是优化来提供高性能的，因为它的数据结构依赖于链接表。

内容中心网络数据包级仿真（CCNPL-Sim）是一个由 Orange 实验室开发的 NDN 仿真器。CCNPL-Sim 在 SSim 仿真器中利用组合广播和基于内容的路由策略（CBCB）实现，用来解决事件管理和基于名称的转发和路由。尽管有 SSim 仿真调度程序的效力，对 CCNB 的强制使用使得对其他路由协议（如 OSPFN 和 NLSR）的评价无法实现，因此限制了该仿真器的实验范围。

Chioccheti 等人提出了可扩展的数据块级仿真器 ccnSim，适合分析 NDN 网络的缓存性能。这是基于 OMNeT++框架使用 C++开发的。然而，它主要是优化针对 NDN 路由器各种缓存替换策略的实验，并没有提供任何转发过程的灵活性。因此，ccnSim 是转发策略层，不能用于 NDN 架构的核心组成部分的实验。

另一个最近推出的成果是 Mini-CCNx。Mini-CCNx 是为 Mininet HiFi 特别定制的支持 CCNx-NDNx 节点的仿真工具。它的主要目标是为执行的测试添加真实的行为。Mini-CCNx 提供灵活性，因为基于容器的最小网络仿真功能以及一个简单的配置 GUI 界面。然而，它是基于 NDNx 的数据包格式，这是 NDN 通信模型过时的版本。它也主要集中在仿真节点硬件而不是通信模式本身。

9.3.2　ndnSIM 2.0 介绍

第一个公开的 ndnSIM 版本发布于 2012 年 6 月。此后，ndnSIM 成为一个由世界各地许多研究人员使用的流行工具。第 1 版 ndnSIM 发布后，NDN 研究团队发布了一个更新版本的协议，主要由 ndn-cxx 库（NDN 的 C++库的实验扩展）和一个新的模块化的 NDN 网络转发后台程序（NFD）构成。ndn-cxx 库实现了 NDN 用于各种应用的基本单元。这是一个积极主动开发的项目，它是在实践中应用的实验。NFD 网络转发程序的实现和发展伴随着 NDN 协议。NFD 的主要设计目标是使 NDN 架构支持不同的实验，同时强调模块化和扩展性，允许新的协议设计特征、算法和应用的简单实验。NFD 的主要功能是转发兴趣包和数据包。为了做到这一点，它抽象了底层网络传输机制，使之成为 NDN 的接口，保持了基本的数据结构，如内容存储（CS）、待定兴趣表（PIT）和转发信息库（FIB），并实现了数据包的处理逻辑。除了基本的数据包转发，它还支持多个转发策略和安装、控制、监测 NFD 的管理界面。

新版 ndnSIM 的目的是将仿真平台与上述 NDN 研究的最新进展相匹配，而且加强在真实实验中的仿真器代码和仿真环境编写代码上的努力。因此，ndnSIM 2.0 提供了更好的用户体验和更真实的仿真行为。ndnSIM 2.0 相比于第 1 版增强的特征主要体现在以下几个方面。

- 所有 NDN 转发和管理都采用 NFD 的源代码直接实现。
- ndnSIM 直接使用 ndn-cxx 库实现。
- 过去的分组格式改为最新 NDN 数据包格式。

为了提升用户体验，ndnSIM 鼓励相关研究人员提供有价值的反馈，提交错误报告，也欢迎新功能发展的要求。更多关于仿真器的基本例子和教程的信息都可以参见 ndnSIM 网站 www.ndnsim.net。

9.3.3　ndnSIM 2.0 设计

1. 设计总结

ndnSIM 作为一种新的网络层协议模型，可以运行在任何可用的链路层协议模型之上（点到点、载波侦听多址、无线等）。此外，仿真器提供了大量接口的集合（接口、网络设备接口和应用程序接口抽象）和辅助对象（应用、转发信息库、全局路由、链路控制、NDN 协议栈和策略选择辅助对象），执行每个组件的详细的追踪行为以及 NDN 传输流。

ndnSIM 2.0 的设计组件结构示意图如图 9-11 所示，与 1.0 版本仿真器的设计原理及特点的比较见表 9-1。

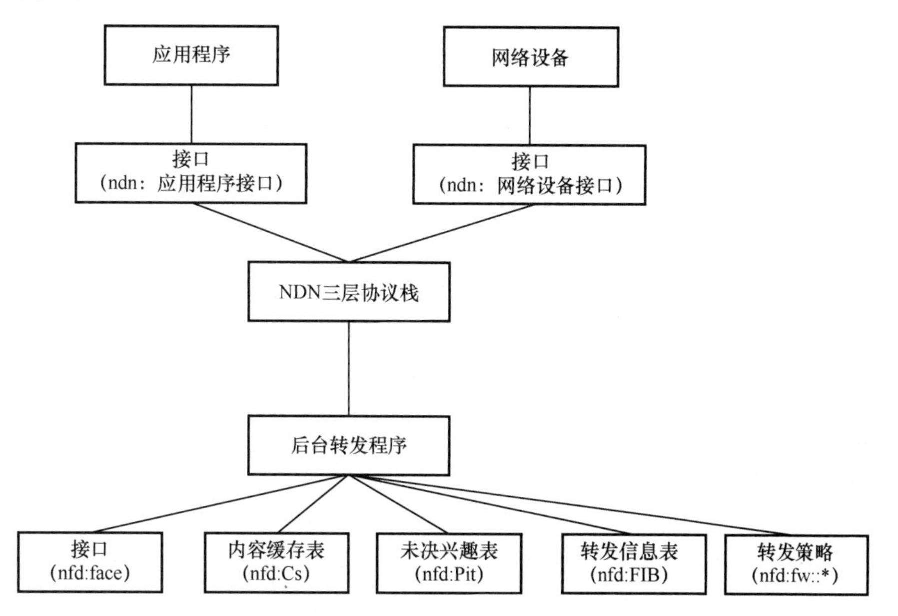

图 9-11　ndnSIM 2.0 的设计组件结构示意图

表 9-1　ndnSIM 2.0 与 ndnSIM 1.0 组件的比较

ndnSIM 2.0 组件	是否存在于 ndnSIM 1.0	继承自 ndnSIM 1.0 的特征	ndnSIM 2.0 改变的特征
ndn::L3Protocol	是	ndnSIM 的核心组成	NFD 整合
nfd::Forwarder	以 ndn::ForwardingStrategy 的形式存在	—	由于 NFD 集成，数据转发分为转发管道和转发策略的决策
ndn::Face	以 ndn::Face 的形式存在	ndn::AppFace 和 ndn::NetDevice-Face 的基类	通过 NFD 抽象实现
ndn::AppFace	是	启用与应用程序的通信	通过 nfd::Face 抽象实现
ndn::NetDeviceFace	是	启用与其他仿真节点的通信	通过 nfd::Face 抽象实现
ndn::cs	是	Same design	NFD 整合
nfd::Cs	以 ndn::cs 的形式存在	—	①兴趣包选择器处理；②现在对缓存策略不够灵活
nfd::Pit	以 ndn::pit 的形式存在	—	通过 NFD 抽象实现
nfd::Fib	以 ndn::fib 的形式存在	—	通过 NFD 抽象实现
nfd::fw::Strategy	以 ndn::ForwardingStrategy 的形式存在	—	①每个命名空间的策略；②不同的内置策略
Applications	是	等效的功能	用 ndn-cxx 库实现
Trace helpers	是	等效的功能	从 NFD 直接追踪事件

（1）ndn::L3Protocol：NDN 协议栈实现的 NS-3 抽象。它的主要任务是初始化参与仿真场景每个节点的 NFD 实例，提供追踪源来测量 NDN 性能（发送/接收的兴趣包和数据包，被满足的/未被满足的兴趣包）。

（2）NFD：命名数据网络转发后台程序的实现，包括以下方面。

- nfd::Forwarder：NFD 的主类，它拥有 NDN 路由节点的所有接口和表格，实现 NDN 转发途径。
- nfd::Face：NFD 接口抽象的基类，实现所需的通信基本单元发送和接收兴趣包和数据包。
- nfd::Cs：NFD 所使用的数据包缓存。当前版本的 ndnSIM 还包括旧的 ndn::ContentStore 抽象，从以前的版本移植，使得内容存储操作仿真具有更丰富的选择（nfd::Cs 对于缓存替换策略还没有很灵活）。
- nfd::Pit：NFD 的待定兴趣表（PIT）跟踪兴趣包向上游转发到一个（或多个）内容源。在这种方式中，数据包可以被发送到下游的一个（或多个）请求者。
- nfd::FIB：转发信息库（FIB）用于向一个（或更多）的潜在源转发兴趣包。
- nfd::fw::Strategy：NFD 的转发策略做出决定，关于兴趣包是否、什么时间、在哪里被转发。nfd::fw::Strategy 是一个抽象类，必须由所有内置或默认的转发策略实施。
- ndn::AppFace：实现 nfd::Face 抽象，启用伴随应用程序的通信。
- ndn:: NetDeviceFace：实现 nfd::Face 抽象，启用与其他仿真节点的通信。
- BasicNDNapplications：内置 NDN 的消费者和生产者的应用程序，可以生成和消除 NDN 流量。这些应用包括可以在仿真场景由用户配置的参数，从而根据用户的模式产生 NDN 流量。
- Trace helpers：追踪辅助对象的集合，简化关于仿真的各种必要的统计信息的收集和整理，并将这些信息写入文本文件。

2. NDN 核心协议

ndnSIM 架构的核心组件是 ndn::L3Protocol。类似于以前版本的仿真器，这部分是 NDN 协议栈的实现，可以安装在每个节点，类似于 IPv4 或 IPv6 协议栈的方式。其主要功能是执行 NFD 实例的初始化，创建必要的 NFD 管理程序（FibManager、FaceManager、StrategyChoiceManager）、表格（PIT、FIB、Strategy Choice、Measurements）和特殊接口（Null Face、Internal Face）。除此之外，ndn::L3Protocol 类定义重构的 API 使用 Addface 方法来处理新的 nfd::Face 实例登记到 NFD，启用 NDN 级的包追踪。

3. 命名数据网络转发程序

命名数据网络转发程序 NFD 是一个全新的 ndnSIM 架构的组件，其主要功能是转发兴趣包和数据包。为实现这一目标，NFD 抽象底层网络传输基本单元为 nfd::Face 实例，保持了 CS、PIT 和 FIB 精心设计的数据结构，并实现了数据包的处理逻辑。ndnSIM 集成 NFD 的代码库来完成所有兴趣包和数据包的处理动作。

（1）NFD 的内部结构：根据 NFD 开发者指南，NFD 的基本模块如下。

- ndn-cxx Library、Core 和 Tools：提供不同 NFD 模块之间共享的各种共同服务。
- Faces：各种低级别的传输机制之上的 NDN 接口抽象的实现。

- Tables：实现 Content Store（CS）、Pending Interest Table（PIT）、Forwarding Information Base（FIB）、StrategyChoice、Measurements 和其他数据结构来支持转发 NDN 数据包和兴趣包。
- Forwarding：基本的数据包处理途径，与 Faces、Tables 和 Strategies 进行交互的实现。
- Management：NFD 管理协议的实现，它允许应用程序配置和设置/查询 NFD 的内部状态。
- RIB Management：管理路由信息库（RIB）。

NFD 的数据包处理由转发途径 Forwarding Pipeline 构成，Forwarding Pipeline（或 Pipeline）是一系列的步骤，在一个数据包或 PIT 条目进行操。Forwarding Strategy（或 Strategy）是兴趣包转发决策制定者，它附加在途径的开始或结束。换言之，这一策略决定了是否、何时、何地转发兴趣包。NFD 的转发途径分为兴趣包处理路径和数据包处理路径。

NFD 的许多方面可通过配置文件配置。目前，NFD 定义了以下六个顶层配置部分。

- General：该部分定义影响 NFD 整体行为的各种参数。
- Tables：该部分被指定配置 NFD 表格 CS、PIT、FIB、Strategy 和 Measurements。
- Logs：该部分定义记录器配置。
- Face System：该部分完全控制允许的接口协议、信道和信道的创建参数，并启用多播接口。
- Authorizations：该部分提供了管理操作的细粒度控制。
- Rib：该部分控制针对 NFD 的 RIB 管理行为和安全参数。

（2）NFD 集成的挑战：要实现这一集成，必须解决以下挑战。

- 必须启用 NFD 仿真时间。因此，利用 ndn-cxx 库提供的 CustomClock 类转换 ndnSIM 时钟为 system::time_point 和 steady_clock::time_point。
- NFD 调度程序被重定向到 ns3::Simulator，使得 NFD 可以安排由仿真器执行的事件。
- 优化 NFD 标记流程，通过其管理协议实现与管理程序之间的交互，在仿真中设计了一个定制的密钥来提供高性能（小的加密开销）。然而，这需要真正的加密操作的仿真，一个全功能的密钥结构的使用可以在仿真场景中选择。
- NFD 转发途径必须随着 beforeSatisfyInterest 和 beforeExpirePendingInterest 信令扩展，使得 SatisfiedInterests 和 TimedOutinterests 事件的追踪被仿真器启用。
- 在内部启用 NFD 的参数的可配置性，使用专门定义的配置文件来避免解析不成熟的外部文件开销，以此优化仿真过程。

（3）NFD 的接口抽象：这类似于以前的 ndnSIM 版本对应的抽象。然而，在 2.0 版中，接口抽象的更新实现被应用（nfd::Face），其中包含所需的低级通信基本单元来处理兴趣包和数据包。这些基本单元包括发送兴趣包/数据包和终止一个接口的通信。

（4）NFD 的内容存储：在 NFD 通信模型中，内容存储提供网络内数据包的缓存。到达的数据包尽可能长时间放置在缓存中，以满足未来的请求相同数据的兴趣包。这样，协议的性能使 NDN 对抗丢包和误差，并使内在的多播的鲁棒性提高。

正如许多其他转发组件，ndnSIM 2.0 使用 NFD 代码库的内容存储实现。这个实现充分考虑了兴趣包选择器，但是针对替换策略还不够灵活。扩展 CS 灵活性的特征目前在积极发展，随着时间的推移，也会移植 ndnSIM 1.0 的内容，存储到新的代码库。

（5）待定兴趣表（PIT）：在该实现中，NFD 的 nfd::Pit 类被用作 PIT 抽象。PIT 保持已被转发到上游的一个（或更多）可能匹配数据源的兴趣包状态。它提供了数据包反向转发到数据消费者的方向。此外，PIT 也包含最近被满足的兴趣包，实现了避免路由环路的目的。

（6）转发信息库（FIB）：NFD 中的 nfd::Fib 类作为 FIB 抽象，用于通过转发策略使兴趣包转发到可能的内容源。每个需要转发的兴趣包都在 FIB 进行最长匹配查找。FIB 的更新只有通过 FIB 管理协议，由 FIB 管理程序在 NDN 转发程序进行操作。为简化常用操作，创建了一个 FIB 辅助对象，为高层 FIB 操作、准备特殊标记的兴趣包命令并将其转发到 FIB 管理程序。FIB 辅助对象主要实现以下两个高级操作。

- AddRoute：创建一个新的 FIB 条目，在 FIB 添加一个路由条目，或更新现有记录在 FIB 条目的开销。
- RemoveRoute：从 FIB 条目删除路由记录（一个有空 Nexthop 记录的 FIB 条目将被自动删除）。

（7）转发策略抽象：如前所述，NFD 的转发策略抽象基于兴趣包转发做出决策，如兴趣包是否被转发到上游接口、被转发到哪里、在什么时间被转发到选定的上游接口。ndnSIM/NFD 特征的抽象接口（策略 API）提供基本转发策略的实现，而不需要重新实现全部兴趣包的处理途径，图 9-12 给出了转发途径的概述。

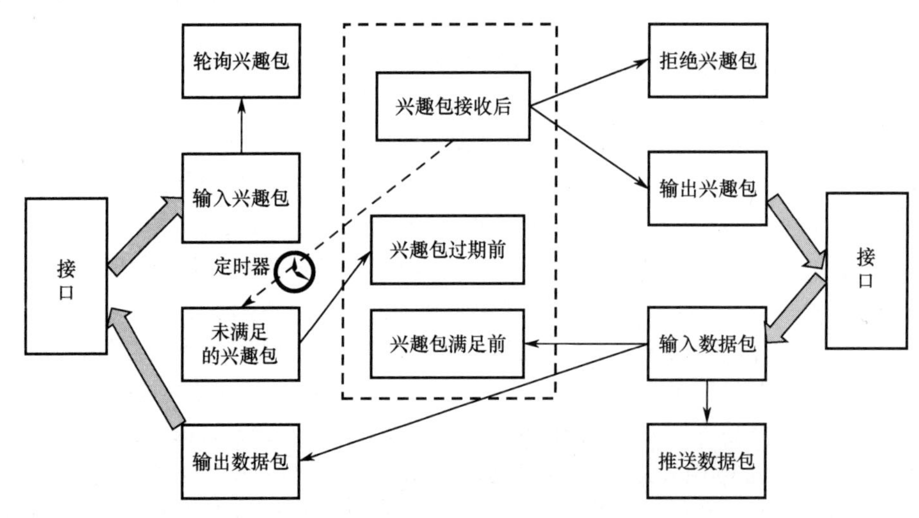

图 9-12　ndnSIM/NFD 转发途径概述

每个命名空间转发策略都是在策略选择表中记录并维护的。策略选择表通过管理程序协议来更新，由策略选择管理程序实现。类似于 FIB 操作，仿真场景创建策略选择辅助对象、发送特殊标记的兴趣包命令到管理程序。下面的内置转发策略是当前可用的。

- Broadcast：将每个兴趣包都转发到所有的上游接口。
- Client Control Strategy：允许本地用户应用程序选择每个发送的兴趣包的输出接口。
- Best Route：将每个兴趣包都转发到最低路由开销的上游接口。
- NCC：CCNx 0.7.2 默认策略的重新实现。

基于现有的转发策略，新的转发策略可以实现完全定制的处理或重载特定动作。创造新的策略的第一步是创建一个类，即 MyStrategy 继承自 nfd::Strategy 类。该子类必须至少要重载被标记为纯虚拟的触发条件，并用所需的策略逻辑实现它们。它还可以重载任何其他可用的被标记为虚拟的触发条件。

如果策略需要存储信息，则需要决定信息是关于命名空间还是兴趣包的。若信息关联于命名空间但没有指定兴趣包，则应存放在 Measurements 条目；与兴趣包相关的信息应存储在 PIT 条目。做出决定后，需要声明一个从 StrategyInfo 类派生的数据结构。在现有的实现中，这样的数据结构称为嵌套类，它针对特定策略的实体提供了自然的分组和作用域的保护，但它并不需要遵循相同的模式。如果需要计时器，则 EventId 域需要加入到这个数据结构。

最后一步是至少实施“After Receive Interest”触发条件和任何（或没有）其他三个触发条件如下。

- After Receive Interest：兴趣包被接收，经过必要的检查，并且需要被转发，Incoming Interest 转发途径调用该触发条件，通过 PIT 条目、进入的兴趣包和 FIB 条目。
- Before Satisfy Interest：当一个 PIT 条目被满足时，在数据包被发送到下游接口之前（如果有），Incoming Data 转发途径调用该触发条件，通过 PIT 条目、数据包和输入接口。
- Before Expire Interest：当 PIT 条目因为在记录到期之前一直未被满足而到期时，在它被删除之前，Interest Unsatisfied 转发途径通过 PIT 条目调用这个触发条件。

Actions 是由转发策略做的转发决定，作为 nfd::Strategy 类的非虚拟保护方法实施。所提供的操作如下。

- Send Interest：当进入 Outgoing Interest 转发途径时触发。
- Reject Pending Interest：当进入兴趣包拒绝转发途径时触发。

对于一个、多个或所有拓扑节点指定所需的每个名称前缀的转发策略，为了简化其操作，提供了一个 Strategy Choice 辅助对象，通过给管理程序发送特定标记的兴趣包命令，与 NFD 的 Strategy Choice 管理程序交互。

4. 应用接口

这个类启用了 NDN 网络仿真应用程序的通信。具体来说，这种抽象提供了函数，用于发送兴趣包和数据包，以及从 NDN 栈接收数据包的 sendInterest 和 sendData 方法重载。应该注意到，“发送”是指从 NDN 栈发送的数据包，因此是从应用程序接收。

5. 网络设备接口

该组件启用仿真节点之间的通信。每个 ndn::NetDeviceFace 实例都永远与 NetDevice 对象相关联，这个对象在这个接口的使用期内不会被改变。对于仿真节点之间发送数据包，兴趣包和数据包转换为 NDN 包格式，使用 ndn-cxx 库，然后封装到一个 NS-3 的包实例。

6.“旧”内容存储

正如上面提到的，NFD 的内容存储对于缓存替换策略还不灵活，同时还移植了旧的 ndnSIM 1.0 的相关代码，见表 9-2。这些实现只对固定的缓存替换策略起作用，但仅部分支持兴趣包选择器。

表 9-2 “旧”内容存储实现

简单内容缓存表	
cs::Lru	最少最近使用 (LRU) (默认)
cs::Fifo	先进先出(FIFO)
cs::Lfu	最少频繁使用 (LFU)
cs::Random	随机
cs::Nocache	完全禁用缓存
删除超出生存周期的表项，需要计算每个表项的生存周期	
cs::Stats::Lru	最少最近使用 (LRU) (默认)
cs::Stats::Fifo	先进先出(FIFO)
cs::Stats::Lfu	最少频繁使用 (LFU)
cs::Stats::Random	随机
cs::Nocache	完全禁用缓存
根据到达的数据报文刷新内容缓存表（在刷新周期内，数据报文到达后对应表项重新计时；否则，删除该表项）	
cs::Freshness::Lru	最少最近使用 (LRU) (默认)
cs::Freshness::Fifo	先进先出(FIFO)
cs::Freshness::Lfu	最少频繁使用 (LFU)
cs::Freshness::Random	随机
cs::Nocache	完全禁用缓存
根据指定的概率值缓存到达的数据报文	
cs::Probability::Lru	最少最近使用 (LRU) (默认)
cs::Probability::Fifo	先进先出(FIFO)
cs::Probability::Lfu	最少频繁使用 (LFU)
cs::Probability::Random	随机
cs::Nocache	完全禁用缓存

7. 基本的 NDN 应用程序

当前 ndnSIM 版本的基本应用程序与以前的版本有相同的应用程序，但由于 ndn-cxx 库的引入产生了以下微小的变化。

- ConsumerCbr：消费者应用产生兴趣包传输，根据用户定义的模式（如预定义频率、恒定速率、恒定的平均速、内部兴趣包间隔随机均匀分布、随机指数分布等），用户定义的兴趣包名称前缀和序列号是可用的。此外，该应用程序根据一个类似于 TCP RTO 的基于 RTT 的超时周期，提供兴趣包的重传。
- ConsumerBatches：消费者应用程序，在仿真的特定时间点生成特定数量的兴趣包。
- ConsumerWindow：消费者应用程序，产生可变速率的兴趣包传输。它实现了一个简单的基于滑动窗口的兴趣包生成机制。
- ConsumerZipfMandelbrot：消费者应用程序，需要内容（如被请求的名称）服从 Zipf-Mandelbrot 分布。
- Producer：一个简单的应用程序，消除兴趣包传输并产生数据包传输。它对每个输入的兴趣包都响应一个数据包，对应接收的兴趣包具有相同的大小和名称。

仿真器的核心应用程序交互使用 ndn::AppFace 抽象实现，基类 ndn::App 负责

ndn::AppFace 实例的产生/删除及其协议栈的记录。

8. 追踪辅助对象

追踪辅助对象简化了仿真中收集和聚合各种必要的统计信息，并将这个信息写入文本文件。在实现中，直接从 NFD 追踪事件的能力已被添加到追踪者。有以下三种类型的辅助对象。

- Packet-level Trace Helpers：本组包括 L3RateTracer 和 L2Tracer。前者追踪字节的速率和通过一个 NDN 节点转发的兴趣包/数据包数量，后者仅追踪落在 2 层的数据包（如由于传输队列溢出）。
- Content Store Trace Helper：随着 CsTracer 的使用，有可能获得在模拟节点内容存储的缓存命中/未命中的统计。
- Application-Level Trace Helper：随着 AppDelayTracer 的使用，有可能获取关于分配兴趣包和接收相应数据包之间延迟的数据。

9.4 ccnSim 介绍

ccnSim 是基于 Omnet++架构之上的 C++软件包，用于对 CCN/ndn 进行仿真的仿真器，ccnSim 的核心设计要点如图 9-13 所示。

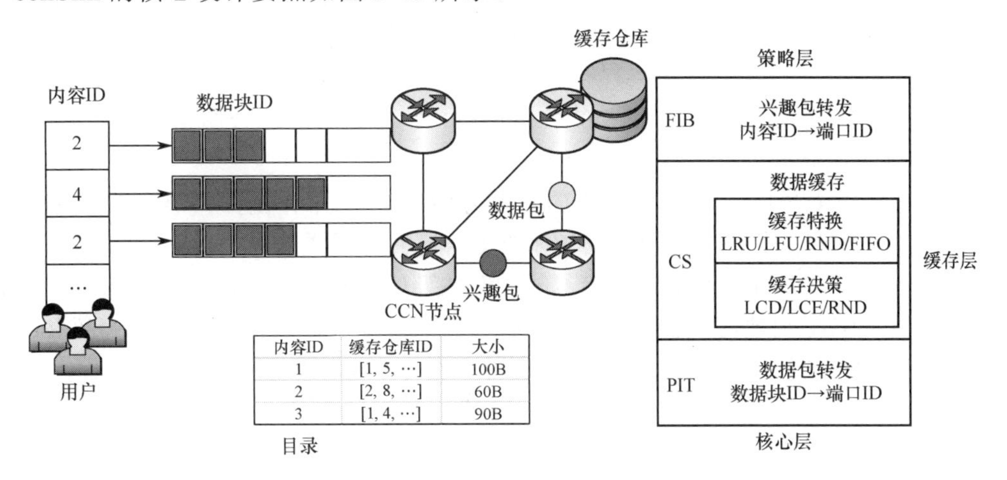

图 9-13　ccnSim 的核心设计要点

9.4.1　目录和流行度模型

流行度模型以及因此形成的目录和内容大小，代表了每个 ICN 架构的重要方面。可根据最近的网络度量的文献设计和精确调整目录和流行度模型。目录中文件的大小可配置，并且遵照默认的几何规律。每个文件的大小都在仿真引导程序中计算，并存储在一个大的静态数组中。

使用 Mandelbrot-Zipf（M-Zipf）构建流行度分布模型，通过参数 (q,α) 形成，通过在仿真器启动的时候静态初始化，并且对每个 M-Zipf 随机数（目录大小为 N）使用 $\log(N)$ 二分查找。注意到这有可能是较小的实现细节，但二分查找在目录大小达到 $N=10^8$ 个对象时必须使用，如 YouTube 场景。流行度模型有可能因地理/文化隔离形成流行度规律的偏移，即空间不均匀性。

9.4.2 报文和数据块

在底层，兴趣报文和数据报文携带 64B 无符号整数，即数据块标识符，作为对原始的 CCN 命名结构的简化，使得 ccnSim 具有一个优势，即内存可扩展性多层量级（例如，PIT 和 CS 条目在 ccnSim 中仅占据 64B，而在 ndnSim 中占据大约 1KB）。

数据块 ID 存储内容名称的信息（最高有效位 32B）、数据块序列号（最低有效位 32B）。这种设计是空间和灵活性之间的折中。一方面，对于整个网络中移动的内容使所需空间最小；另一方面，使用 32B 内容标识符（最多 40 亿个独立的内容）。

9.4.3 节点架构

ccnSim 仿真器不针对特定拓扑，而且用户可以自由地根据意愿安排节点，并提供了八个内置拓扑：其中，五个是实际的 ISP 网络（Geant、Abilene、Level3、Qwes、Sprint），三个是虚构的网络（随机、圆环形、树形）。对于每个网络，ccnSim 都能够构建不同的路由 FIBs（基于标准的图形算法提前计算最短路径和多路径，或者可能是动态洪泛探索）。通过图 9-15，可以观察到 CCN 节点包含三个模块：核心层、缓存层和策略层。

（1）核心层：主要负责 PIT 管理，与缓存层和转发层通信。任何新的兴趣包都建立 CS 查找，如果数据包不在 CS 中，但是给定内容的资源库附加在该节点之上，则 CCN 节点返回数据包；否则，它会将兴趣包转向转发层。任何数据块都建立 PIT 查找，最终会将该数据块的内容发送回所有的 PIT 接口。PIT 作为数组的联合图实现，由 64B 数据块标识符索引。

（2）缓存层：缓存是任何 ICN 架构的重要方面。CS 的工作是根据缓存决策策略（是否存储数据在 CS 中）和缓存替换策略（如果 CS 满了是否要从中丢弃）的。目前已提供了大量的决策策略（LCD、Random、LCE）和替换策略（LRU、Random、FIFO），以模块化方式设计 CS。特别地，新的替换算法的实现作为重载缓存多态方法 store()和 lookup()的模块；类似的方法用于新的决策策略，使用多态方法 isToCache()。

在底层，CS 是一个联合图。CS 查找在 CCN 中频繁的操作，以最优化实现。事实上，LRU 实现能够代表大规模仿真的瓶颈，通过指针图实现有效的 LRU（这个图可以提高到达缓存元素的速度，指针用于该元素的排序）。

（3）策略层：策略层主要通过 getDecision()方法决定兴趣包的转发。这个多态函数会返回 1B 的标志给输出接口的集合。第 i 个位置的标志将会转发兴趣包到第 i 个接口。ccnSim 中默认的策略层通过最短路径发送报文到最近的资料库。其他多路策略，包括静态的和动态的都是可用的，然而更多的策略将会通过重载 getDecision()方法实现。

9.5 Mini-CCNx 介绍

9.5.1 Mini-CCNx 简介

Mini-CCNx 是一种基于内容中心网络（CCN）模型的快捷地实现信息中心网络（ICN）原型的工具。通过它可以建立多个 CCN 拓扑结构，每个都可具有数百个节点，具有很大的灵活性和柔韧性。这些拓扑结构可以直接运行在笔记本电脑或台式机上、本地的虚拟机或云上。最好的是在 Mini-CCNx 上运行与真正的网络相同的代码，从而为测试增加现实的行为。

每个 Mini-CCNx 节点（主机或路由器）都运行正式的 CCNx 项目的代码（Daemon ccnd），这样就可以使用官方的 CCN 实现。Mini-CCNx 是 Mininet HiFi 的一个分支和扩展，把它带到 ICN 的世界。Mini-CCNx 拥有所有 Mininet 的优点，如基于容器的仿真、控制组和灵活性。但它实现得更多：用新的节点类完成官方 CCNx 实现的平滑整合（CCNHost、CCNRouter、CPULimitedCCNHost）；FIB 的实现；文本文件与图形用户界面简单的配置；FIB 条目自动添加文本配置文件；示例拓扑结构，具有脚本的拓扑生成器；更改链路参数，如延迟、丢失和带宽。

9.5.2　Mini-CCNx 的安装

用户需要按照下面的步骤安装 Mini-CCNx。最基本的，需要一个笔记本电脑或台式机以及最新版本（Ubuntu、Fedora 等）的 Linux，推荐使用 Ubuntu。另外，需要下载并安装额外的软件包，也需要管理权限来执行 Mini-CCNx。

1. 安装 CCNx

在每个 Mini-CCNx 节点上都要运行 CCNx 的官方实现。新的安装脚本将会提示用户尝试自动安装 CCNx 0.8.2 及其依赖项，在此不再赘述。

2. 下载并安装 Mini-CCNx

获取 Mini-CCNx 源代码，转到 home 目录并使用以下命令：git clone git://github.com/chesteve/mn-ccnx，将有一个目录在 home 目录下命名为 mn-ccnx，含全部源代码。还是在 home 目录，安装脚本并使用-fnv 选项：sudo ./mn-ccnx/util/install.sh –n。

这个过程中即下载和安装了必要的软件包。

9.5.3　Mini-CCNx 的使用

Mini-CCNx 配置文件中可以设定很多内容，如主机、路由器，以及它们之间的连接、主机上执行的应用程序、每个主机/路由器的 FIB 条目和 CPU 限制等。此配置文件是一个简单的文本文件，所以它可以用编辑器或脚本生成。

每个 Mini-CCNx 的配置文件都有两个部分，即[nodes]和[links]。假设用两台主机建立一个拓扑（h1 和 h2）和它们之间的一个中央 CCN 路由器（s1），即 h1−s1−h2。

下面是一个小型的配置文件表示 Mini-CCNx 结构的一个例子，加上了额外的配置参数：

```
[nodes]
h1:app1 ccnx:/, s1
h2:_ cpu=0.1
s1:_ ccnx:/test, h2
[links]
h1:s1 bw=100
h2:s1 bw=100 loss=1 delay=10ms
```

下面介绍每部分的细节和每个可能的参数。

1. [node]部分

[node]部分的每一行都表示拓扑中的一个主机，是 CCN 节点执行的一个特定应用程序，像客户端（向网络发送兴趣包）或服务器（使用内容对象响应兴趣包）。每行的语法都是：

hostName: (appName|_)[cpu=<0.00-1.00>] [mem=x] [cache=x] [ccn_uri1，next_node1] [ccn_uri2，next_node2] …

- hostName：字符串格式，代表主机名。
- appName：应用程序名称，Mini-CCNx 启动后自动执行该应用程序，并可以启动之后的其他应用程序。如果不希望某个应用程序启动，则使用下画线标记。
- cpu：可选字段。如果指定，则主机将仅限于指定 CPU 使用率的百分比；如果没有指定，则主机无 CPU 限制。
- mem：可选字段。如果指定，则主机将限制内存使用百分比（其中 x 是一个整数，表示多少 KB 的内存）；如果没有指定，则主机无内存限制。
- cache：可选字段。如果指定，则主机将限制缓存使用百分比（其中 x 是一个整数，表示多少 KB 的缓存）；如果没有指定，则主机无缓存限制。
- [ccn_uril，next_nodel]：CCN URI 元组和下一跳节点，这将在其产生时自动插入主机的 FIB。它们是可选的，可以添加尽可能多的内容。

所以，在上述第一个例子中，主机 h1 会自动执行 app1，无 CPU 和内存限制，会产生一个 FIB 条目匹配 URI xxnx:/，并将匹配的兴趣包转发到节点 s1；主机 h2 没有默认的应用程序（有下画线），将有 10%的 CPU 限制，FIB 初始为空。

2. [links]部分

[links]部分标识节点之间的链接。语法如下：

- node1:node2 [bw=<1-1000>] [loss=<0-100>] [delay=<1-1000>ms]
- node1:node2：链路两端的节点名称。在这个例子中，h1 链接到 s1，并链接到 h2。顺序无所谓，即 s1:h2 将与 h2:s1 具有同样的效果。
- bw：带宽，单位为 Mbps，范围为 1～1000 Mbps。
- loss：数据包丢失的百分比，用于仿真无线链路。
- delay：链路延迟的毫秒数。

因此，上面例子的链接 s1:h2 中，带宽为 100 Mbps，有 1%的丢包和 10ms 的延迟。

现在已有配置文件，保存名称为 miniccnx.conf，这是一个 miniccnx 默认名称。也可以用想要使用的名称保存配置文件，只需使用其完整路径作为 miniccnx 程序的第一个参数即可。

对于运行 Mini-CCNx 来说，执行 sudo miniccnx。miniccnx 二进制将解析所有的主机、路由器和配置文件中的链接，根据期望的配置对其进行实例化。

9.5.4　图形用户界面

miniccnxedit 是一个基于 miniedit.py 的图形用户界面，可直观地生成 Mini-CCNx 模板文件。miniccxedit 是用 Python 写的，使用 Tkinter 框架。当需要有可视化的场景时，它对于建设小型到中等以内容为导向的拓扑结构非常有用。

在正确安装 Mini-CCNx 后，进行简单的调用：miniccnxedit。

使用 miniccnx [template_file]，如果没有 template_file 给出，则尝试从当前目录中的文件 miniccnx.conf 加载模板，可加-h 来显示这个帮助信息和退出，将打开如图 9-14 所示的窗口。

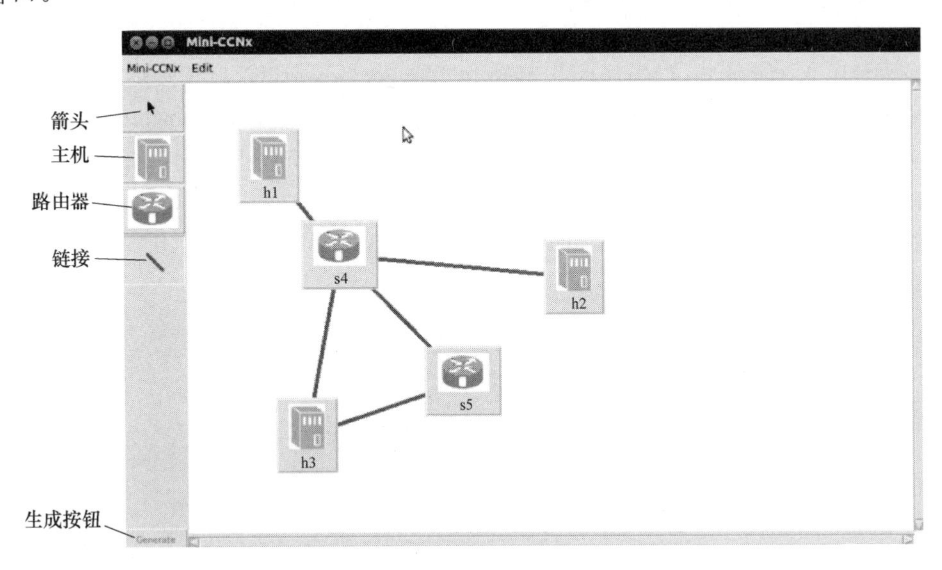

图 9-14　Mini-CCNx 的图形用户界面

左侧的菜单顺序如下。

- 箭头：用于移动节点，不影响已生成的模板文件。
- 主机：代表一个运行 CCN 应用的 CCN 主机。
- 路由器：代表一个 CCN 路由器。
- 链接：蓝色的线代表 CCN 节点之间的链接。
- 生成按钮：当完成拓扑建立后单击“Generate”按钮，如果未给出特定的模板文件名，则在当前目录生成一个文件名为 miniccnx.conf 的文件。

在模板生成后即可添加 FIB 条目、应用、CPU 限制、链路参数等。

本章参考文献

[1] CCNx project, http://www.ccnx.org.

[2] NDN project, http://www.named-data.net.

[3] CCN4B project, https://github.com/truedat101/ccn4b.git.

[4] Named-Data, https://github.com/ named-data.

[5] PyCCN project, https://github.com/remap/ PyCCN.

[6] AisaFI NDN hands-on workshop. Seoul, Korea, March 2012, http: //asiafi.net/ org/ ndn /hands-on.

[7] 陈震, 曹军威. 内容中心网络体系结构[M]. 北京：清华大学出版社, 2014.

[8] CCN wiki, https://www.ccnx.org/wiki.

[9] Wireshark, http://www.wireshark.org.

[10] G Rossini, D Rossi. ccnSim：a highly scalable CCN simulator[C]. IEEE ICC, 2013.

[11] L Muscariello. Content centric networking packet level simulator. Orange Labs, http://perso.rd.francetelecom.fr/muscariello/sim.html.

[12] L Zhang, et al. Named Data Networking (NDN) project. PARC, Tech. Rep. NDN-0001, October 2010.

[13] A Afanasyev, I Moiseenko, L Zhang. ndnSIM：NDN simulator for NS-3. NDN, Technical Report NDN-0005, October 2012, http://named-data.net/techreports.html.

[14] S Mastorakis, A Afanasyev, I Moiseenko. ndnSIM 2.0：A new version of the NDN simulator for NS-3. NDN, Technical Report NDN-0028, January 2015, http://named-data.net/techreports.html.

[15] NDN Project. NFD—named data networking forwarding daemon, http://named-data.net/doc/NFD/0.2.0/, 2014.

[16] Mini-CCNx wiki, https://github.com/chesteve/mn-ccnx/wiki.